包装计算机辅助设计

荀进胜 主编
李国志 副主编
荀进胜 李国志 谢 瑞
母 军 王 斐 编著

BAOZHUANG JISUANJI FUZHU SHEJI

文化发展出版社
Cultural Development Press

内容提要

本书介绍了Creo Parametric三维建模软件，AutoCAD二维工程图绘制软件，ArtiosCAD包装设计软件和整体包装设计系统等包装设计行业领域常用软件，内容涵盖了包装结构设计、结构图绘制、展示包装设计及整体包装设计等方面。在三维建模软件和二维工程图绘制软件的讲解过程中并未长篇介绍软件操作过程，而只是简要讲解了基本操作，同时对软件绘图逻辑进行了较为详细的解释，有助于读者通过学习这些软件之后能快速掌握其他类似的软件。此外，书中还设计了阶段性训练的典型实例和综合实例及课后训练习题，有助于读者有针对性地理解和掌握所学知识与技能。

本书既可作为高等院校和大专院校开设包装工程专业学生学习使用，也可作为从事包装工程及相关专业的技术人员提高计算机辅助设计能力的学习参考书。

图书在版编目（CIP）数据

包装计算机辅助设计/苟进胜等编著.-北京:文化发展出版社,2015.12

ISBN 978-7-5142-1262-4

Ⅰ.①包… Ⅱ.①苟… Ⅲ.①包装设计－计算机辅助设计－应用软件 Ⅳ.①TB482-39

中国版本图书馆CIP数据核字(2015)第277902号

包装计算机辅助设计

主　　编：苟进胜

副 主 编：李国志

编　　著：苟进胜　李国志　谢　瑞　母　军　王　斐

策划编辑：张宇华

责任编辑：刘淑婧　　　　　　　　责任校对：岳智勇

责任印制：孙晶莹　　　　　　　　责任设计：侯　铮

出版发行：文化发展出版社（北京市翠微路2号 邮编：100036）

网　　址：www.printhome.com　　www.keyin.cn

经　　销：各地新华书店

印　　刷：河北鑫宏源印刷包装有限责任公司

开　　本：787mm×1092mm　1/16

字　　数：237千字

印　　张：11

印　　次：2015年12月第1版　2015年12月第1次印刷

定　　价：39.00元

I S B N ：978-7-5142-1262-4

◆ 如发现任何质量问题请与我社发行部联系。发行部电话：010-88275710

◆ 我社为使用本教材的专业院校提供免费教学课件，欢迎来电索取。电话：010-88275715

前言

《包装计算机辅助设计》是包装工程专业开设的专业基础课，旨在让学生了解一定的计算机辅助设计技术理论，熟练使用几款包装工程领域的常用软件，为后续专业课程的学习及从事包装设计工作奠定基础。

《包装计算机辅助设计》课程内容包含基础理论和软件应用两个方面，各学校对这两部分内容的侧重点不尽相同。基础理论包括计算机图形学基础、图形生成及变换和程序设计等方面的内容，是计算机辅助设计技术的核心，但其理论性强，理解较难，因此也是计算机辅助设计课程的教学难点，在教学过程中占用学时较多，学生也不易掌握。软件的学习和使用相对较易，在学习和工作中使用较多，掌握几款专业软件对提高学生的技能有明显的帮助，且符合本行业对毕业生要能熟练使用相关软件的工作要求。因此，有些学校开设的《包装计算机辅助设计》课程中只简要介绍计算机辅助设计的基础理念和基本概念，而把重点放在常用软件的使用上。

本书介绍了包装工程领域常用的几款软件，内容主要包括 Creo Parametric 三维建模软件、AutoCAD 二维工程图绘制软件、ArtiosCAD 包装设计软件和整体包装设计系统等，涵盖了包装结构设计，结构图绘制，展示包装设计及整体包装设计等方面。在三维建模软件和二维工程图绘制软件的讲解过程中并未长篇介绍软件操作过程，而只是简要讲解了基本操作，同时对软件绘图逻辑进行了较为详细的解释，不仅节省篇幅，而且有助于读者通过学习这些软件之后能快速掌握其他类似的软件。ArtiosCAD 和整体包装设计系统是包装行业专用的软件，但目前在行业中还未普遍使用，因此主要介绍了其基本功能和简单的设计模块。书中还设计了阶段性训练的典型实例和综合实例及习题，以供读者练习。本书既可作为包装工程本科生的计算机辅助设计教学用书，也可作为从事包装工程及相关专业的技术人员提高计算机辅助设计能力的学习参考书。

本书共四章，第一章由陕西科技大学李国志编写；第二章由北京林业大学苟进胜编写；第三章由美国密歇根州立大学谢瑞编写；第四章由北京林业大学母军和王斐共同编写。全书由苟进胜完成统稿工作，王作雨和刘惠进行了相关资料的收集和整理。在本书的编写过程中，少量引用了一些文献资料，不能一一列出，在此表示感谢！此外，感谢北京市教委共建项目对本书出版的资助。

由于编者水平所限，书中难免存在疏漏，敬请读者批评指正。

编　者

2015 年 10 月

目录

第一章 Creo Parametric三维建模

Creo是美国PTC公司全新开发的面向产品设计及制造解决方案的计算机辅助设计软件套件。该套件建立在旗下Pro/ENGINEER、CoCreate和ProductView三大设计软件基础之上，整合了Pro/ENGINEER的参数化技术、CoCreate的直接建模技术和ProductView的三维可视化技术，涵盖了概念设计、二维设计、三维设计和直接建模等应用领域。

Creo Parametric是Creo软件套件中最为重要的程序软件，它继承了其前身Pro/ENGINEER Wildfire强大而灵活的参数化设计功能，并增加了柔性建模等功能，可以帮助用户快速、高效地进行多种类型模型的设计，缩短产品设计周期，降低开发成本。

Creo Parametric广泛应用于汽车、航天航空、电子、模具、玩具、工业设计和机械制造等领域。在包装工程领域，Creo Parametric主要用于包装容器的造型设计、缓冲包装结构设计、包装件结构设计及动态性能分析等方面。本章主要介绍利用Creo Parametric进行草绘、零件建模和装配建模的相关知识。

第一节 草　绘

草绘是指在平面上绘制二维图形，是进行三维建模的重要基础之一。在Creo Parametric中有专门用于二维图形绘制的草绘模块，通常称为“草绘器”。

本节主要介绍创建草绘文件并进行保存、另存为及备份等常规操作和创建并编辑草绘图形的工具和方法。

一、创建草绘文件及基本设置

1. 新建草绘文件

在Creo Parametrics主页选项卡上可以进行新建文件设置，具体过程如图1-1所示。

Creo Parametric可以创建的主要文件类型及基本信息如表1-1所示。

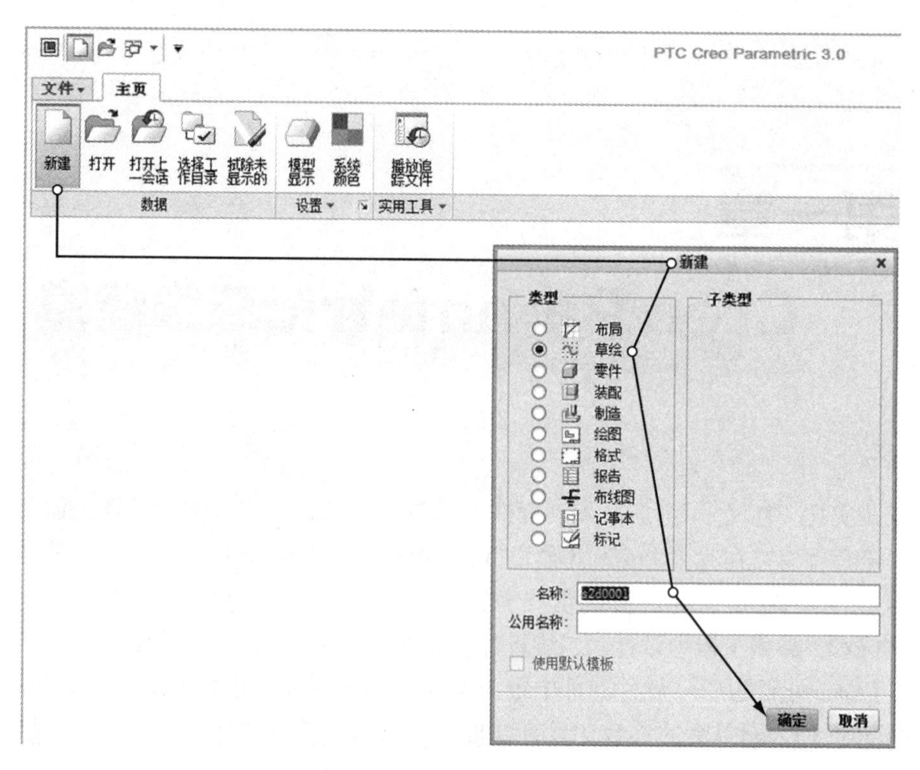

图 1-1　新建草绘文件

表 1-1　常用 Creo Parametric 的文件类型

文件类型	文件格式	概念
草绘	. sec	包含在草绘器模式下可以导入的 2D 不相关草绘
零件	. prt	允许创建包含多个特征的 3D 模型
装配	. asm	包含如何将 3D 零件和组件装配在一起的信息
工程图	. drw	包含完全尺寸标注的零件或组件的 2D 绘图

新建文件时，需要注意三点：

①新建文件的名称必须是英文；文件名称格式包含三部分，以“. ”作为分割，即：“文件名称 . 文件类型扩展名 . 文件版本编号”。

②使用默认模板的文件单位是英制，在该选项激活时，根据需要可以更改为公制。

③新建文件的类型有多种，有的文件类型还包含了子类型。本节中需要选择草绘格式。

2. **草绘环境**

进入草绘界面后，默认的草绘界面（见图 1-2）主要包含如下区域：

①快速访问工具栏。用于进行文件操作，快速访问一些最常用的工具和命令，如新建、打开、保存等。单击其右方的下拉箭头可进行自定义设置。

②功能区。在功能区选项卡中显示具体的绘图和文件操作工具，这些具体工具按照功能分级分别显示在相应的工具面板中。草绘界面中，功能区分为草绘、分析、工具、视图四个选项卡。选项卡被分割为多个工具面板，如草绘选项卡包含设置、获取数据、操作、

草绘、编辑、约束、尺寸、检查等工具面板。各面板中的按钮命令属于一类工具，如编辑工具面板包含了修改、删除段、拐角、分割等工具，没有显示完的按钮命令可以通过单击工具面板名称右侧的溢出按钮显示。

③导航区。导航区包含模型树、文件夹浏览器和收藏夹三个选项，模型树显示了当前模型的建立过程，通过模型树上的节点可以快速定位所创建的某个特征，然后结合右键菜单或者直接在绘图区中对其进行编辑。

④绘图区。进行图形绘制的工作区域。

⑤状态栏。显示系统提示的必要消息和要求用户输入的必要参数。提示用户当前状态和下一步要如何操作，并在操作失误时给出出错信息。

⑥图形工具栏。用于模型视图操作。在工具栏上单击鼠标右键，可以自定义工具栏内容、位置等。

如果需要对默认草绘界面进行调整，可以通过执行文件菜单下的选项命令进行草绘环境设置，设置内容主要包含对象显示设置、草绘器约束假设、尺寸和求解精度、草绘器栅格、草绘器启用、草绘器参考和草绘器诊断等选项。

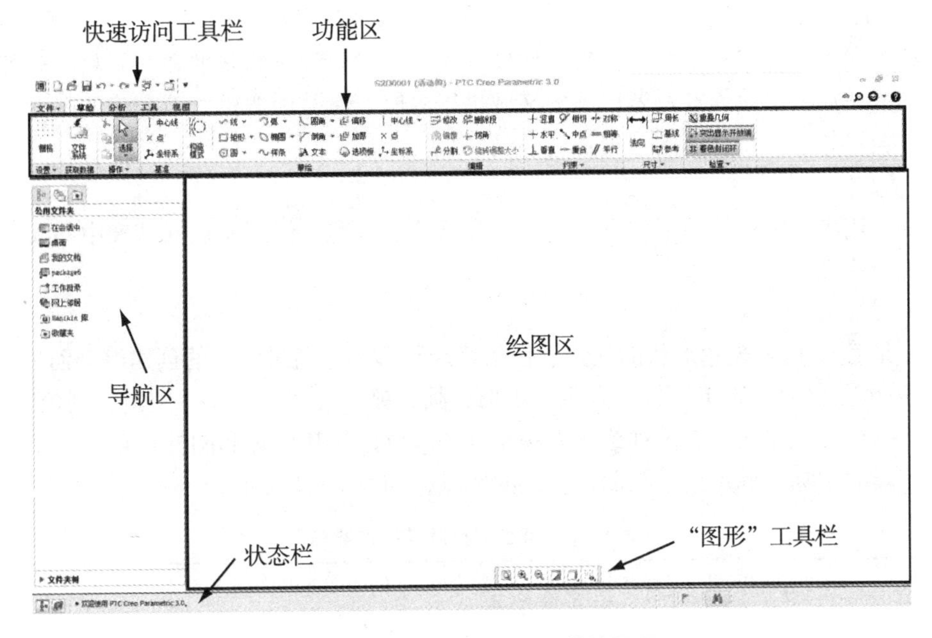

图 1－2 Creo Parametric 草绘界面

3. 文件管理

(1) 设置工作目录

设置工作目录即指定用来存放 Creo Parametric 文件的文件夹所在的位置，运行 Creo Parametrics 后，在主页选项卡上通过单击选择“工作目录”选项即可进行设置。

由于 Creo 软件是集成了包括 Creo Parametric 在内多个模块的软件套件，且一个产品或项目的设计数据往往包含多种文件，为了保证这些文件之间的相关性，同时便于项目文件的快速存储和读取，应该将一个产品项目相关的文件存储在同一个文件中。如果不对工作目录进行设置，系统会将文件创建到默认的工作目录（如：我的文档）中。

（2）文件的保存和备份

在草绘界面中的文件菜单下可以对文件进行保存、另存、重命名、删除等管理，在Creo Parametric 中存储文件时应注意以下几点。

①保存时不能更换文件名：可以对重要文件进行备份（同样不能更换文件名）。

②保存副本：需要更改文件存储位置和文件名，可以使用“保存副本”。

③重命名文件：可以更改当前进程中文件在磁盘上和进程中的文件名称。

④拭除和删除文件：拭除是从进程和内存中删除，但是硬盘上的文件还在；删除是指从进程和硬盘上删除文件。

⑤保存后文件的管理：Creo 每保存一次都会产生一个文件，文件名相同，不同的是版本号，以便对文件修改。在 Creo Parametric 中，默认打开的都是文件的最新版本。文件不需要修改后，可以在管理文件菜单中选择删除旧版本或者删除文件所有版本。

二、图形创建和编辑

1. 图形创建

（1）构造模式

构造模式是相对于绘图模式而言，切换到构造模式后创建的基准和图元只起到辅助标注和参照的作用，无法在草绘器以外的区域进行参照。而非构造模式下创建的图元为实际的图形，会将特征信息传达到草绘器之外的区域。

（2）基准工具

基准是用来确定草绘图形位置的参照，草绘器的基准几何图元包括基准中心线、基准点和基准坐标系。

（3）草绘工具

图元是 Creo 用来表达形状的元素，任何草绘图形都是通过图元的创建组合而成。Creo Parametric 中提供的草绘工具包括直线、矩形、圆、弧、椭圆、样条、圆角、倒角、偏移、加厚等。一种图元往往会有多种绘制方法，这基本可以从其名称和图标示意上看出，大部分草绘工具的图标已标示出了绘制该图元的要点，如表 1－2 所示。

表 1－2　草绘工具及其操作要领

图元类型	草绘工具	创建图元的方式及要素
线	线链 直线相切	创建一条直线链； 创建与两个图元相切的线
四边形	拐角矩形 斜矩形 中心矩形 平行四边形	通过对角创建矩形； 通过控制相邻两条直角边创建矩形； 通过矩形中心和一个直角交点创建矩形； 通过相邻两条边创建平行四边形
圆	圆心和点 同心 3点 3相切	通过圆心和圆上一点创建圆形； 通过已有圆创建与其同心的 1 个或多个圆形； 通过指定圆上三个点创建圆形； 创建与已有三个图元相切的圆形

续表

图元类型	草绘工具	创建图元的方式及要素
弧	3点/相切端 圆心和端点 3相切 同心 圆锥	通过圆弧上的三点创建图形； 通过圆弧所在的圆心和两个端点创建图形； 创建与已有三个图元相切的圆弧； 通过已有圆或圆弧创建与其同心的1个或多个圆弧； 通过锥形弧的两个端点和高创建图形
椭圆	轴端点椭圆 中心和轴椭圆	通过指定椭圆一个轴的端点及另一个轴的一端创建图形； 通过指定椭圆的中心点和长短轴的相邻两个端点创建图形
样条	样条	通过指定样条曲线上的节点创建图形
圆角	圆形 圆形修剪 椭圆形 椭圆形修剪	使用构造线使圆角成为圆形； 将两个图元的原有连接变为圆角连接； 使用构造线创建椭圆形圆角； 将两图元的原有连接变为椭圆形圆角
倒角	倒角 倒角修剪	在两图元之间创建倒角并创建构造线延伸； 在两图元之间创建倒角
偏移	偏移	通过对选定的边或图元进行复制并偏移的方法生成新的图元
加厚	加厚	通过对边或图元在其两侧进行复制并偏移的方法生成新的图元
选项板	选项板	将选项板中的固定图形导入到活动对象中

2. 尺寸和约束

在Creo Parametric中尺寸的标注和约束工具。除了“标识尺寸”的功能以外，更为重要的是通过控制图形的形状和图元之间的关系而为创建图形服务。因此，在创建草绘图形时，往往先不考虑用具体的尺寸绘制出图形的轮廓，而是利用尺寸和约束关系确定准确的图形。

(1) 尺寸的类型

在Creo Parametric可以标注的尺寸主要有4种，即常规尺寸（法向尺寸）、周长尺寸、参考尺寸、基线尺寸，后3种又称为非常规尺寸，如表1－3所示。

表1－3　尺寸标注类型及用途

尺寸类型	用途	备注
常规尺寸	标注线形、径向、直径、角度、夹角、弧长、圆锥、纵坐标等	—
周长尺寸	用于标注图元链或圆环长度	必须有选择一个尺寸为可变尺寸（也称从动尺寸，会随周长变化自动调整。若删除可变尺寸则周长尺寸将自动被删除）

续表

尺寸类型	用途	备注
参考尺寸	用于更加详细地显示尺寸且不引起标注冲突	可以创建参考尺寸或者将现有尺寸转换为参考尺寸
基线尺寸	用于标注其他图元相对于基线的几何尺寸	可以在图元端点创建基线尺寸，也可以选择要确定尺寸的模型几何图元作为基线

（2）约束的类型

创建具有相互关系的图元时，需要对这种关系进行描述。在 Creo Parametric 利用约束工具来描述这些关系，约束的类型包括竖直、水平、垂直、相切、中点、重合、对称、相等、平行共 9 种，其功能和适用情况如表 1-4 所示。

表 1-4　约束的类型

约束类型	功能解释	适用图元数量
竖直	使直线或两顶点竖直	单个图元或 2 个点
水平	使直线或两顶点水平	单个图元或 2 个点
垂直	使两图元正交	一对图元
相切	使两图元相切	一对图元
中点	在线的中间放置一点	一对图元
重合	使点一致	一对图元
对称	使两点或顶点关于中心线对称	一对图元
相等	创建相等长度、相等半径或相等曲率	两个或两个以上图元
平行	使两线平行	两个或两个以上图元

（3）尺寸标注和约束强弱转换

尺寸和约束有强和弱之分。在创建二维草绘时，系统自动生成的尺寸（约束）为弱尺寸（弱约束），显示为灰色。当修改尺寸（或约束）后，则该尺寸（或约束）由弱变为强。也可以通过转换命令将选定的弱尺寸（或弱约束）转换为强尺寸（或强约束），如图 1-3 所示。

对于约束需要注意的是，约束关系会在草绘时由软件进行自动捕捉或识别，所以应当防止软件自动接受并添加了本来不存在的约束关系。当需要删除多余约束时，可以在选择的约束上按下鼠标右键（不能立刻松开）至系统弹出快捷菜单，在菜单上选择“删除”命令即可删除约束。也可以执行如图 1-3 所示的菜单操作。

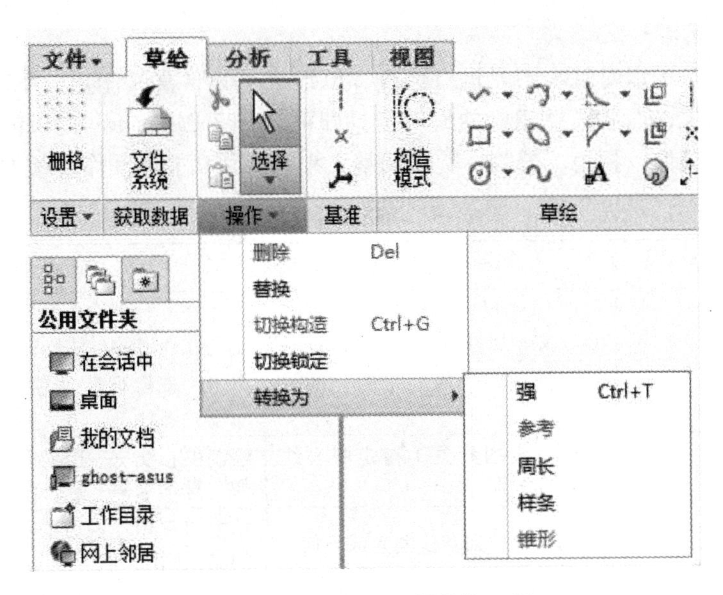

图1-3　草绘器中“操作”工具

(4) 修改尺寸

修改尺寸的常用方法有两种：①在原有尺寸标注上双击并重新输入尺寸值。②通过选择草绘选项卡的修改命令，按照提示可以对多个尺寸修改并确认，如图1-4所示。

在Creo Parametric草绘过程中，一般先绘制出图形的大致形状，然后通过修改尺寸、添加约束来确定图元的具体关系，即通过确定尺寸大小和约束类型等参数来驱动图形的生成，甚至将对图元之间的关系用函数关系表达出来，这也正是参数化绘图的表现。

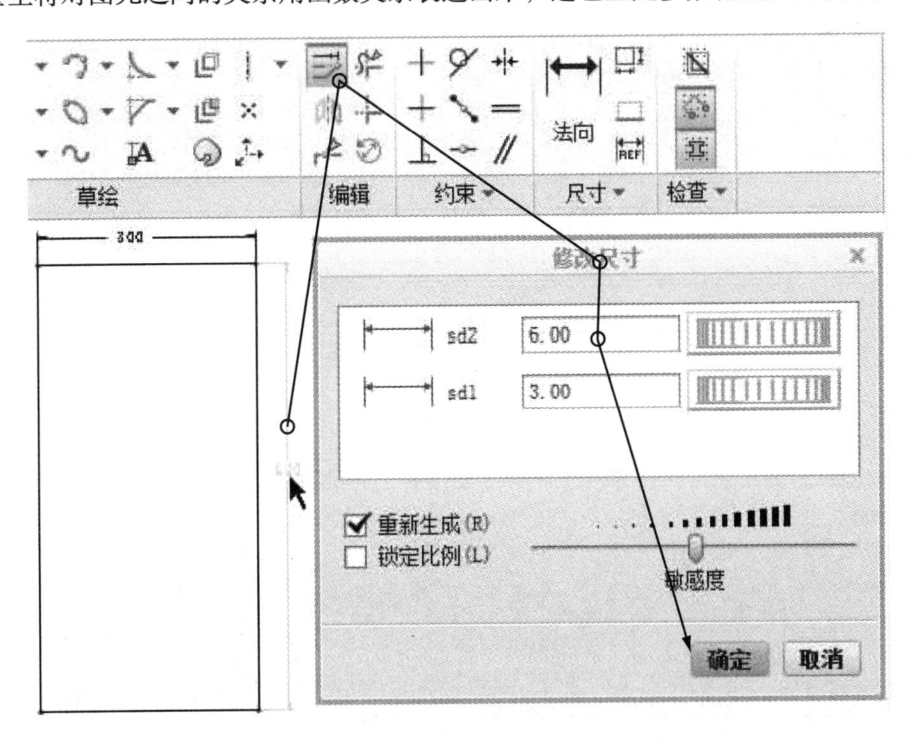

图1-4　修改尺寸

3. **图形编辑**

利用编辑工具可以对基本图元进行修改，以形成更为丰富的图形。编辑草绘图形时，选定要编辑的对象，然后选择相应的编辑工具即可。Creo Parametric 提供的编辑工具包括修改、删除段、镜像、拐角、分割、旋转调整大小等，其功能和操作要领如表 1－5 所示。

表 1－5　编辑工具及其功能

编辑工具名称	功能	操作要领
修改	修改标注尺寸、样条曲线的节点、文本属性等	选择修改对象——单击“修改”选项卡——在弹出的对话框中编辑
删除段	动态修剪一个或多个图元的部分区段	单击“删除段”选项卡—— 选择（或绘制轨迹划过）需要删除的多个区段
镜像	创建选定图元关于指定中心线的对称图形	绘制中心线——选定图元——单击“镜像”选项卡——选择中心线
拐角	将图元修剪到其他图元或几何	单击“拐角”选项卡——选择需要保留的图元区段
分割	将图元在指定点处分割	单击“分割”选项卡——在图元需要分割的点处单击
旋转调整大小	平移旋转和缩放选定图元	选定图元——单击“旋转调整大小”选项卡——在工具栏中编辑

4. **图形导入**

除了在草绘器中绘制图形以外，还可以从外部导入截面数据，减少重复工作。其操作方法如图 1－5 所示，导入图形后在草绘环境中选择一个位置以放置图形，根据提示调整图形位置和大小即可。

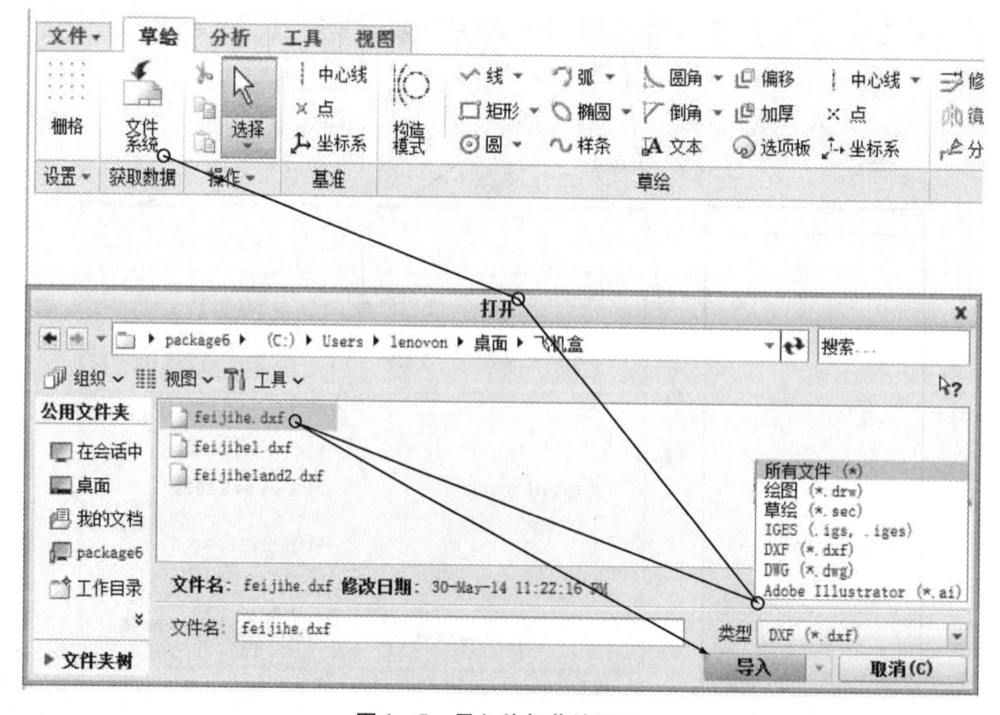

图 1－5　导入外部草绘图形

导入的外部数据可以是 Creo Parametric 的“. sec”、“. drw”格式文件或者 AutoCAD、AI 等矢量软件创建的“. dwg”、“. dxf”、“. ai”、“. iges”等格式文件。

5. **图形诊断**

在 Creo Parametric 中，当草绘图形是拉伸实体特征的截面时，如果截面不封闭将导致拉伸失败；当草绘图形是纸板的加工展开图，如果存在重合或部分重合的图元时将导致多次加工。因此，草绘图形是否封闭、有无重合，对于后续三维建模或者平面图形加工往往有很大影响。

在软件草绘环境中，提供了重叠、开放、交点等诊断工具，其操作方法和功能如表1－6所示。

表1－6　草绘检查工具

诊断工具	操作要领	显示方式
重叠几何	激活即可（单击）	所有重叠图元高亮显示
突出显示开放端	激活即可（单击）	所有开放图元的端点放大显示
着色封闭环	激活即可（单击）	封闭图元内部填充颜色
交点	选择“交点”选项——选定两个图元——弹出信息窗口	在信息窗口显示
相切点	选择“相切点”选项——选定两个图元——弹出信息窗口	在信息窗口显示
图元	选择“图元”选项——选定1个图元——弹出信息窗口	在信息窗口显示

6. **图形参数化**

对于图形中存在函数关系的图元，在绘图时可以通过参数化的方法实现。具体方法如下。

①在草绘结束后，执行“工具”>“关系”命令，弹出“关系”对话框（见图1－6），此时图形中的标注由显示尺寸值转为显示尺寸名称（见图1－7）；如果需要添加函数，可在函数对话框中执行“插入”>“函数”命令，在弹出的对话框中选择相应的函数即可。

②单击选择要进行参数化的尺寸 sd2，则在“关系”对话框中会自动添加该参数“sd2”，输入函数关系及相关的尺寸参数“=0.25 * sd0”，完成该图元的参数化。

③参照①②中的操作，完成其他图元的参数化，结果如图1－8所示。

在 Creo Parametric 三维建模中，草绘是贯穿始终的重要环节。草绘是创建特征的骨架，决定了特征的参数性和强壮度。为了在后续建模中减少失误，应牢记以下草绘的原则：

①善用辅助图元，达成设计意图。善用构造线，简化约束和尺寸。例如利用中心线来达成对称关系，利用辅助点来定位。

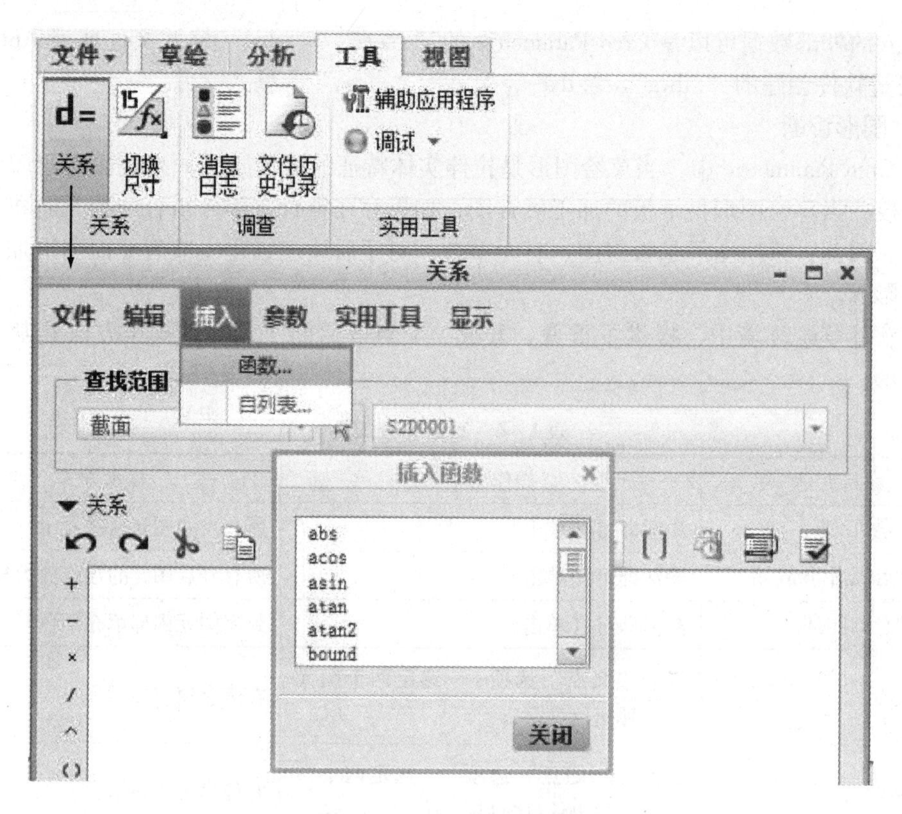

图 1－6 “关系”对话框

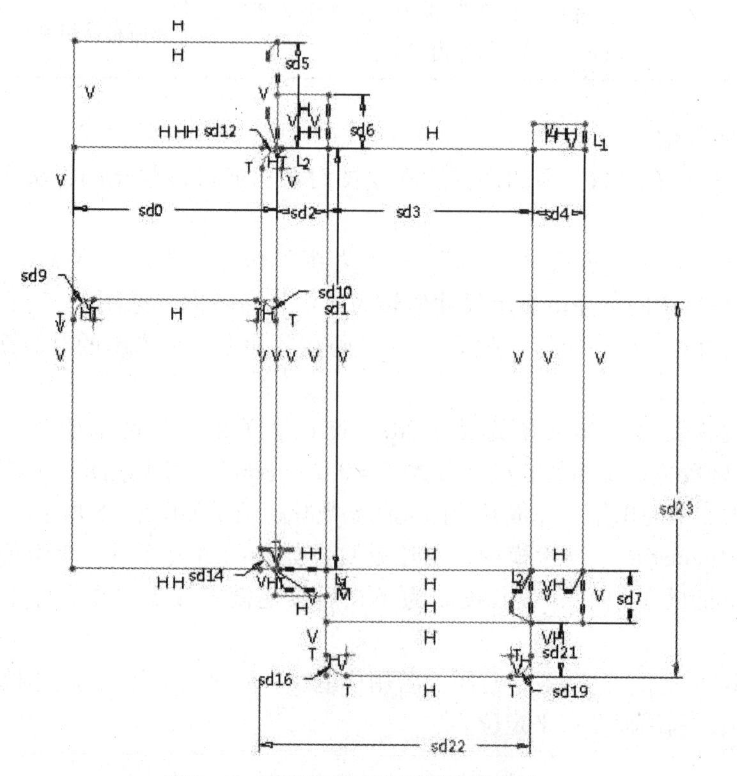

图 1－7 某草绘图形的图元参数名称

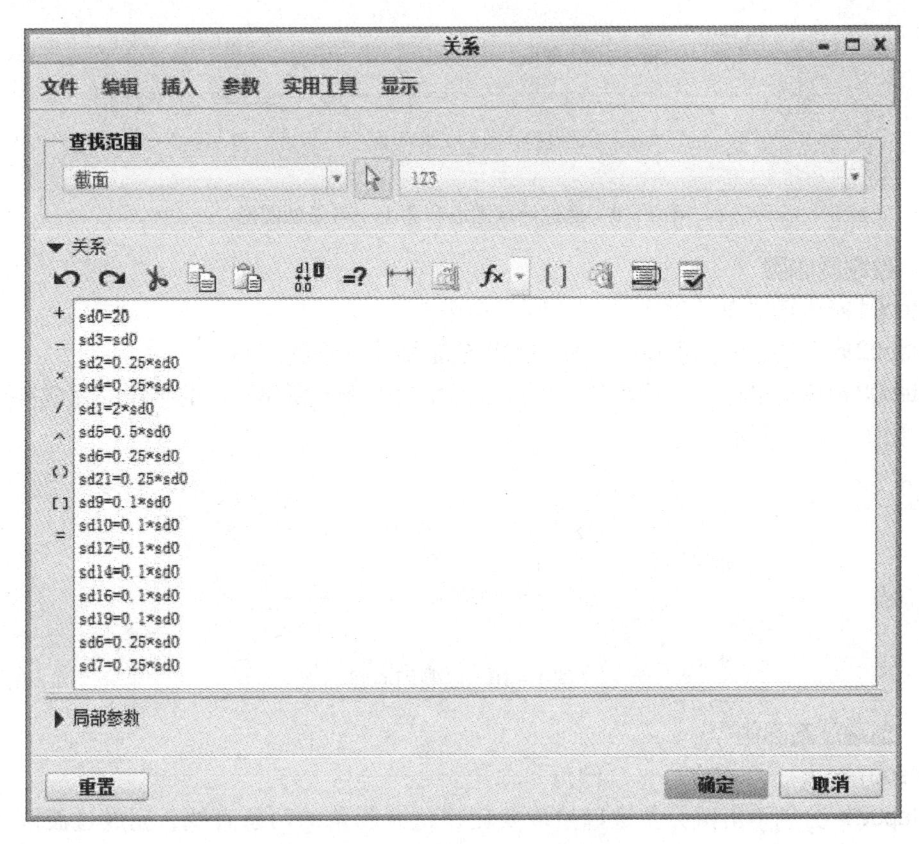

图 1－8　草绘图形参数化设置

②约束和尺寸要明确，该用约束就用约束，该用尺寸就用尺寸。草绘中要避免捕捉约束时，可故意偏离约束位置较夸张的距离，然后通过约束和尺寸修改为正确的位置和形状尺寸。

③使用参照的顺序：优先考虑用基准面作参考，其次是实体面、实体边，以避免不必要的父子关系。

④注意弱尺寸和约束（显示为灰色），确定是否需要，以免因失误造成不期望的截面。

⑤尽量简化截面，工程特征用的图元尽量不在草绘中实现，比如倒角、拔模斜度等。

三、典型实例

实例 1－1：按照提示绘制以下基本图元

1. 绘制圆形

Step01▶执行“草绘”＞“圆心和点”命令。

Step02▶单击鼠标左键以拾取圆心所在位置。

Step03▶移动鼠标并在适当位置单击鼠标左键以拾取圆上一点，完成圆形图元创建。如图 1－9 所示。

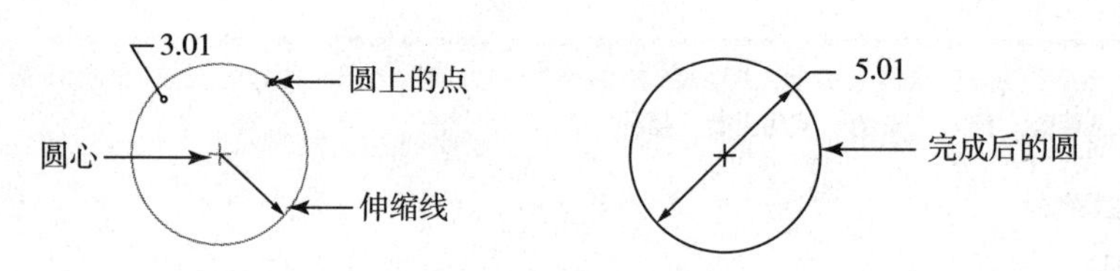

图1-9　通过拾取圆心和圆上一点绘制圆形

2. 绘制同心圆

Step01▶执行“草绘” > “同心圆”命令。

Step02▶在已有的圆上单击鼠标左键以确定新建圆形的圆心。

Step03▶移动鼠标并在适当位置单击鼠标左键以确定新建圆形的半径，完成圆形图元创建。如图1-10所示。

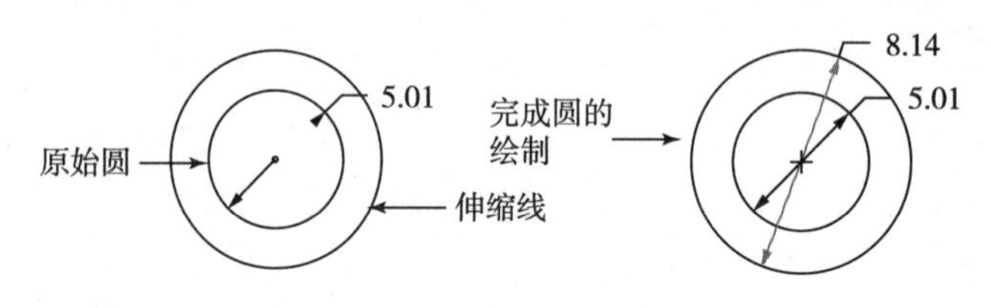

图1-10　绘制同心圆

3. 创建过渡圆角

Step01▶执行“草绘” > “圆角”命令。

Step02▶分别单击鼠标左键以拾取要创建过渡圆角的两条直线，完成过渡圆角的创建。如图1-11所示。

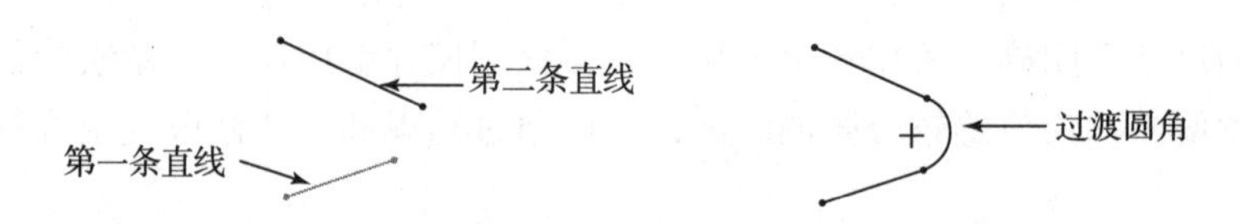

图1-11　创建过渡圆角

实例1-2：按照尺寸及约束关系绘制图1-15所示图形并标注

Step01▶创建辅助线。执行“草绘” > “构造模式”命令，进入构造模式。然后执行“草绘” > “选项板”命令，在弹出的“草绘器调色板”中选择“三角形”选项，在绘图区中单击鼠标左键以放置三角形，标注边长为30，如图1-12所示。

Step02▶执行“草绘” > “构造模式”命令，以退出构造模式。执行“草绘” > “圆心和点”命令，分别以三角形的三个角及重心为圆心绘制4个圆形，并标注其中一个圆的半径为5。执行“草绘” > “约束” > “相等”命令，单击另外3个圆和已标注圆，设置其直径均约束为5。如图1-13所示。

Step03▶用同样的方法创建3个半径为6.5的大圆；执行“草绘” > “三相切圆”命令，在3个大圆及三角形构造线之间创建3个圆弧，如图1-14所示。

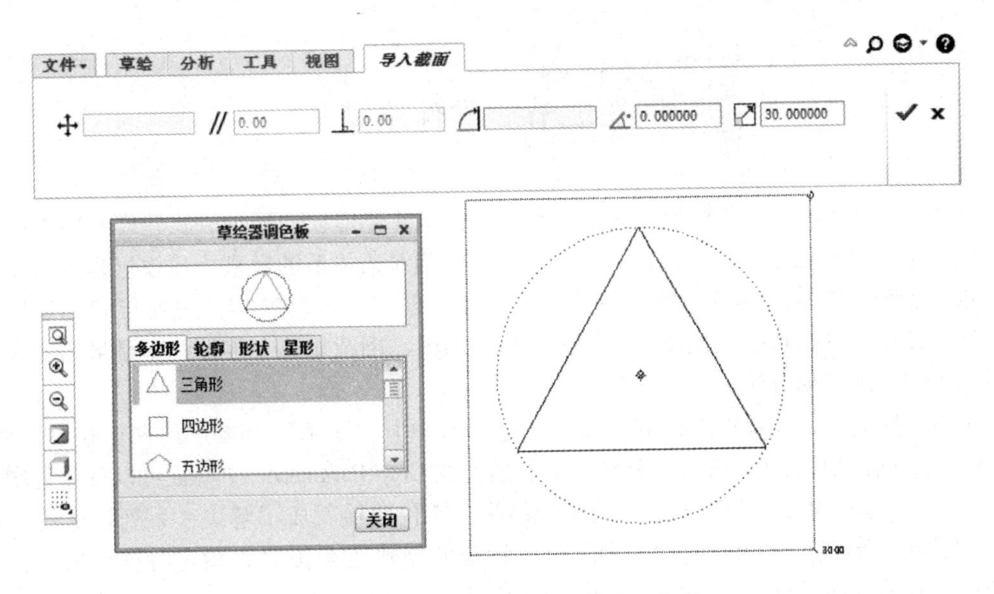

图1－12　创建构造模式的等边三角形

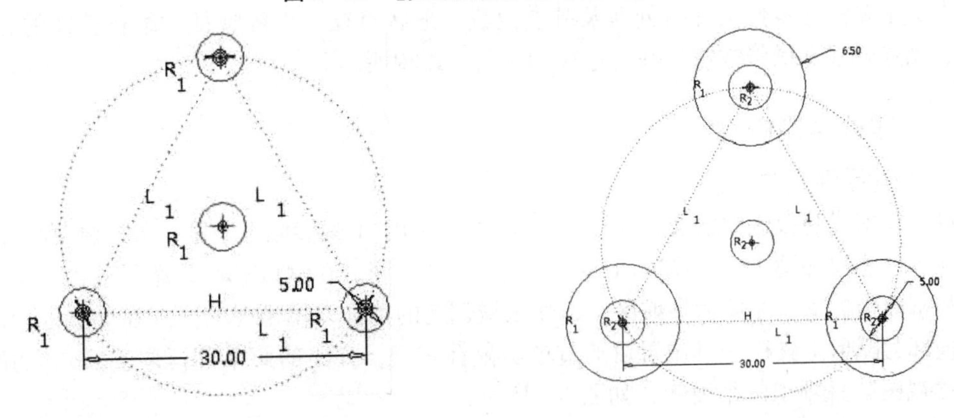

图1－13　创建半径相等的四个小圆

图1－14　创建三个大圆及三相切圆弧

Step04►执行“修改” > “删除段”命令，将大圆上多余的曲线段删掉；选择“检查”工具，检查有无重叠、开放端情况，将封闭环着色，最终效果如图1－15所示。

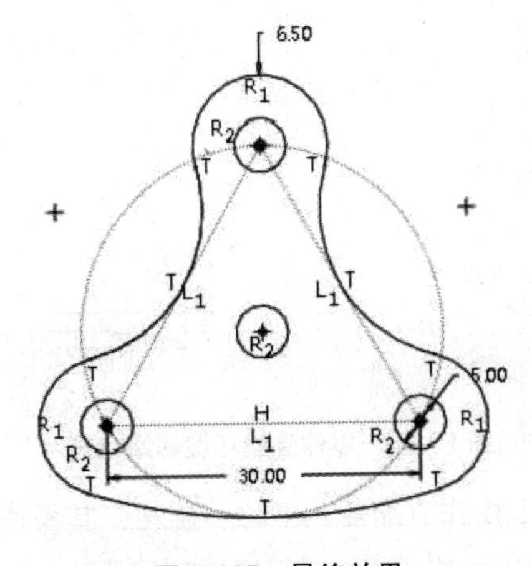

图1－15　最终效果

第二节　零件建模

利用 Creo Parametric 建模的方法主要有三类：零件建模、装配生成式建模和曲面生成式建模。零件建模也称积木式建模，主要针对有精确线条关系的模型，建模过程类似于搭建积木，逐渐增加零件最终完成总装模型。或者先创建一个反映零件主要形状的基础特征，然后在这个基础特征上创建其他特征，如伸出项、倒圆角等。零件建模是最为直观和容易入手的一种建模方法。

可以理解的是，在零件建模的过程中，每增加一个“积木”都要解决两个核心问题：“积木”放在什么位置？“积木”是什么形状的？在 Creo Parametric 中特征可以看作是增加的“积木”，零件可以看作积木最终的堆积结果。零件建模就成了解决一系列特征的“放置”问题和“形状”问题的过程。事实上，特征的创建正是按照先指定特征位置，再进行特征绘制的顺序进行的。

本节主要讲述零件文件的创建及基本设置，形状特征、工程特征、编辑特征的分类、原理、创建要素和操作方法，并通过典型实例加以说明。

一、零件建模概述

1. 创建零件文件

进行积木式建模创建的文件类型为“零件”，创建步骤参照本章第一节创建草绘文件。

在零件建模环境中，工作区域为一个三维立体空间，在默认显示状态下包含三个基准平面和基准坐标系。左侧为导航区，工作区域创建的特征以模型树的形式在导航区加以显示。顶部为图形工具栏（其位置可通过单击鼠标右键，弹出的菜单进行调整），其功能可视为“视图”选项卡的精简版，如图 1-16 所示。

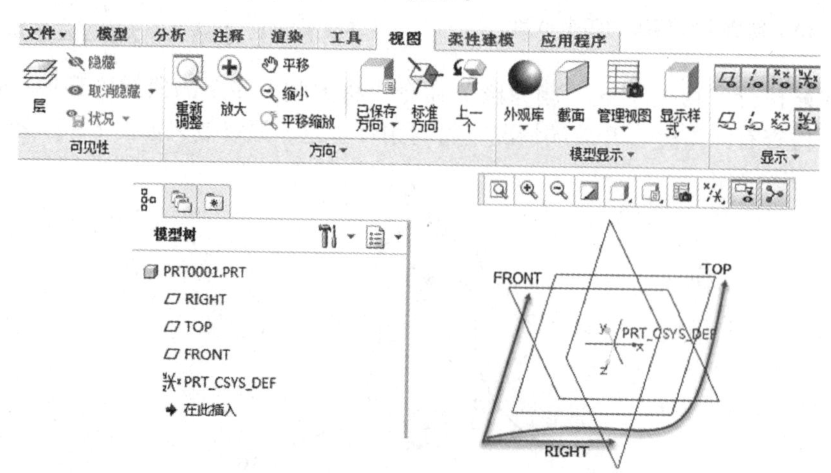

图 1-16　零件建模环境初始状态

在工作区视图控制的基本操作有缩放、平移、旋转，其操作方法如下。

①缩放视图：Ctrl + 鼠标中键沿着某一方向缩放或旋转。

②平移视图：Shift + 鼠标中键。

③旋转视图：鼠标中键。

2. **零件建模特征总览**

在 Creo Parametric 中，模型的基本结构属性包括特征、零件和组件。特征是指每次创建的一个单独几何对象，如基准、拉伸、孔、切口、阵列等，特征是零件的基本元素；零件是特征的集合，组件是装配在一起以创建模型的零件集合。

特征的形状千变万化，但离不开基本的几种，即软件所提供的“形状特征”。这些特征的变化一方面靠自身形状参数的设定，另一方面靠对它的局部结构变化和整体编辑。前者可以通过设置特征的参数实现，后者通过在形状特征的基础上添加工程特征、编辑特征等来实现。依据特征的主要用途和应用特点，零件建模常用的特征可以分为基准特征、形状特征、工程特征、编辑特征等，如表 1－7 所示。这些特征位于零件环境中功能区中的“模型”选项卡中。由于篇幅所限，本章只介绍较为常用的特征。

表 1－7　零件特征分类及简要说明

特征类别	概念说明	包含特征
基准特征	是在创建几何模型、零件实体等特征时用来为其添加定位、约束、标注等的参考特征	基准面、基准曲线、基准点、基准轴、基准坐标系
形状特征	通常由剖面通过一定方式创建，一般作为三维零件模型的初始坯件，也称基础特征	拉伸、旋转、扫描、螺旋扫描、混合、旋转混合、扫描混合等
工程特征	必须依附在其他零件特征几何上，用于改善工程特性的细节特征	孔、壳、筋、倒圆角、倒角、拔模等
编辑特征	对现有特征进行编辑而得到新的特征	镜像、移动、阵列、复制－粘贴、缩放、合并、延伸、相交
曲面特征	包括用形状特征（即基础特征）命令创建的基础曲面特征或用高级命令创建的高级曲面特征	拉伸、旋转、扫描、螺旋扫描、混合、旋转混合、扫描混合、边界混合曲面等
造型特征	在专门的自由曲面造型环境中创建的特征，偏概念性，操作灵活	自由形式曲面和自由形式曲线等
高级扭曲	创建方法相对复杂，操作也相对严格的一类特征，包含部分构造特征	唇、耳、半径圆顶、环形折弯、剖面圆顶、局部拉伸、骨架折弯等
修饰特征	用来处理产品上的上标、符号、说明文字等，属于工程特征中的一类	草绘修饰特征、螺纹修饰特征、凹槽特征等
钣金特征	用于创建各类钣金件的实体特征	钣金件壁（平整壁、法兰壁、扭转壁、延伸壁等）、折弯操作的特征、形状特征、合并壁、边折弯、拐角止裂槽等

二、形状特征

形状特征又称基础特征，可以在模型中单独存在，包括拉伸特征、旋转特征、扫描特征、螺旋扫描特征、混合特征、扫描混合特征、旋转混合特征等，其中扫描特征和螺旋扫描特征为扫描型特征，混合特征、旋转混合特征和扫描混合特征为混合型特征。表 1－8 为各种形状特征的造型原理和要素要求。

表 1－8　形状特征的创建原理和构成要素说明

名称	原理	必须要素及要求	其他参数
拉伸	截面沿着法向方向伸长所形成的实体*	1 个截面，截面封闭	拉伸方式（对称、单侧、双侧、到下一个、到指定面）；拉伸方向；长度
旋转	截面围绕中心线旋转所形成的实体	1 个截面，1 条中心线。截面位于中心线一侧且封闭	旋转角度（对称、单侧、到选定项）； 备注：中心线可在草绘截面时绘制，或从外部选取
扫描	截面与轨迹线正交并沿着轨迹线扫掠所形成的实体	1 个截面，1 条空间轨迹线。截面可以保持不变或按照一定关系变化	扫描实体两端是封闭端或合并端
螺旋扫描	截面在轮廓线起点处绕着旋转轴以轮廓线所限定的半径螺旋扫掠至轮廓线终点所形成的实体	1 个封闭截面，1 条轮廓线，1 个旋转轴	螺旋间距可恒定或分段设定；螺旋方向可按左手或右手定则； 截面恒定或可变
扫描混合	在轨迹线的不同位置分布了多个截面，这些截面以直线或者光滑过渡的形式拟合成实体	1 条轨迹线，至少 2 个截面。各截面的图元数相等，起点位置互相对应	备注：添加 2 个以上截面时需先在轨迹上创建基准点
混合	多个平行的截面以直线或者光滑过渡的形式拟合成实体	至少 2 个截面。截面的图元数相等，截面间可以有三个维度的夹角	可以与选定截面混合
旋转混合	截面围绕中心轴旋转一定角度并拟合成所在位置截面所形成的实体	1 个旋转轴，至少 2 个截面。截面间只有 1 个维度上的夹角	—

*说明：表中所述实体指实心的三维立体，对于创建“加厚草绘”类型的三维实体和曲面而言不需截面封闭。

1．拉伸特征

拉伸特征是最简单的特征，只要确定特征的剖面和拉伸的深度即可。其创建过程如下：

（1）选择拉伸的基体类型

基体类型分为实体、曲面、加厚草绘（薄板）、去除材料（减料）四类，可在特征操控面板中单击相应按钮进行选择。去除材料仅在模型中已有创建好的基体类型时方可使用，相当于挖去一部分材料。软件中默认的基体类型为实体，创建实体特征时可省略此环节。

（2）设置并绘制拉伸剖面

①执行“放置”>“定义”命令，弹出草绘对话框。

②选择剖面的放置平面，参照平面可以默认或者自行设定。选择放置平面后，会看到一个箭头出现在该平面上，箭头方向就是拉伸方向。

③单击“草绘”按钮，进入草绘界面。此时默认工作环境为轴侧图，可以单击“草

绘视图”按钮，切换到二维平面视图。另外，拉伸基体类型为实体时，剖面图形必须封闭。拉伸为曲面或者薄壁时，剖面可以封闭或不封闭。

④绘制剖面，完成后确认。

(3) 设置拉伸方向

通过操控面板的“方向”按钮可以切换拉伸方向。

(4) 设置拉伸深度

只有设置了拉伸深度后，拉伸剖面才能成为实体。拉伸深度可以在草绘平面一侧或双侧（即侧1 和侧2）分别设定。深度定义有6 种形式，其具体含义如表1－9 所示，拉伸深度结果如图1－17 所示。（其他形状特征的基体类型和深度选项与拉伸特征基本相同，操作也类似，以后不再赘述。）

(5) 创建结束

单击完成按钮，创建过程结束。

表1－9 拉伸特征深度选项的含义

深度选项	含义
盲孔	以数值方式确定特征的深度
对称	特征关于草绘平面对称，特征深度为两侧深度之和
到下一个	从草绘平面开始，沿箭头方向产生特征，直至到达与草绘平面相邻的下一个基体表面结束
穿透	从草绘平面开始，沿箭头方向产生特征，穿过模型的所有表面而建立拉伸特征
穿至	从草绘平面开始，沿箭头方向产生特征，到达用户指定的曲面结束
到选定	从草绘平面开始，沿箭头方向产生特征，到达用户指定的参照（点、线、轴或曲面）结束

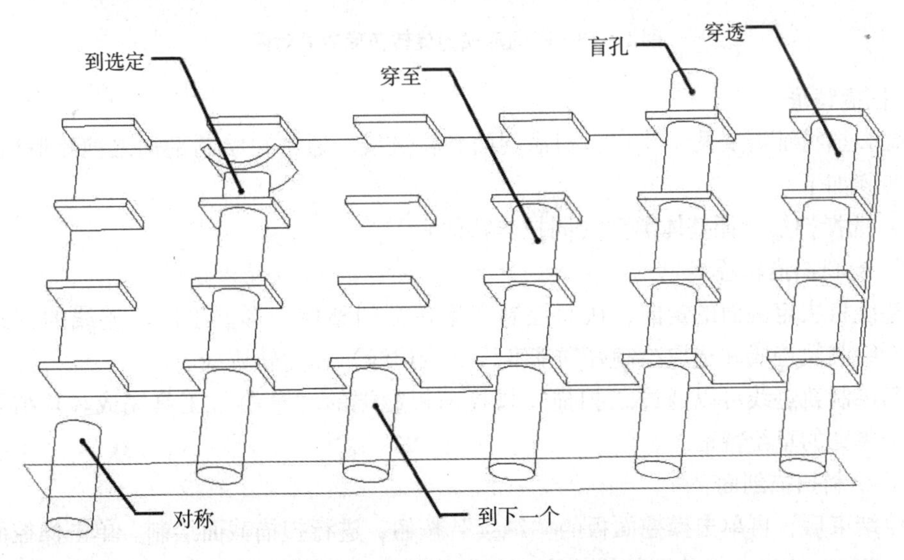

图1－17 各种拉伸深度效果示意图

2. **旋转特征**

创建旋转特征需要一条旋转中心线和位于中心线一侧的旋转剖面，这两个要素缺一不可，否则无法进行旋转。创建过程如下：

（1）选择旋转特征基体类型（同拉伸特征）

（2）设置并绘制旋转剖面

①按照拉伸特征的创建方法进入草绘环境。

②绘制旋转剖面和旋转轴。旋转轴可以选取其他特征中的轴，旋转为实体时，剖面图形必须封闭。旋转为曲面或者薄壁时，剖面可以封闭或不封闭。

（3）设置旋转方向

旋转方向可以是顺时针或者逆时针方向，通过单击操控面板的“方向”按钮进行切换。

（4）设置旋转角度

默认旋转角度为360°，旋转角度的定义有三种形式，如图1－18所示，分别为“变量”［见图1－18（a）］、“对称”［见图1－18（b）］、“到选定的”［见图1－18（c）］。

（5）完成旋转特征

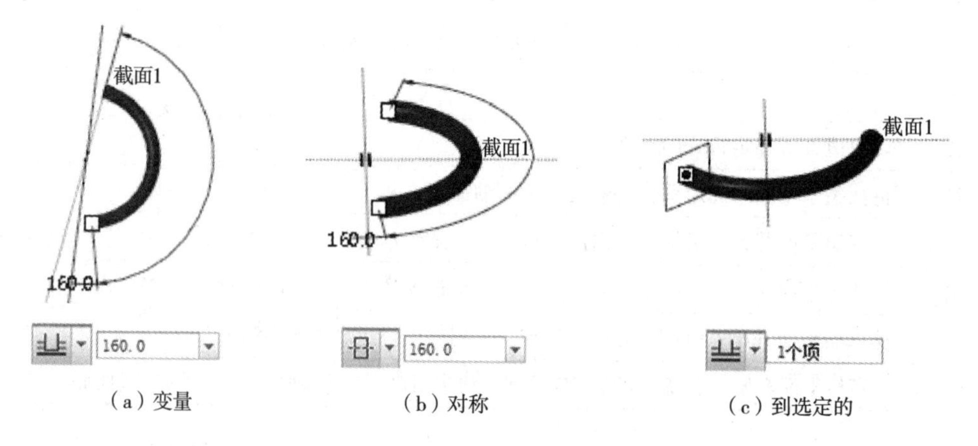

（a）变量　（b）对称　（c）到选定的

图1－18　不同形式的旋转角度效果对照

3. **扫描特征**

创建扫描特征需要两个要素：扫描剖面和轨迹线。通常在绘制剖面之前绘制轨迹线。其创建步骤如下。

（1）选择扫描特征基体类型（同拉伸特征）

（2）绘制扫描轨迹线

轨迹线将决定剖面的走向，从而控制产生特征的整体外形。绘制轨迹线的方式有两种：重新绘制轨迹线和选取绘制好的基准线（或边缘）作为轨迹线。

重新绘制轨迹线可以通过“扫描”操控面板右端的“草绘”工具完成。其结果是创建了一个单独的草绘特征。

（3）绘制扫描剖面

草绘结束后，再单击操控面板的“继续”按钮，进行扫描截面绘制。单击操控面板的“草绘”按钮，软件会切换到扫描轨迹的起点位置，方便用户进行草绘。绘制好以后将预显示扫描结果。

常用参数说明：

①更改扫描轨迹起点。可以在绘制轨迹线后，单击起点处的箭头进行切换。草绘的平

面位于轨迹起点且与轨迹正交的平面上。

②截面形状。默认的截面形状是“恒定的”，可以切换到绘制“可变截面”。

③截面方向。默认截面方向“始终与轨迹垂直”，根据需要还有“垂直于投影”“恒定法向”等方式。

(4) 选项设置

扫描轨迹可以是开放或者封闭的。对于开放轨迹而言，创建的扫描特征与相邻特征可通过选择“选项”溢出选项卡中的“自由端”或“合并端”实现扫描特征与相邻特征的不同结合状况。自由端是扫描特征的端面自行封闭、不受其他特征影响，合并端则是与相邻特征进行无缝融合。其效果对比如图1－19所示。

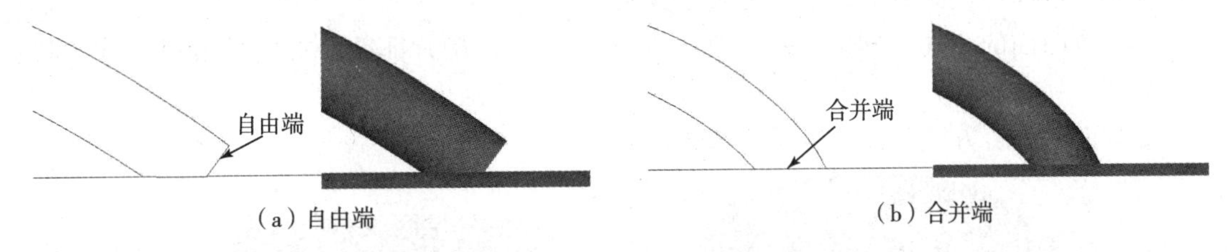

(a) 自由端　　(b) 合并端

图1－19　自由端与合并端选项结果对照

4. 螺旋扫描特征

螺旋扫描特征就是将绘制好的剖面沿着螺旋线移动而形成的类似于弹簧的特征。要产生一个螺旋扫描特征需要有旋转轴、扫描轮廓线和扫描剖面三个要素。其创建过程如下。

(1) 选择螺旋扫描特征基体类型

(2) 绘制螺旋扫描轮廓线及旋转轴

轮廓线将决定剖面的走向，从而控制产生特征的整体外形。绘制轮廓线和旋转轴可以重新绘制或选取绘制好的。重新绘制轮廓可通过执行操控面板的参考选项下定义按钮，然后在草绘环境中完成旋转轴和轮廓线的绘制。

(3) 绘制螺旋扫描剖面

轮廓线和旋转轴绘制结束后，再单击操控面板的“创建扫描截面”按钮，进行扫描截面绘制。

(4) 选项设置

螺旋的方向分为左旋和右旋两种，间距（即螺旋节距）可以为常数或者分段设定。

5. 混合特征

混合特征具有多个特征截面，混合的方式有“与草绘截面混合”或“与选定截面混合”两种。选择“与选定截面混合”的方式创建混合特征时，只需要选择多个已存在的截面即可；而选择“与草绘截面混合”需要创建多个特征截面，主要过程如下。

(1) 选择混合特征体类型

执行“混合”命令，打开“特征”操控面板，选择混合特征基体类型（默认为实体）。

(2) 绘制第一个特征截面

打开“截面”溢出选项，依次单击“草绘截面”、“截面1”、“草绘－定义”按钮，选择草绘参照后进入草绘环境，完成第一个特征截面。

（3）绘制第二个特征截面

打开“截面”溢出选项卡，选择“草绘截面”、“截面 2”，输入与截面 1 的偏移距离后，单击“草绘”按钮，进入草绘环境，完成第二个特征截面。

（4）绘制第三个特征截面

打开“截面”溢出选项卡，选择“草绘截面”、单击“插入”按钮，插入截面 3；输入与截面 2 的偏移距离后，单击“草绘”按钮，进入草绘环境，完成第三个特征截面。

（5）完成所有截面绘制

重复执行步骤（4）直至完成所有截面绘制。

（6）选项设置

在混合特征操控面板中，主要设置参数如下。

①混合曲面的方式：分为“直”和“光滑”两种，是特征截面之间的过渡方式，其区别如图 1－20 所示。

②端面的混合方式：分为封闭端和合并端。

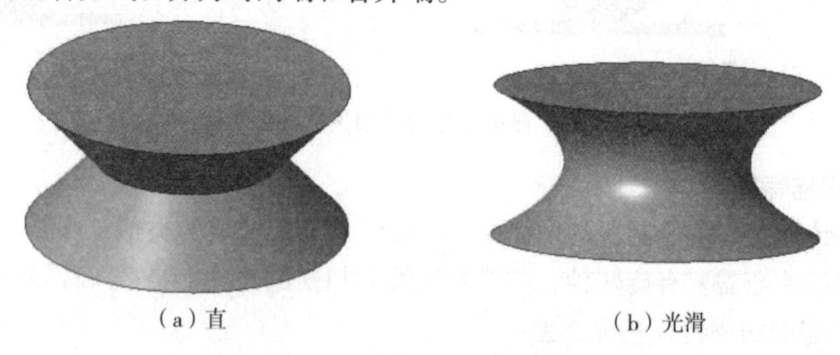

（a）直　　（b）光滑

图 1－20　混合曲面的不同方式

此外，创建混合特征的特征截面时，应注意以下几点。

①各特征截面彼此平行，所以在添加特征截面时只需确定截面之间的距离即可。

②各特征截面图元数必须相等否则不能完成混合特征。如果图元数不等可以利用“分割”工具，特征截面是一个几何点时除外。

③各特征截面的混合起点及方向不一致时会出现扭曲现象，如图 1－21 所示。更改方法：在新的起点位置选择起点，单击鼠标右键，选择“起点”即可变更起点位置；在已有起点上单击鼠标右键，选择“起点”，可以变更混合方向，如图 1－22 所示。

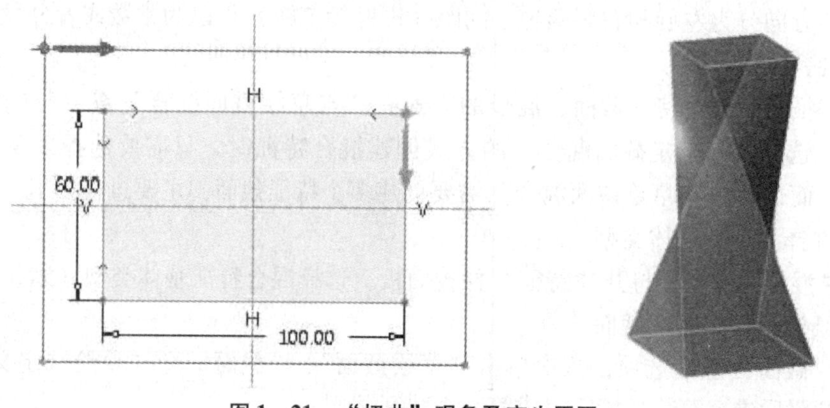

图 1－21　“扭曲”现象及产生原因

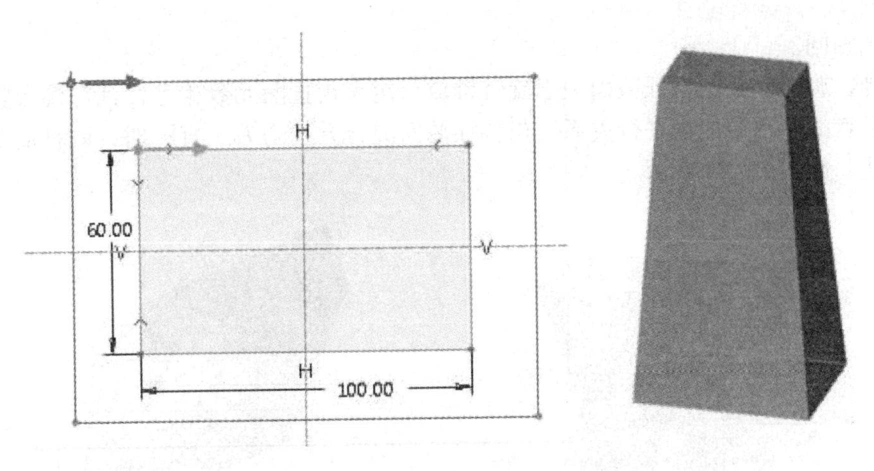

图1-22 “扭曲”现象更改结果

6. 旋转混合特征

旋转混合特征是令起始截面和中止截面之间围绕某个轴旋转并混合。旋转混合的方式有“与草绘截面混合”或“与选定截面混合”两种。选择“与草绘截面混合”需要创建多个特征截面，主要过程如下。

(1) 选择混合特征基本类型

执行“旋转混合”命令，打开特征操控面板，选择混合特征基体类型（默认为实体）。

(2) 绘制第一个特征截面

打开“截面”溢出选项，依次单击“草绘截面”、“截面1”、“草绘-定义”按钮，选择草绘参照后进入草绘环境，完成第一个旋转混合截面和旋转中心线。旋转中心线的绘制有三种方式：

①在草绘截面1时绘制旋转中心线。

②选取外部已存在的中心线或边。

③添加外部基准轴：即添加一个草绘特征。可以在创建旋转混合特征之前新建草绘特征或在创建旋转混合特征时，执行“基准” > “基准轴”命令，完成草绘特征创建后再单击操控面板中的“继续”按钮。

(3) 绘制第二个特征截面

打开“截面”溢出选项卡，选择“草绘截面”、“截面2”，输入与截面1的偏移角度后，单击“草绘”按钮，进入草绘环境，完成第二个混合截面。

(4) 绘制第三个特征截面

打开“截面”溢出选项卡，选择“草绘截面”选项，单击“插入”按钮，插入截面3；输入与截面2的偏移角度后，单击“草绘”按钮，进入草绘环境，完成第三个混合截面。

(5) 完成所有截面绘制

重复执行步骤（4）直至完成所有截面绘制。

(6) 选项设置

在旋转混合特征操控面板中，主要设置参数有曲面混合的方式和端面的混合方式，与混合特征相同。

此外，旋转混合的特征截面关于旋转轴成一定夹角且图元数相等，其与混合特征的区别在于后者的特征截面为平行关系。当特征截面混合方式均为“直”时，两种混合特征的效果对比，如图 1－23 所示。

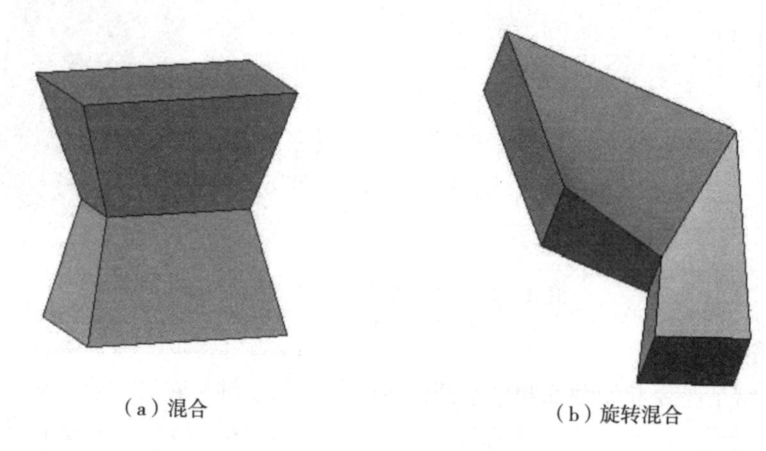

（a）混合　　（b）旋转混合

图 1－23　混合与旋转混合效果对比

7. 扫描混合特征

创建扫描混合特征的要素有两个：轨迹线、轨迹线上的多个特征截面。其创建过程如下。

（1）选择混合特征基体类型

执行“扫描混合”命令，打开特征操控面板，选择混合特征基体类型（默认为实体）。

（2）选择扫描轨迹

打开“参考”溢出选项卡，选取轨迹线并确定扫描起点。

（3）在扫描轨迹上添加基准点

执行“基准” > “基准点”命令，按照提示在扫描轨迹上添加基准点，完成后单击操控面板中的“继续”按钮。

（4）绘制第一个特征截面

打开“截面”溢出选项，依次单击“草绘截面”、“截面 1”、“草绘”按钮，软件切换到轨迹起点所在的法向平面，完成第一个扫描混合截面。

（5）绘制第二个特征截面

打开“截面”溢出选项卡，选择“草绘截面”选项，单击“插入”按钮添加截面 2，进行截面设置后，执行“草绘”命令，完成第二个特征截面。截面设置包括如下参数。

①截面的位置：设置“截面位置”为步骤（3）中创建的某个基准点。

②截面旋转：设置截面 2 与截面 1 的旋转夹角。

（6）绘制第三个特征截面

重复执行步骤（5）直至完成所有截面绘制。最后一个截面的位置在扫描轨迹的终点。

三、工程特征

工程特征包括孔特征、壳特征、筋特征、倒角特征、倒圆角特征、拔模特征等。工程特征不可以在模型中单独存在，必须在形状特征上或者在其他实体或适合的曲面上创建。

工程特征的创建与形状特征既有相似又有不同之处。一方面，在创建工程特征时同样需要指定其放置的位置和形状方面参数（类型、尺寸等）。另一方面，工程特征本身是对特征的局部修改，有时需要创建多个相同的工程特征（比如给多个边倒角），此时需要确定其应用范围，这可以通过创建“集”、排除边等参数进行设定。

1. 孔特征

创建孔特征需要两个要素：孔特征放置位置、孔特征类型及形状。

确定孔特征放置位置的关键就是根据参照的实际情况选择孔的定位方式，主要有以下几种，如表 1－10 所示。

表 1－10　孔特征的定位方式

放置参照（主参照）	放置类型	偏移参照
平面、基准平面、圆柱体或圆锥体曲面	线性	用两个线性尺寸在面上约束孔的位置
	径向	用一个线性尺寸和一个角度尺寸约束孔的位置
平面、基准平面、实体曲面	直径	通过绕直径参照旋转孔来放置孔，需要一个线性尺寸、一个角度尺寸和一个轴
轴与曲面的交点处	同轴	无
基准点	在点上	无

孔特征的类型及形状：确定孔的位置之后，在孔选项卡中，可以进行孔的形状设定。具体顺序是先确定孔的类型、子类型，再确定孔的形状、具体参数数值。该面板处具体参数如表 1－11 所示。

表 1－11　孔的基本类型及参数

类型	钻孔轮廓	必选参数或操作	可添加局部特征
简单孔	矩形	孔深、孔径	—
	标准孔	孔深（孔肩深度、孔深度）	沉头孔、沉孔
	草绘自定义	激活草绘器绘制轮廓	—
工业标准孔	钻孔、间隙孔、攻丝孔、攻丝锥孔	螺纹系列（ISO、UNC 等）螺钉尺寸、孔深（孔肩深度、孔深度）	沉头孔、沉孔

2. 壳特征

壳特征可以看作将实体内部“掏空”成为特定壁厚的壳。创建壳特征常被称为“抽壳”，其关键要素主要有 2 个：指定移除的表面，确定壳的厚度和方向。在抽壳的过程中，可以去除一个或多个表面成为开放的壳，也可以不移除表面，成为封闭的壳。壳的厚度默认为一致，也可以指定某个面为非缺省厚度。具体设置参数如图 1－24 所示。

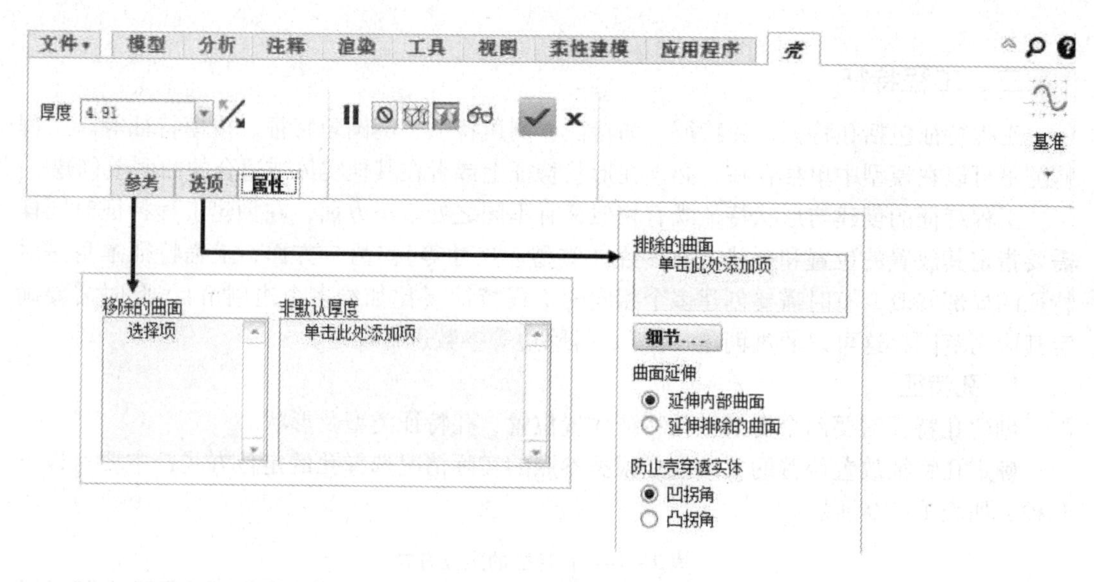

图 1-24　壳特征的参数

有时抽壳会不成功，需要注意以下限制条件和技巧。

①由 3 个以上曲面形成的拐角时，可能无法进行壳的几何定义，故障区会加亮显示。

②一个曲面不能既移除又选择了非缺省厚度，即在一个收集器中选取的曲面不能在其他收集器中选取。

③壳特征与其他工程特征都是建立在实体上，顺序不同则抽壳的结果可能不同。

3. **筋特征**

筋特征分为轮廓筋和轨迹筋两种，各自的用途、特点和子类型如表 1-12 所示。

表 1-12　筋特征的分类

筋的类型	用途	特点	子类型
轮廓筋	用于加固零件，连接到实体曲面的薄翼或腹板伸出项	筋的草绘图形与实体轮廓构成封闭图形	直轮廓筋：直接连到直曲面上
			旋转轮廓筋：连接到旋转曲面上
轨迹筋	用于加固塑料零件结构，通常在腔槽曲面间的空心区域	筋的草绘图形底部与零件曲面相交，顶部由所选草绘平面定义	—

轮廓筋的创建需要三个要素：①有效的轮廓筋草绘。轮廓筋草绘需满足的条件：草绘图形为单一的开放环或连续的非相交图元，且草绘端点与形成封闭区域的连接曲面对齐，并且添加材料的方向应与形状特征形成封闭区域。如图 1-25（a）所示的草绘图形为一条直线，其两端分别捕捉相关的两个平面上，箭头所指方向为加材料方向。另外，要注意创建旋转轮廓筋草绘时，必须在通过旋转轴的平面上（不是实体内部）创建草绘。而直轮廓筋可以在曲面上（不是实体内部）的任意点创建，如图 1-25（b）所示。②确定筋几何的材料侧。主要有三种：居中，左侧和右侧。③筋的厚度。

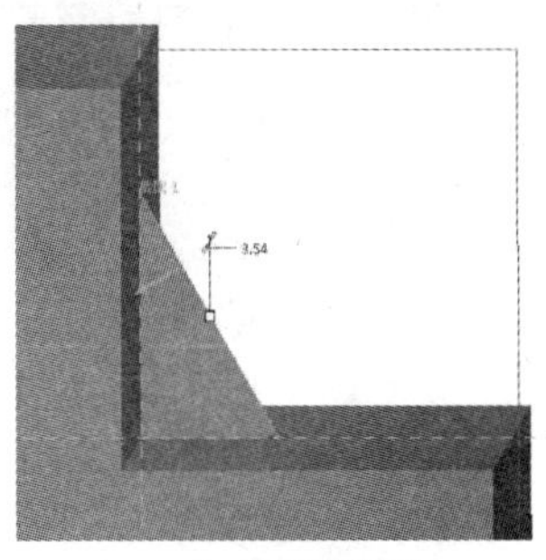

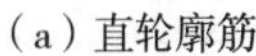

（a）直轮廓筋　　　　（b）旋转轮廓筋

图 1－25　直轮廓筋和旋转轮廓筋

轨迹筋的创建需要两个要素：①轨迹筋草绘。有三种：a. 开放环。图元端点最好位于腔槽曲面上或者实体几何内部，系统也可以自动修剪或延伸。b. 封闭环。必须位于腔槽中。c. 自交环或多环。直线、样条或弧、曲线。②筋路：必须沿着筋的每一点与实体曲面相接。如果筋路经过孔、切口或空白空间则轨迹筋无法创建。

另外，在创建轨迹筋时，通过特征操控面板可以对轨迹筋进行拔模和倒圆角的设置。

4. 倒角特征

倒角是对边或者拐角进行斜切削的特征，在 Creo Parametric 中倒角特征细分为两类特征：边倒角和拐角倒角。拐角倒角位于多个平面相交的公共顶点处，边倒角位于两个平面相交处的公共边处。两种倒角的几何效果如图 1－26 所示。

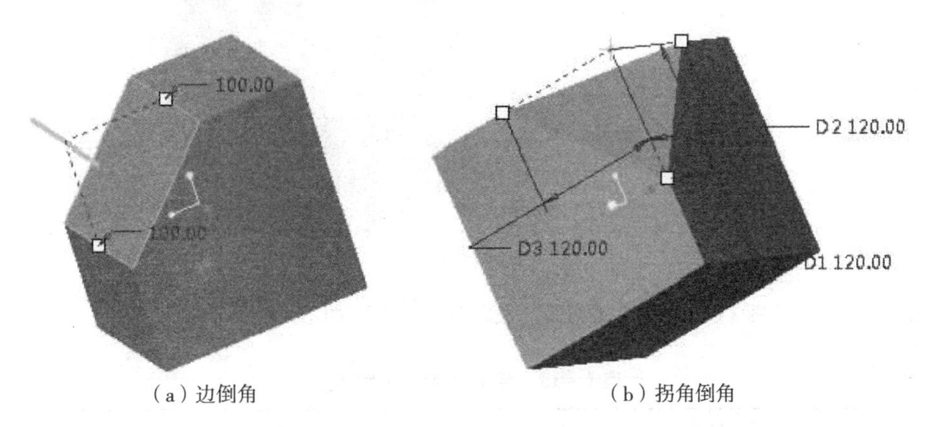

（a）边倒角　　　　（b）拐角倒角

图 1－26　边倒角与拐角倒角效果及尺寸标示

当多个边的倒角汇合时有两种处理模式：集和过渡。集是多个倒角段相互独立，属性、几何参照、平面角及倒角距离均相同。过渡则是在汇合处连接倒角段的填充几何，过渡位于倒角段或倒角端点汇合或终止处。此概念在倒圆角特征中同样适用。如图 1－27 所示。

5. 倒圆角特征

倒圆角是一种边处理特征，通过向一条边或者多条边、边链或在曲面之间的空白处添加半径形成的。曲面可以是实体模型曲面，也可以是零厚度的面组或曲面。倒圆角特征细分为基本倒圆角和自动倒圆角两类特征，具体情况如表 1－13 所示。

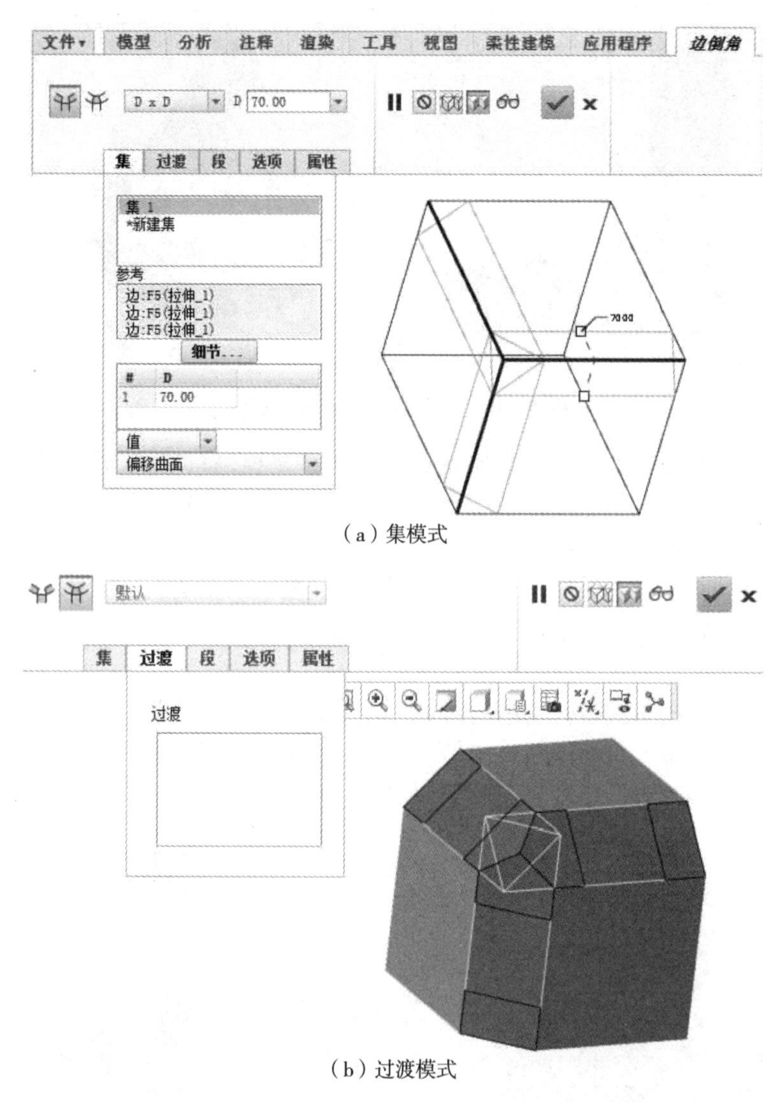

（a）集模式

（b）过渡模式

图 1－27　多个倒角段“集”与“过渡”的不同模式显示

表 1－13　倒圆角特征的分类

倒圆角类别	子类	要素
基本倒圆角	恒定倒圆角	参考——圆角放置参照； 集——圆角范围； 半径—— 圆角截面形状，可变
	可变倒圆角	
	曲线驱动倒圆角	
	完全倒圆角	
自动倒圆角	—	范围——指定倒圆角的范围，凹边、凸边；实体面组或集； 排除——指定不进行倒角的边

（1） 基本倒圆角

创建基本倒圆角特征需要确定倒圆角的子类型、倒圆角的范围（集）、圆角半径三个要素。

①倒圆角的子类型。先选定某一倒圆角子类型需要的参照，然后在操控面板中选定子类型。如创建完全倒圆角需要至少两个参照，参照的选择有两种方法。

A. 按住 Ctrl + 鼠标左键选取同一曲面上的两条边为参照，然后单击“完全倒圆角”按钮，出现如图 1 – 28（a）所示的效果。

B. 按住 Ctrl + 鼠标左键选取相对的两个曲面为参照，然后分别单击拾取两个曲面之间的连接曲面为驱动曲面，出现如图 1 – 28（b）所示的效果。

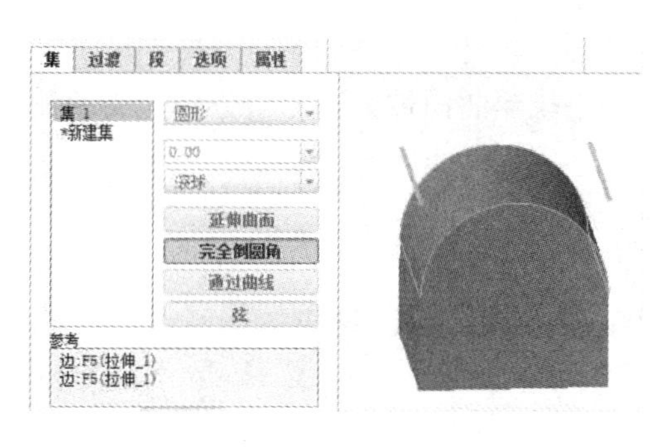

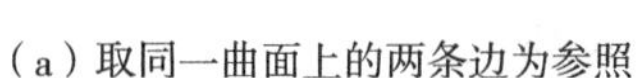
（a）取同一曲面上的两条边为参照

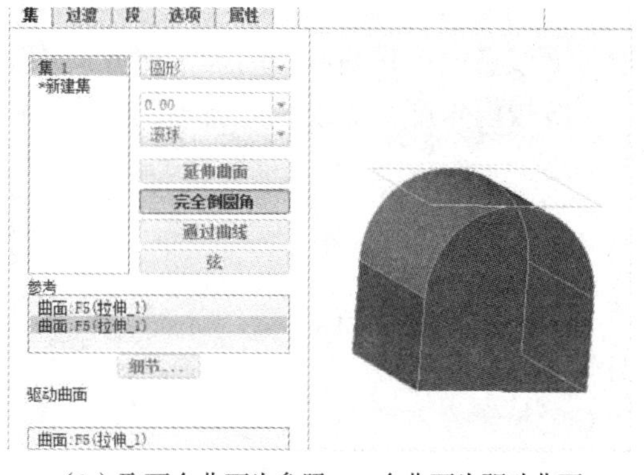

（b）取两个曲面为参照、一个曲面为驱动曲面

图 1 – 28　完全倒圆角的两种方法

②倒圆角范围。通过点选多个边完成。

③圆角半径。默认为恒定数值，如果圆角半径有多个，需创建可变倒圆角，有两种操作方法：在倒圆角“集”下滑面板中添加半径；在半径锚点上单击鼠标右键，在弹出的选项栏中选择“添加半径”选项即可。两种方法如图 1 – 29（a）、（b）所示。

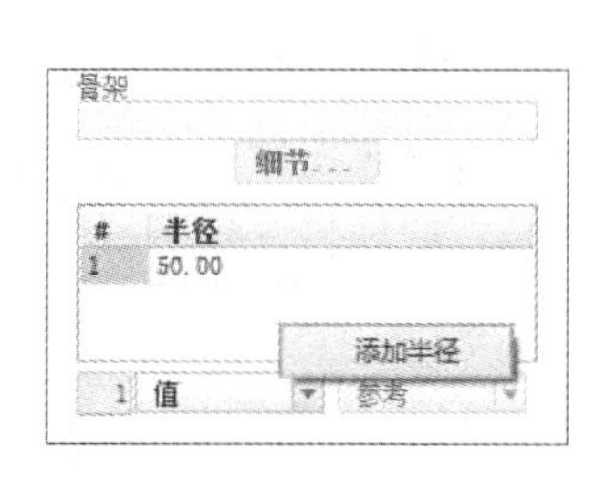

（a）方法一

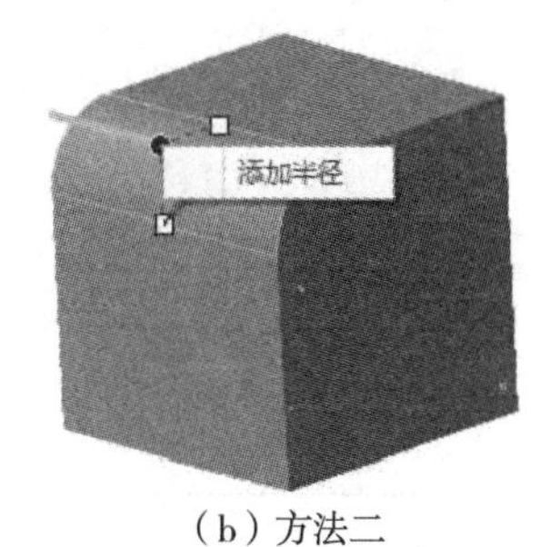

（b）方法二

图 1 – 29　创建可变倒圆角时添加半径的两种方法

（2）自动倒圆角

自动倒圆角可以在实体几何、零件、组件的面组上创建恒定半径的倒圆角结构。与基本倒圆角不同的是，自动倒圆角的圆角半径恒定，只需要确定其范围即可。设置范围时掌握两点即可。

①自动倒圆角的范围可以是全部实体几何（又分为凸边或凹边）或选定的边。

②不进行自动倒圆角的边可以在“排除”选项设定为“排除的边”。

6. 拔模特征

注射件和铸件往往需要一个拔模斜面才能顺利脱模。拔模特征实际上是向单独曲面或一系列曲面中添加一个拔模角度，分为基本拔模、可变拖拉方向拔模两种。本节只介绍基本拔模。

创建基本拔模需要确定拔模面、拔模枢轴和拔模角度三个要素，其含义如下（见图1-30）。

①拔模曲面：要拔模模型的曲面。

②拔模枢轴：曲面围绕其旋转拔模曲面上的线或曲线（也称中立曲线）。可以通过选取平面或选取拔模曲面上的单个曲线链来定义拔模枢轴。

③拔模角度：拔模方向与生成拔模面的夹角。如果拔模曲面被分割，须分别定义两侧的角度。

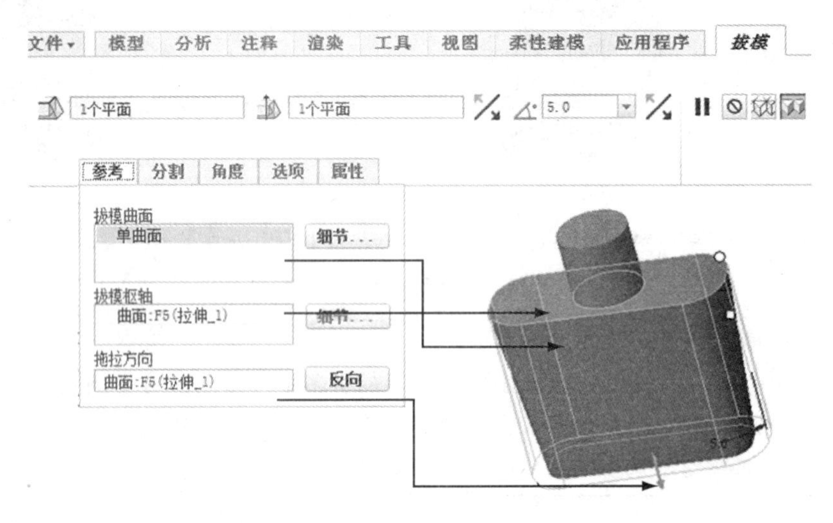

图1-30 创建基本拔模特征

有多个拔模角度的基本拔模称为可变拔模。常用添加拔模角度有两种方法：①在选项栏里进行设置；②直接在图形上选中所要增加拔模角度的地方，单击鼠标右键，在弹出的选项栏里选择“添加角度”选项即可。两种方法分别如图1-31（a）、（b）所示。

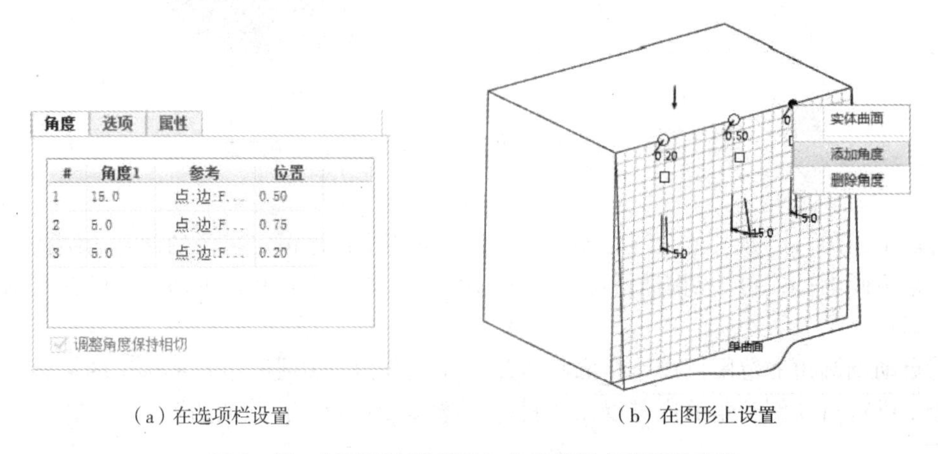

（a）在选项栏设置

（b）在图形上设置

图1-31 创建可变拔模添加角度控制点的两种方法

如果拔模曲面的不同部分拔模角度不同，则需要创建分割拔模。通过设置操控面板上分割选项卡的参数来实现分割拔模，分割拔模有两种：根据拔模枢轴分割、根据分割对象分割。

（1）根据拔模枢轴分割

如图1－32所示，长方体关于Right面左右对称，选择Right面为拔模枢轴，则根据拔模枢轴分割拔模时，在“分割”选项卡中的“侧选项”下拉菜单中有四种拔模效果，分别为独立拔模侧面、从属拔膜侧面、只拔模第一侧、只拔模第二侧，其产生的效果如图1－32所示。

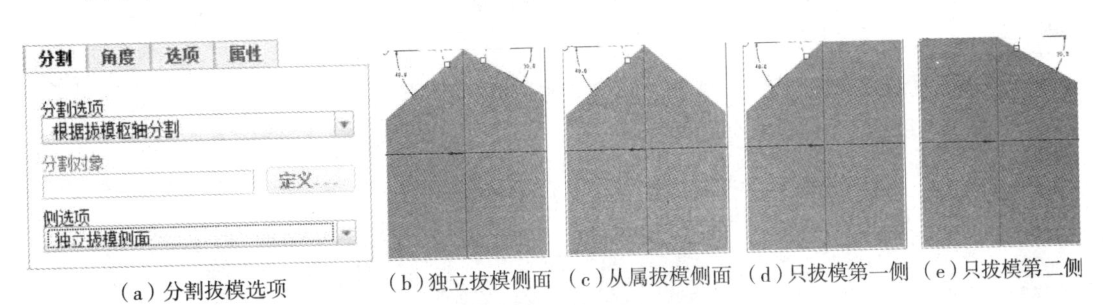

（a）分割拔模选项 （b）独立拔模侧面 （c）从属拔模侧面 （d）只拔模第一侧 （e）只拔模第二侧

图1－32 根据拔模枢轴分割拔模的结果

（2）根据分割对象分割

这种拔模需要先创建分割对象，然后分别指定分割角度即可。以关于Top面对称的长方体为例，对其进行分割拔模的过程如下：首先，确定需要拔模的曲面以及拔模枢轴和拖拉方向，如图1－33（a）所示。然后，选择分割选项为“根据分割对象分割”并定义分割对象。在Top面上完成草绘图形，如图1－33（b）所示，该图形即分割对象。在分割选项卡中设定拔模曲面的分割角度分别为15°和20°。结果如图1－33（c）所示。

拔模不成功时主要检查两方面的问题：一是拔模只能对圆柱面或平面进行拔模，二是曲面边界有圆角时不能拔模，但可以先拔模再倒圆角。

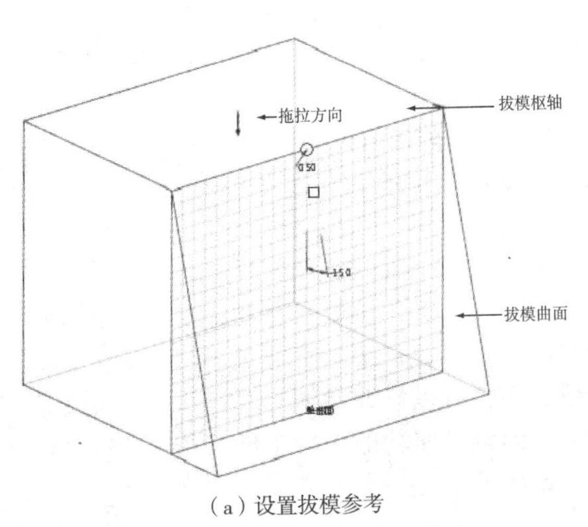

（a）设置拔模参考

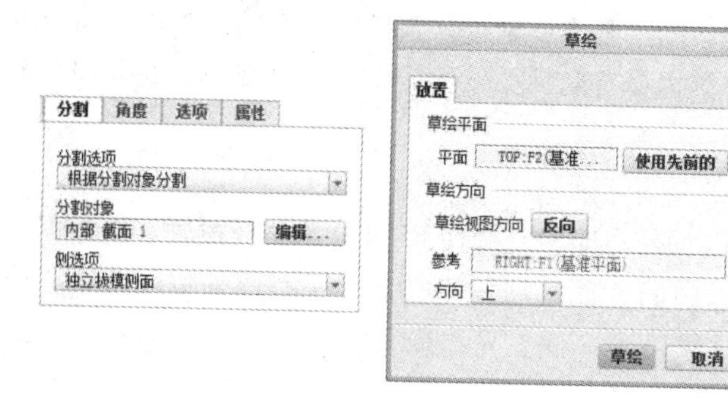

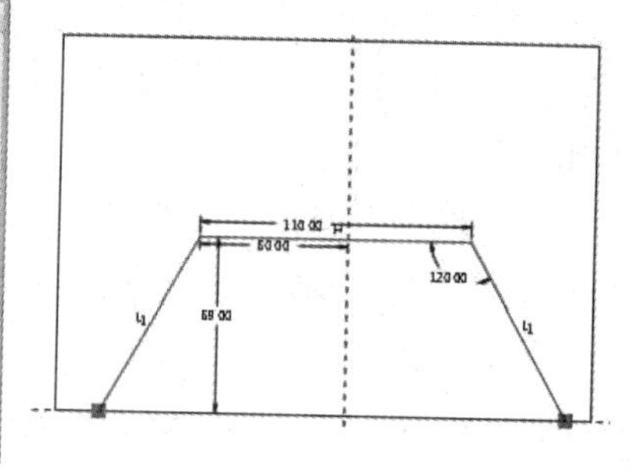

（b）设置分割对象

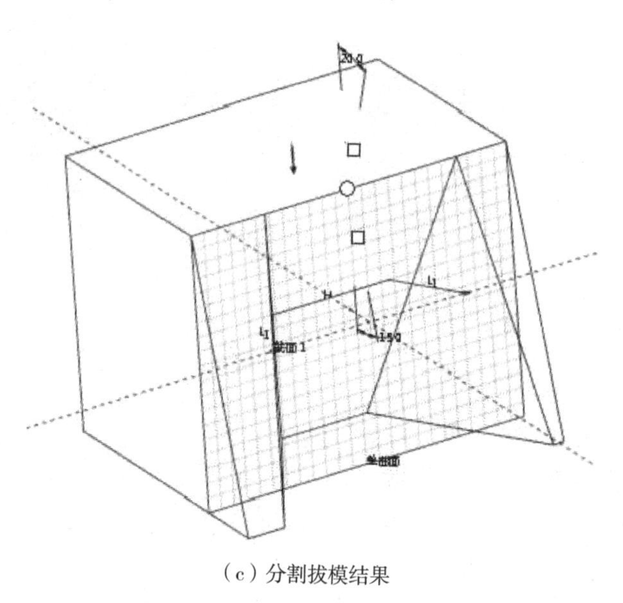

（c）分割拔模结果

图 1－33　根据分割对象分割拔模

四、编辑特征

在完成特征创建以后，往往对其进行修改以达到要求，这些修改可以分为两类：

（1）局部修改

如修改拉伸特征的深度、倒圆角特征的集等。修改时，可以在模型树或者在工作区中用鼠标右键单击某一特征，选择“编辑操作”选项（编辑尺寸、编辑特征定义和编辑参照），则进入该特征的编辑环境，如图 1－34 所示。其中编辑尺寸功能可在三维环境中修改特征的尺寸；编辑特征定义功能是返回特征创建状态，可以修改参照、草绘图形等所有特征参数；编辑参照功能则用于修改或替换特征中的某一参照。

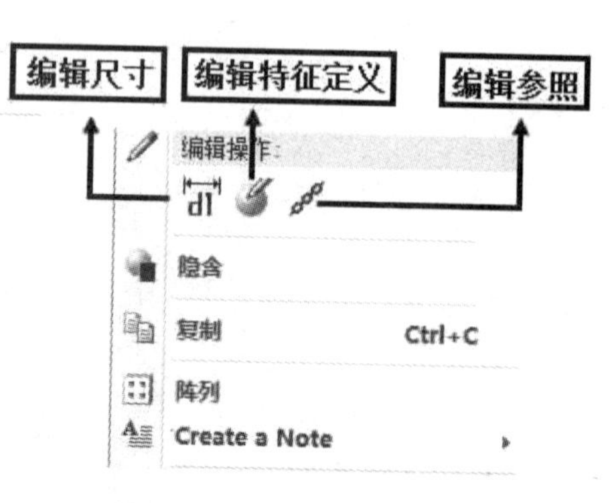

图 1－34　特征的局部修改

（2）整体修改

如对某特征进行移动、旋转、复制粘贴、阵列、镜像等。对特征进行这些操作，可以减少重复创建相同或相似的特征，提高设计效率。本节主要讲解整体修改命令。

1. 特征复制与粘贴

特征的复制粘贴，相当于在新的位置创建特征的副本。这种位置的变化，可能是旋转或者平移。具体步骤如下。

①选择要复制的特征，执行“复制” > “粘贴”命令或者“复制” > “选择性粘贴”命令。

②进入特征编辑环境，按照创建形状特征或工程特征的方法，通过对尺寸位置、约束等的要求创建特征副本。

如果执行选择性粘贴且对副本进行移动或旋转，则创建副本时只需指定相对于参照移动或者旋转的数值即可。以图1－35为例，图1－35（a）为选择特征“筋1”，执行“复制” > “选择性粘贴”命令；在弹出的对话框中选择“从属副本”、“对副本应用移动/旋转变换”选项，如图1－35（b）所示；接着在“移动（复制）”选项卡中设置副本绕选定的中心轴旋转90°，如图1－35（c）所示。

（a）选定要复制的特征

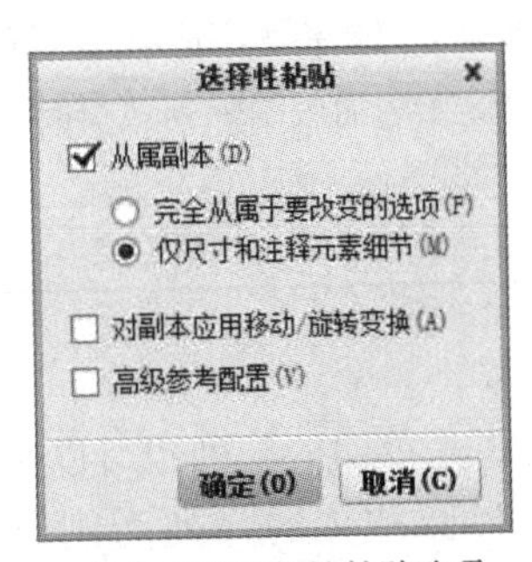

（b）设置选择性粘贴选项

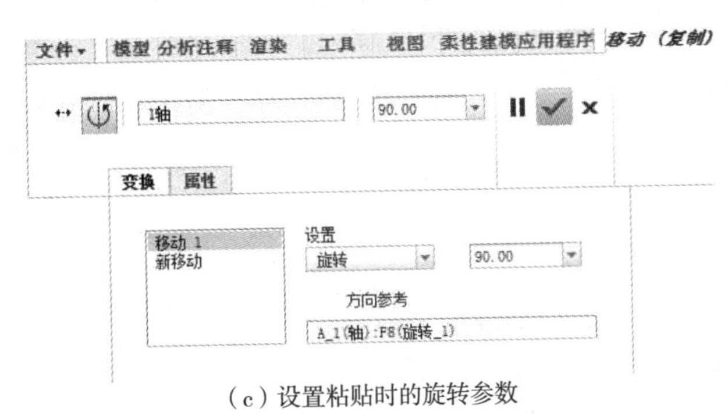

（c）设置粘贴时的旋转参数

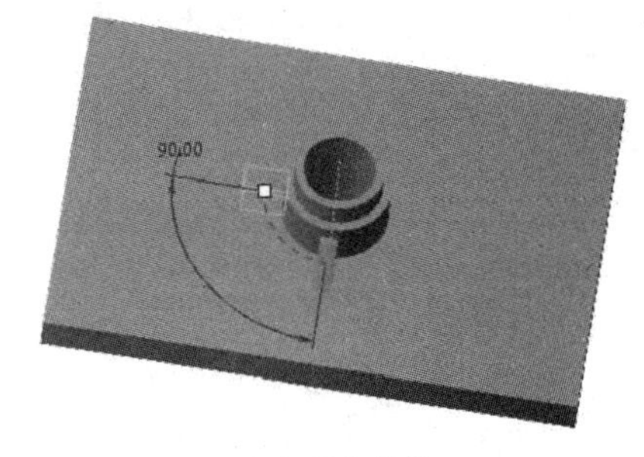

（d）最终结果

图1－35 粘贴特征副本时需要平移或旋转时的参数设定

2. 镜像特征

镜像工具可以对实体特征或者几何特征进行镜像，镜像的对象可以是所有特征或者选定的一个或多个特征。镜像副本与原特征可以为从属关系或者各自独立，可以在特征操控面板中进行设置。

创建镜像特征需要有镜像平面、镜像对象两个要素。其创建过程是先选择要镜像对象

（一个或多个特征、几何），然后执行镜像命令并指定镜像平面即可。

3. **阵列特征**

阵列是按照某种阵列方式将阵列单元复制出多个副本。创建阵列特征时，首先选取要阵列的特征单元，然后确定阵列类型并通过定义尺寸、放置点或填充区域和形状以放置阵列成员。阵列的类型较多，具体如表 1－14 所示。

表 1－14　阵列类型

阵列类型	创建方法或功能	备注
尺寸	1. 选择驱动尺寸 2. 指定尺寸增量和阵列单元数	尺寸阵列可为单向或双向，阵列单元的尺寸可变
方向	1. 指定方向参照 2. 设置阵列增长的方向和增量	方向阵列可为单向或双向
轴	1. 设置阵列的角增量 2. 设置阵列的径向增量	该阵列类型可以创建螺旋形阵列等
表	创建阵列表为每一个阵列实例指定尺寸值	—
参考	通过参考另一阵列来控制阵列	—
填充	通过根据选定栅格用实例填充区域来控制阵列	—
曲线	通过指定沿着曲线的阵列成员间的距离或阵列成员的数目来控制阵列	—
点	将阵列成员放置在几何草绘点、几何草绘坐标系或基准点上	—

（1）尺寸阵列

尺寸阵列可以是单向的阵列也可以是双向的阵列，在阵列的过程中，可以设置阵列单元尺寸的增量。以圆柱体的阵列为例，不同参数设置的阵列结果如图 1－36 所示。图 1－36（a）为在一个方向（圆柱与左侧端面间距）生成尺寸阵列，圆柱形状不变；图 1－36（b）为在一个方向（圆柱与左侧端面间距）生成尺寸阵列，圆柱高度递增；图 1－36（c）为在两个方向（圆柱与左侧、前面 2 个端面间距）生成尺寸阵列，圆柱高度、直径递增。

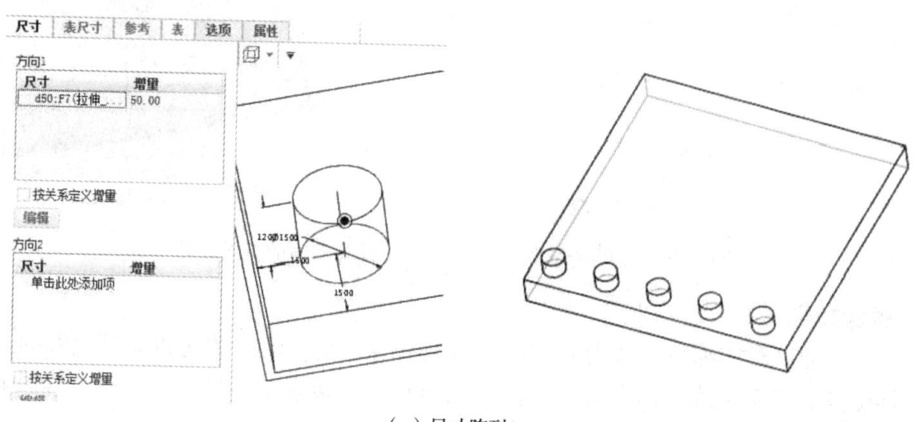

（a）尺寸阵列1

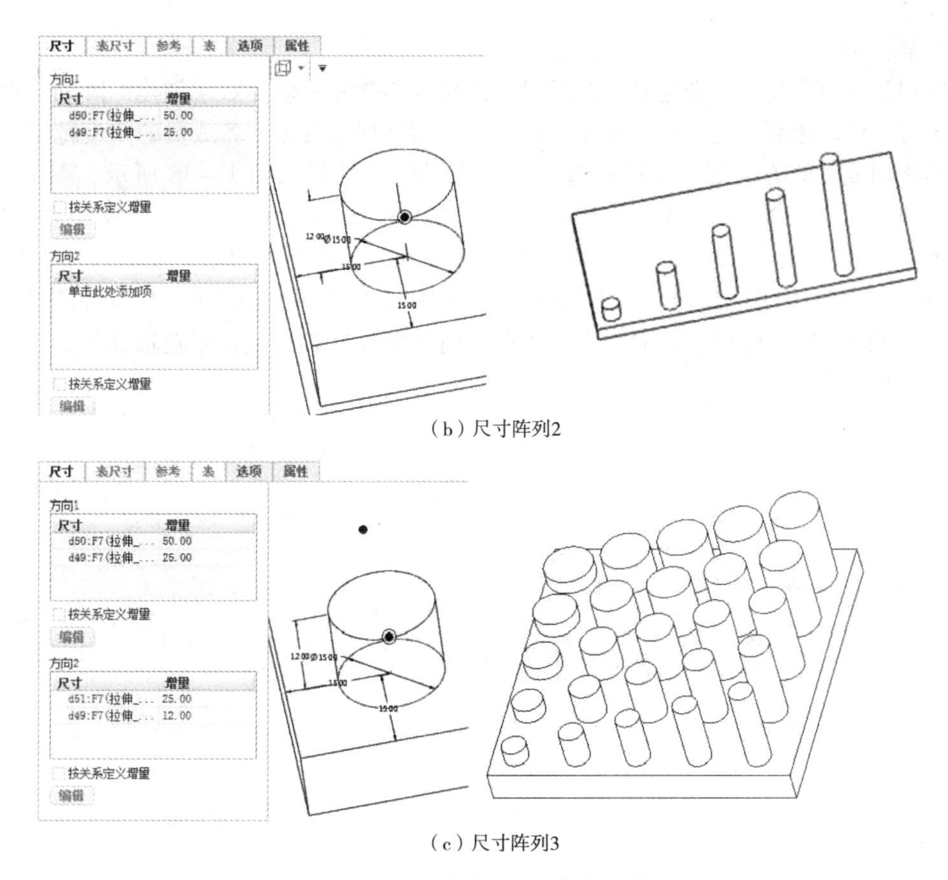

（b）尺寸阵列2

（c）尺寸阵列3

图1－36　尺寸阵列不同参数设置结果

（2）方向阵列

方向阵列与尺寸阵列不同之处在于尺寸阵列的参照是某个尺寸，而方向阵列的参照是实体上的某条边。方向阵列也有单向和双向之分，且可以设置阵列单元的尺寸增量。如图1－37所示，图1－37（a）中的方向阵列为以所选边为参照的直线阵列，图1－37（b）中的方向阵列为以所选边为参照的旋转阵列。

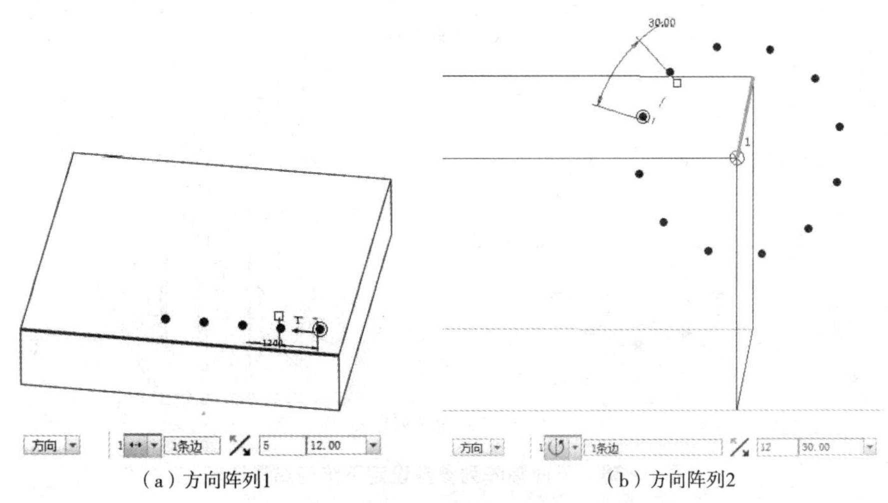

（a）方向阵列1

（b）方向阵列2

图1－37　方向阵列的不同参数设置结构

（3）轴阵列

轴阵列是通过围绕一个选定轴并按照设定的角度参数和镜像参数来创建的阵列。设定参数时，可以修改角度间距、径向间距、每个方向的阵列成员数、各成员的角度范围、特征尺寸和阵列成员的方向等。不同轴阵列参数下的阵列结果如图 1－38 所示。图 1－38（a）仅有方向 1 上的轴阵列，Y 轴为阵列轴，成员数为 6，夹角 60°，且成员不跟轴旋转。图 1－38（b）有方向 1、方向 2 两个方向上的轴阵列，Y 轴为阵列轴，成员数分别为 6、2，夹角 60°，成员跟随轴旋转。图 1－38（c）只有 1 个方向的轴阵列，Y 轴为阵列轴，成员数 12，夹角 30°，阵列单元的高度尺寸在阵列时增量为 10，成员跟随轴旋转。

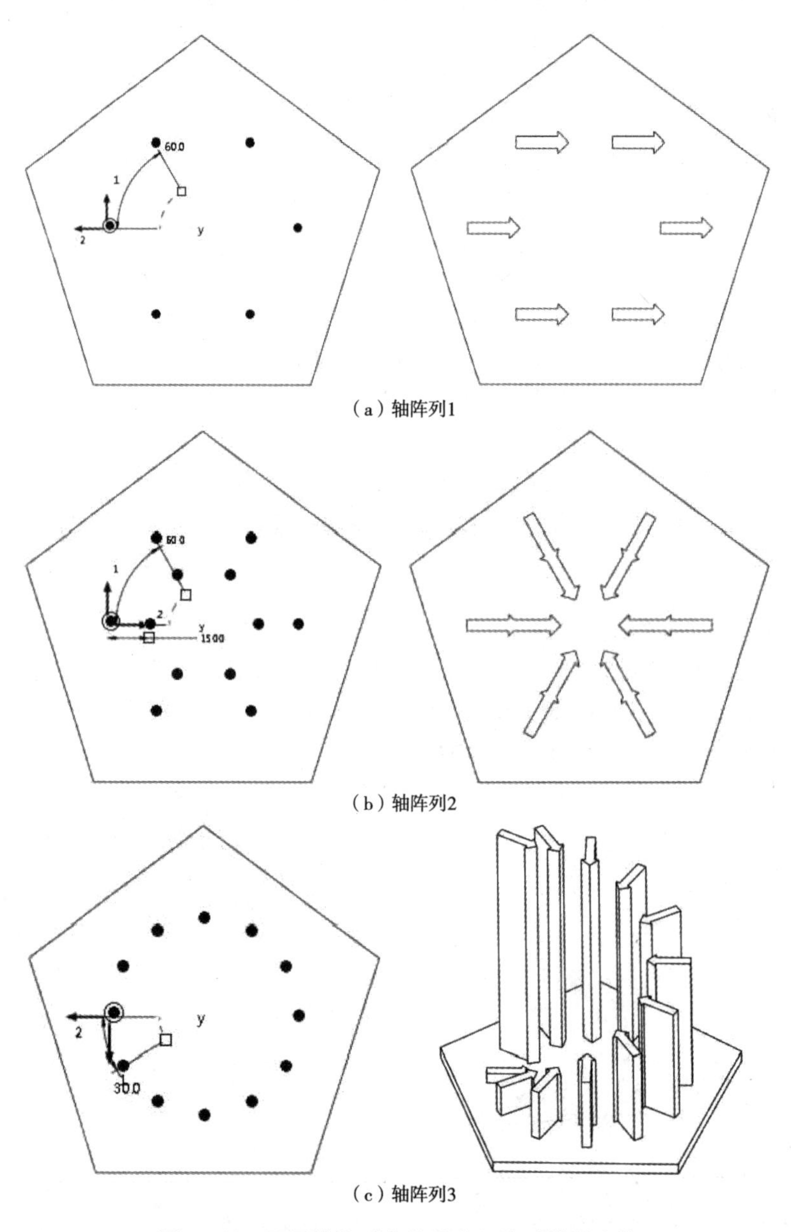

图 1－38　不同轴阵列参数设定下阵列结果比较

（4）表阵列

表阵列可以将选定的尺寸添加到表格栏目中，从而参照添加到表格中的参数进行阵列。其创建步骤如图1－39所示：①选中阵列单元，执行“阵列”命令，在弹出的阵列选项卡中，选择阵列类型为“表”，并选择图示四个尺寸为表尺寸，如图1－39（a）所示。②选择“编辑”命令，打开活动表，分别设置每个欲生成的阵列单元中这四个表尺寸的增量，如图1－39（b）所示。③完成设置，查看阵列结果，如图1－39（c）所示。

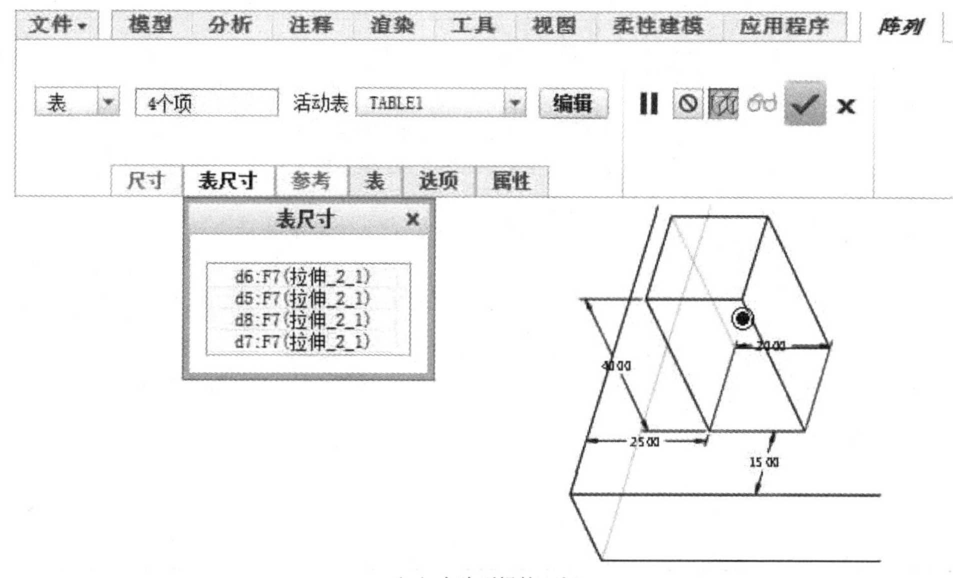

（a）表阵列操控面板

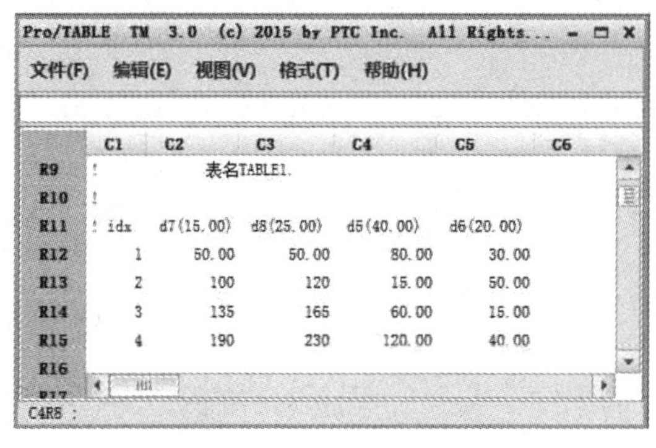

	C1	C2	C3	C4	C5	C6
R9	!		表名TABLE1.			
R10	!					
R11	! idx	d7(15.00)	d8(25.00)	d5(40.00)	d6(20.00)	
R12	1	50.00	50.00	80.00	30.00	
R13	2	100	120	15.00	50.00	
R14	3	135	165	60.00	15.00	
R15	4	190	230	120.00	40.00	
R16						

（b）表阵列数值设定

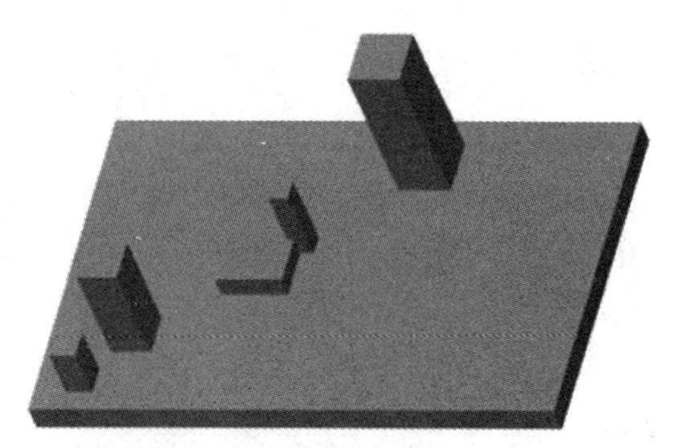

（c）表阵列结果

图1－39　创建表阵列参数设置及结果

（5）填充阵列

填充阵列是在草绘图形区域内部将阵列单元按照给定的栅格形式进行阵列，故创建填充阵列需两个要素：草绘填充区域和确定填充栅格。具体操作步骤如图1－40所示。

①选中阵列单元（四棱柱），执行“编辑”>“阵列”命令，打开阵列操控面板，选择阵列类型为“填充”，选择“参考”溢出选项卡中的“定义内部草绘”选项，如图1－40（a）所示。

②设置草绘平面为Top面，其他选项为默认，绘制填充区域为矩形，如图1－40（b）

所示。

③在阵列操控面板中设定栅格类型及栅格参数，如图 1－40（c）所示。

④填充阵列结果如图 1－40（d）所示。

（a）设置阵列类型为填充阵列

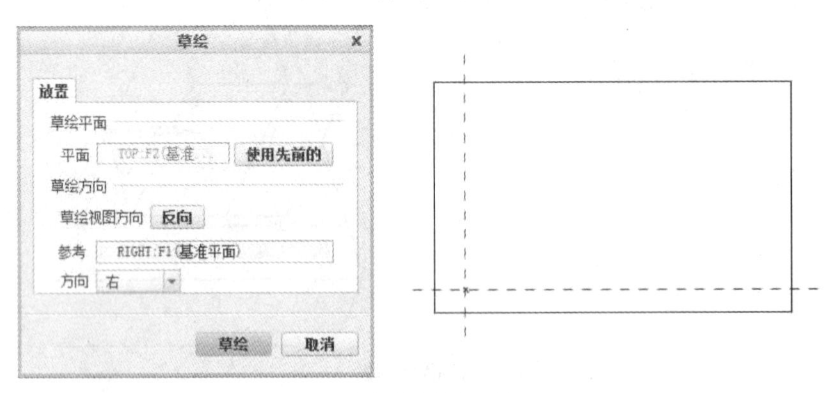

（b）草绘填充区域

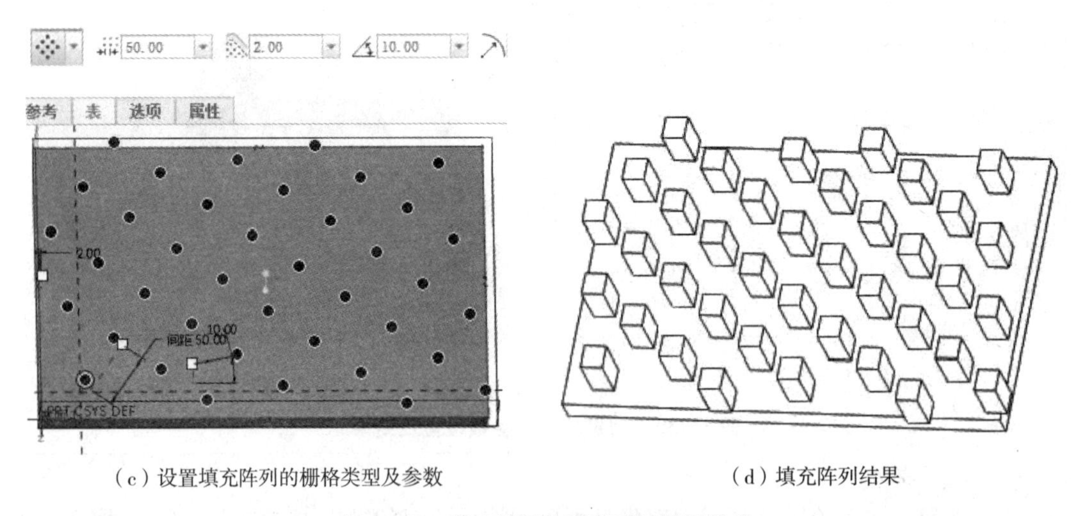

（c）设置填充阵列的栅格类型及参数　　（d）填充阵列结果

图 1－40　填充阵列主要创建过程及结果

（6）曲线阵列与点阵列

这两种阵列与填充阵列相似，需要通过执行“参考”＞“草绘”命令对曲线或者几何点的绘制，然后设置阵列单元数量及相关参数即可。图 1－41、图 1－42 为曲线阵列和点阵列的效果图。

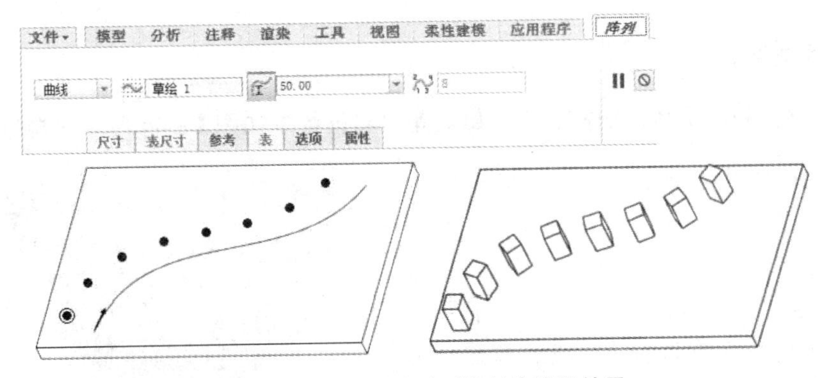

图 1－41　创建曲线阵列关键步骤及结果

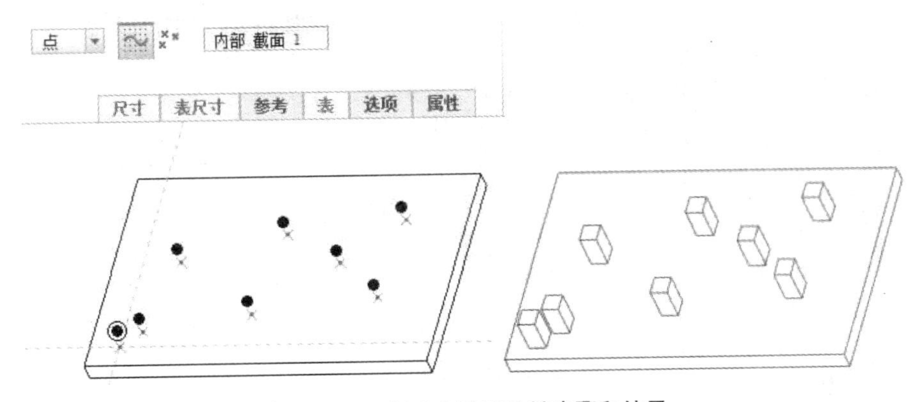

图 1－42　创建点阵列关键步骤和结果

（7）参考阵列

参考阵列是将已存在的某一阵列的阵列方式及参数设置作为参考，应用到所要创建的阵列上。如对图 1－43（a）所示零件中的所有的孔进行倒角，可应用参考阵列将左下角孔的倒角特征通过参考阵列复制到其他孔上。操作方法为：①选择左下角孔上的倒角特征执行“阵列”命令，软件会识别出已存在阵列并给出此时阵列的方式——参考阵列，如图 1－43（b）所示。②按照提示完成即可，最终结果如图 1－43（c）所示。

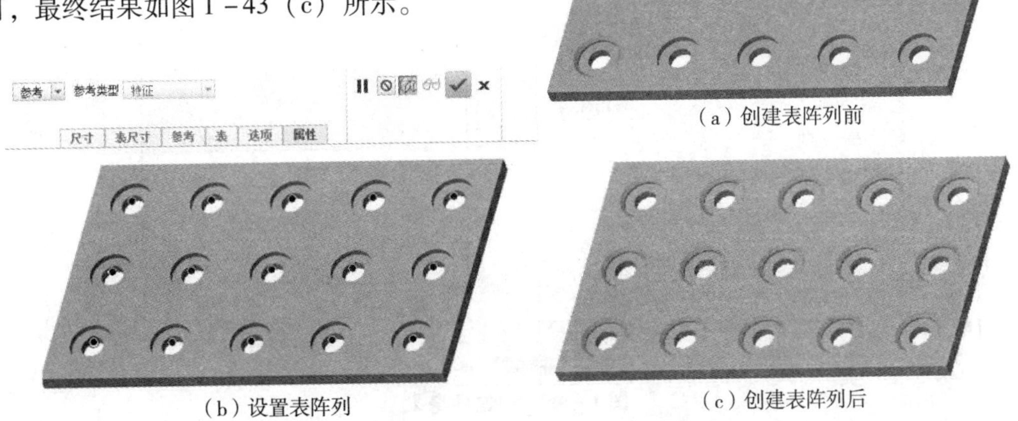

（a）创建表阵列前

（b）设置表阵列

（c）创建表阵列后

图 1－43　参考阵列效果关键步骤及效果

五、典型实例

实例1-3：利用旋转、扫描、完全倒圆角等特征绘制如图1-44所示的咖啡杯

Step01▶创建杯身1。执行“模型”>“形状”>“旋转”命令，打开旋转特征操控面板；设置旋转角度360°，加厚厚度1.0；选择“放置”溢出选项卡，定义草绘的放置平面为Front面，其余参数为默认，进入草绘环境创建草绘图形及旋转中心线。如图1-45所示。

图1-44　咖啡杯造型

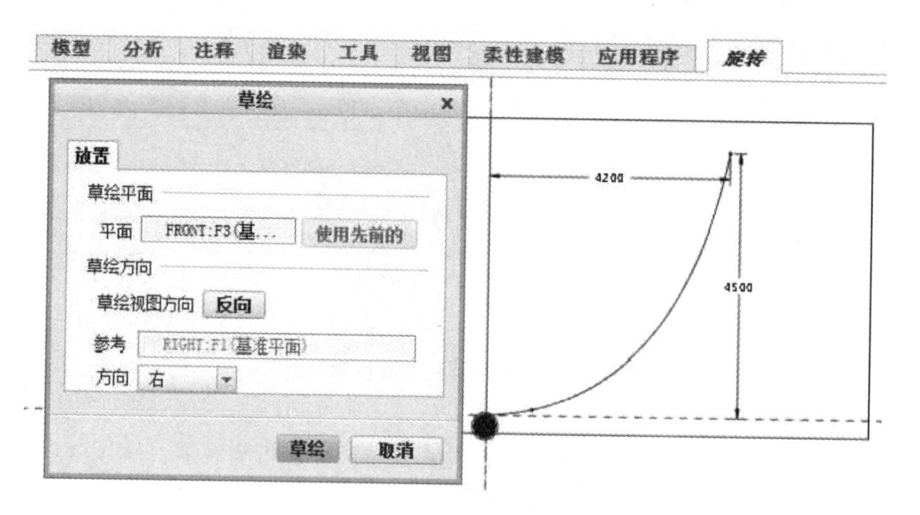

图1-45　创建杯身1

Step02▶创建杯身2。执行“旋转”命令，用相同的方法创建杯底，草绘平面与Step01相同，草绘图形如图1-46所示，加厚参数为1.0。

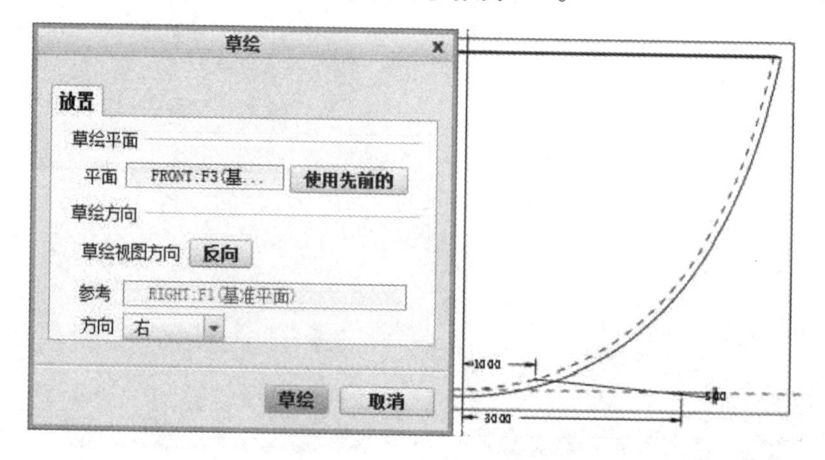

图1-46　创建杯身2

Step03▶创建杯口。执行旋转命令，用相同的方法创建杯口，草绘平面为Front面，草绘图形为圆形，直径为2.0。

Step04▶创建杯柄。执行“草绘”命令，选择Front面为草绘平面，单击“样条曲线”按钮，绘制杯柄曲线。由于杯柄曲线的起点在杯身轮廓线上，可按住Alt+左键拾取杯身轮廓线。然后，选择杯柄曲线并执行“扫描”命令，在扫描操控面板上单击“扫描截面”按钮，绘制扫描截面为矩形，在“选项”中设置扫描端点为“合并端”。

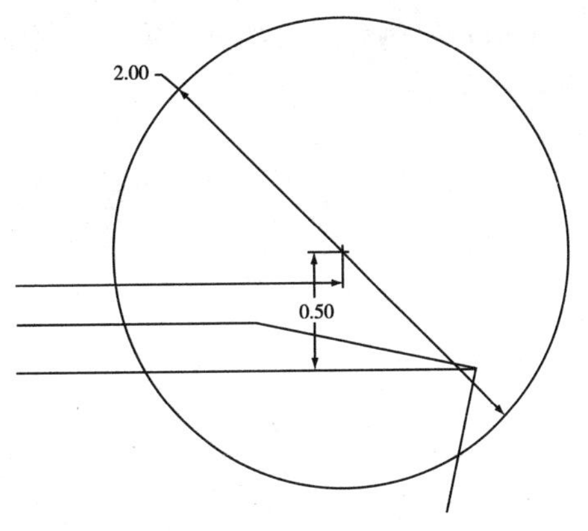

图1-47　创建杯口

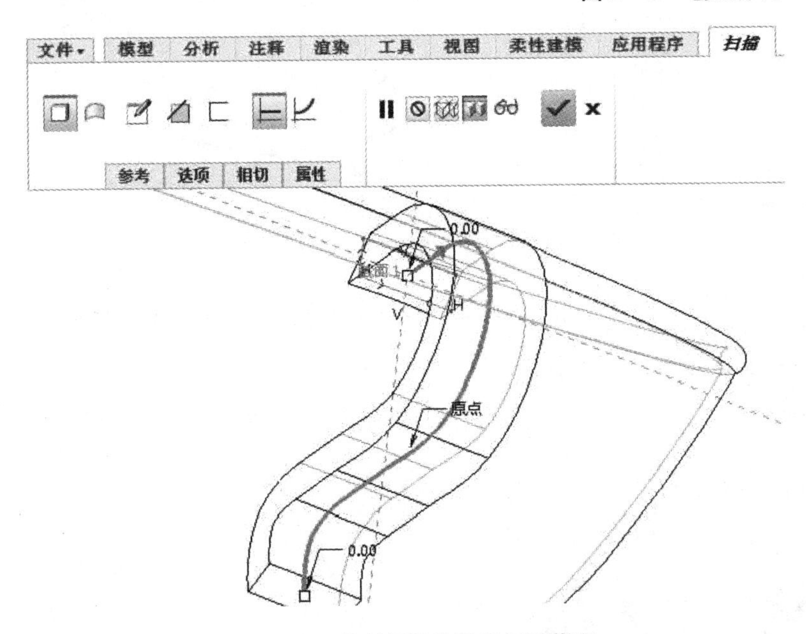

图1-48　绘制杯柄曲线及扫描截面

Step05▶杯柄倒圆角。执行“倒圆角”命令，按住Ctrl+鼠标左键选择杯柄末端的两条直线，在操控面板的“集”溢出选项卡中选择“完全倒圆角”选择即可。

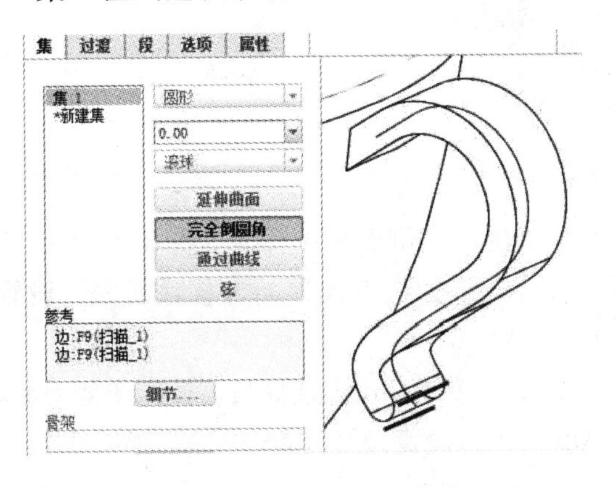

图1-49　杯柄末端倒圆角

Step06▶执行“自动倒圆角”命令，选择范围为所有凸边和凹边，圆角半径为 0.5，完成咖啡杯建模。

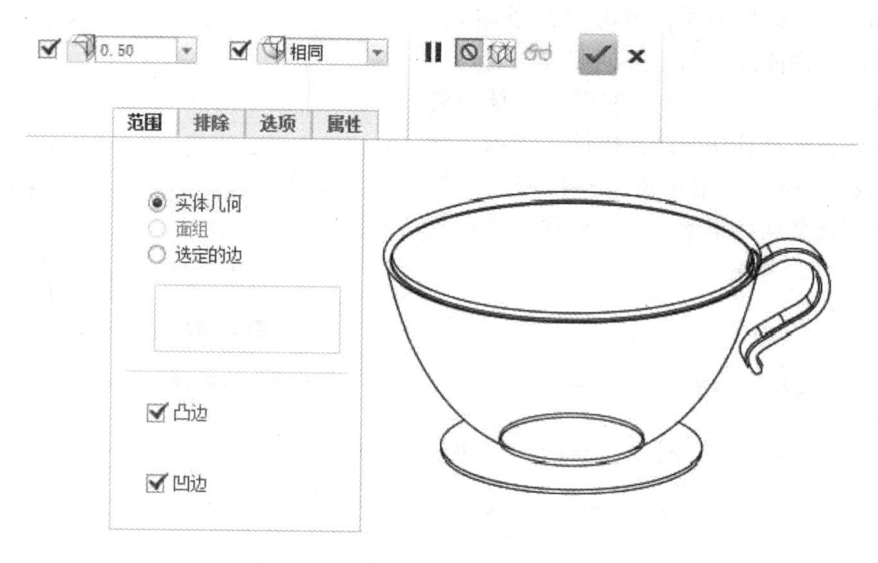

图 1－50　对所有边进行自动倒圆角

实例 1－4：利用拉伸、壳、倒角、轮廓筋、轨迹筋、镜像等特征绘制如图 1－51 所示周转箱

Step01▶执行“拉伸”命令，选择草绘平面为 TOP 面，其余选项默认。绘制 400 × 600 的矩形，设置拉伸选项为单侧，高度为 200。

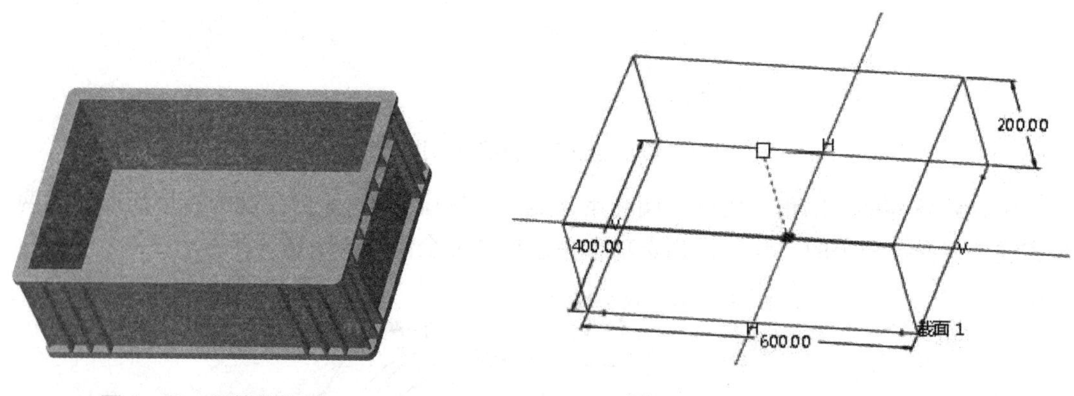

图 1－51　周转箱造型　　　图 1－52　绘制长方体

Step02▶对长方体 4 个棱执行“倒圆角”命令，圆角半径为 15。

Step03▶执行“壳”命令，选择长方体顶面为移除曲面，设置壳厚为 25。选择底面为非默认厚度曲面，设置壳厚为 30。

Step04▶执行“壳”命令，按住 Ctrl 键选择长方体 4 个侧面为移除曲面，设置壳厚为 10。选择底面为非默认厚度曲面，设置壳厚为 15。

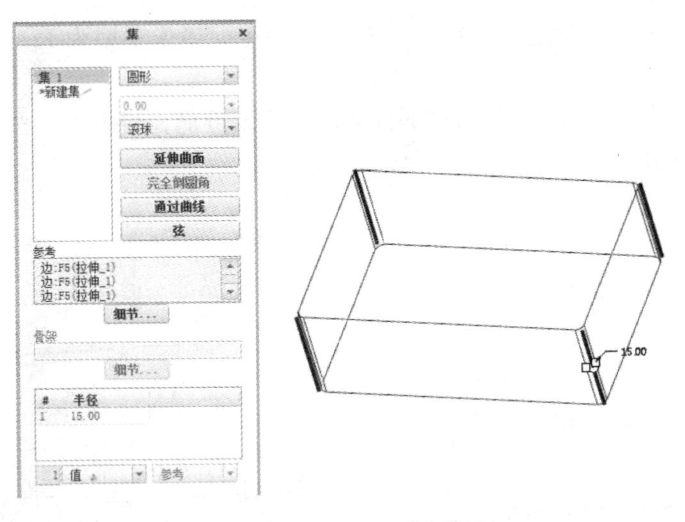

图 1－53 对长方体倒圆角

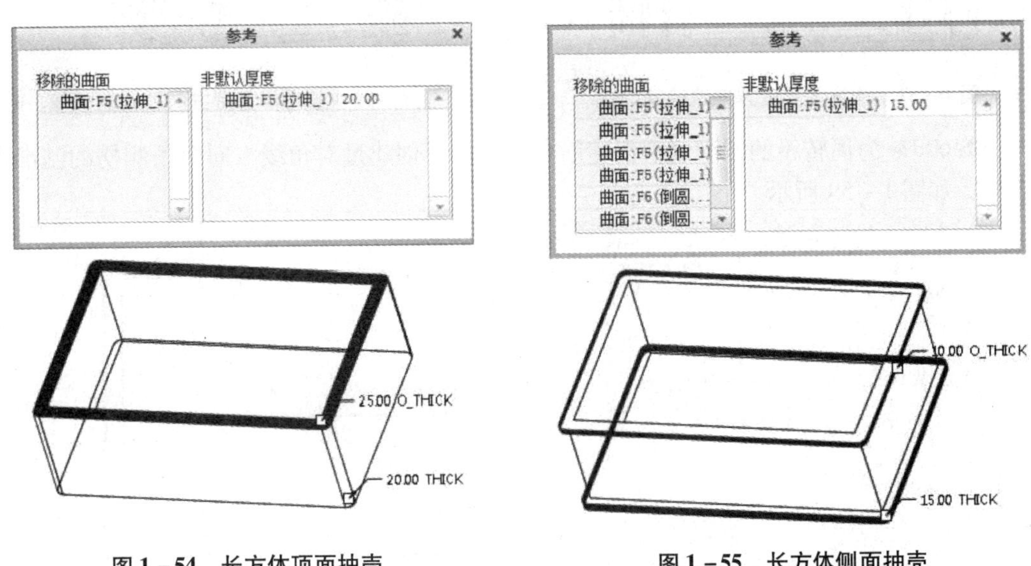

图 1－54 长方体顶面抽壳

图 1－55 长方体侧面抽壳

Step05▶执行“轨迹筋”命令，选择抽壳后长度方向最外侧的上下两个平面，草绘如图 1－56 所示的 2 组轨迹筋，每组为 3 条直线，间距为 35。

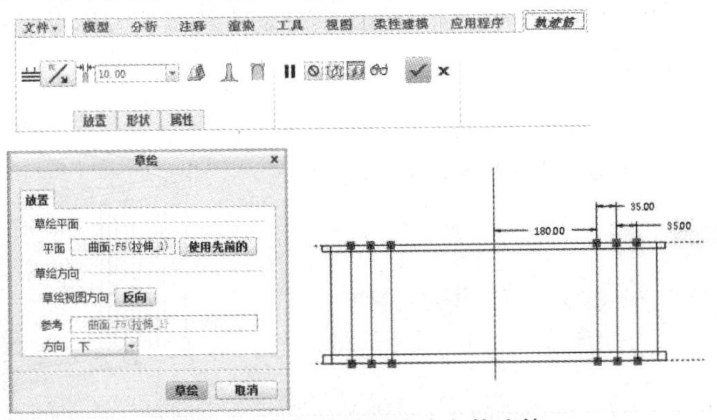

图 1－56 长方体长度方向轨迹筋

Step06▶选择创建的轨迹筋，执行“镜像”命令，镜像平面为 Front 面。效果如图 1－57所示。

Step07▶同法为周转箱的宽度方向添加 2 组 4 条轨迹筋，间距 30，并镜像至另一侧。效果如图 1－58 所示。

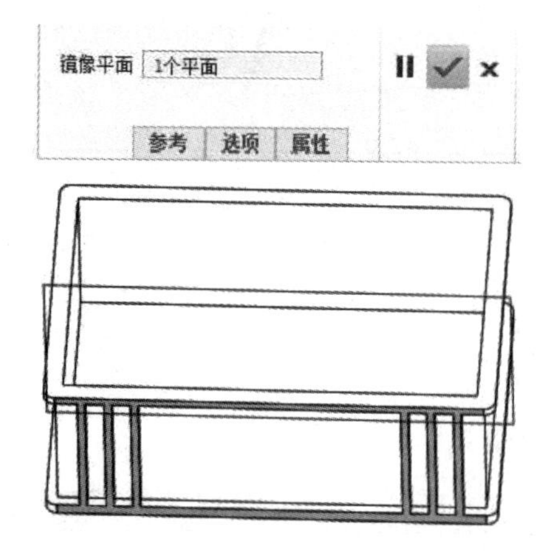

图 1－57　长方体长度方向轨迹筋镜像

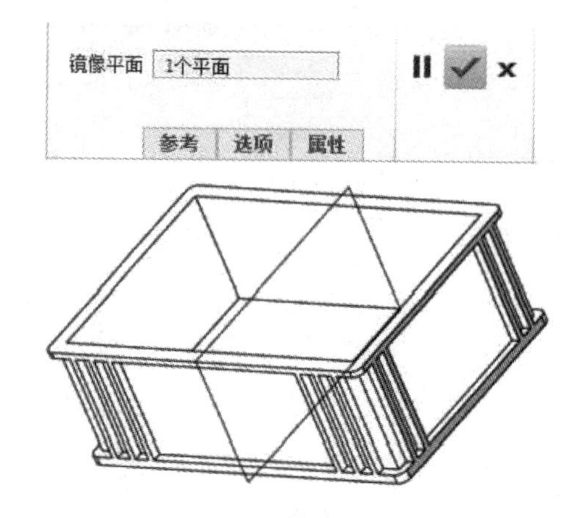

图 1－58　长方体宽度方向轨迹筋镜像

Step08▶为周转箱的四个侧楞创建筋。首先需要创建过对角线方向两条侧楞的基准面 DTM1，如图 1－59 所示。

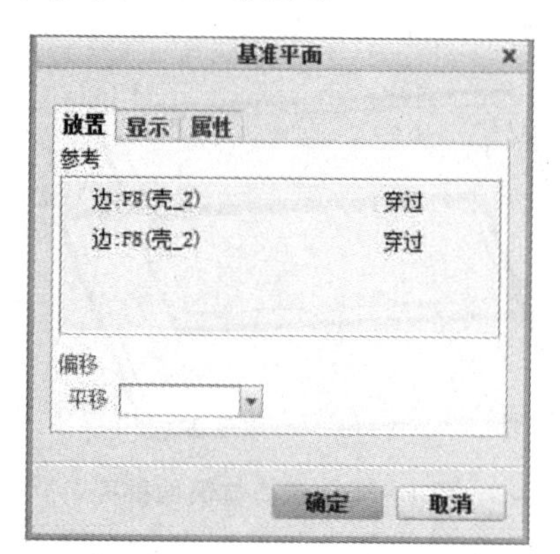

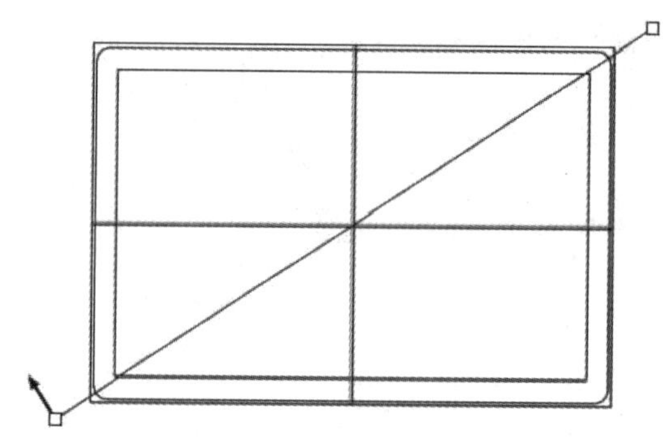

图 1－59　创建基准面 DTM1

Step09▶执行“轮廓筋”命令，在 DTM1 面草绘直线与长方体形成封闭区域，设置筋厚度为 5。如图 1－60 所示。

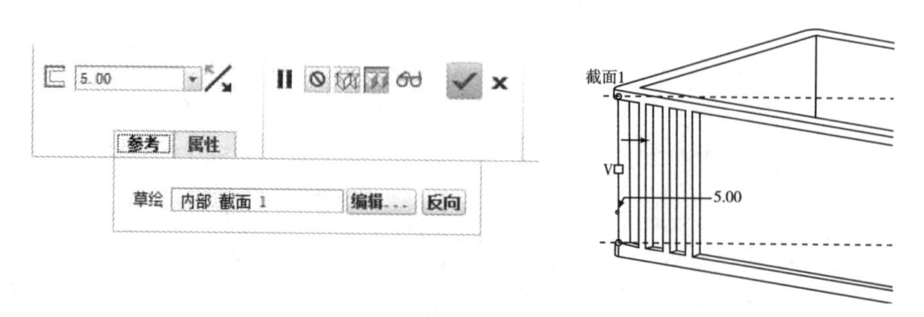

图 1－60　长方体侧棱方向轮廓筋

Step10▶执行“镜像”命令，为其他三条侧楞添加轮廓筋。如图1－61所示。

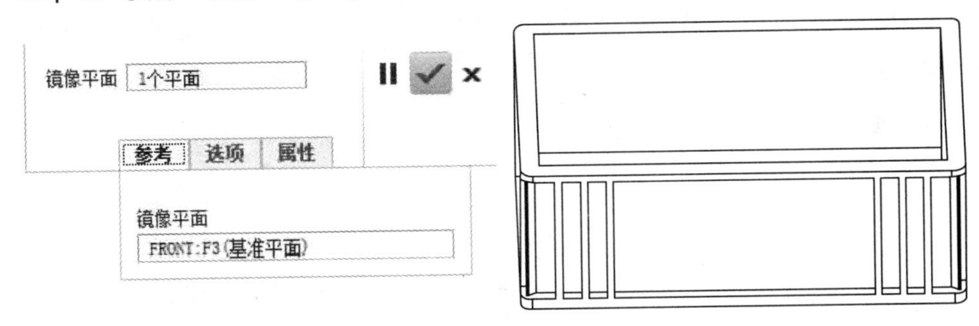

图1－61　长方体侧棱方向轮廓筋镜像

Step11▶选择周转箱宽度方向侧面执行“轨迹筋”命令，绘制如图1－62所示轨迹筋并设置拔模形状参数，然后镜像完成周转箱造型建模。

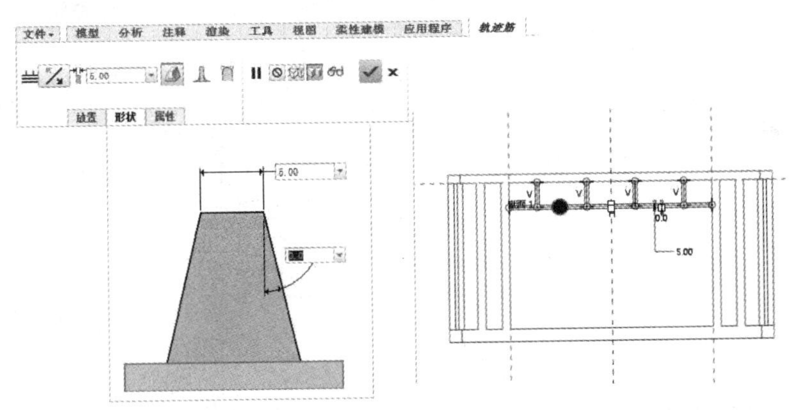

图1－62　长方体侧棱方向轮廓筋

实例1－5：利用旋转、混合、螺旋扫描、壳、倒圆角等特征创建如图1－63所示的蜂蜜容器瓶体

Step01▶执行“混合”＞“截面”＞“草绘”＞“定义”命令，在Top面上草绘截面1为关于坐标系对称的椭圆，长轴尺寸为75，短轴尺寸为60。如图1－64所示。

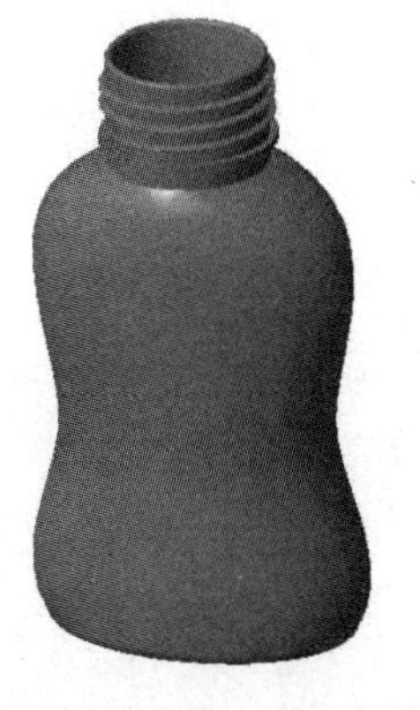

图1－63　蜂蜜容器瓶体造型

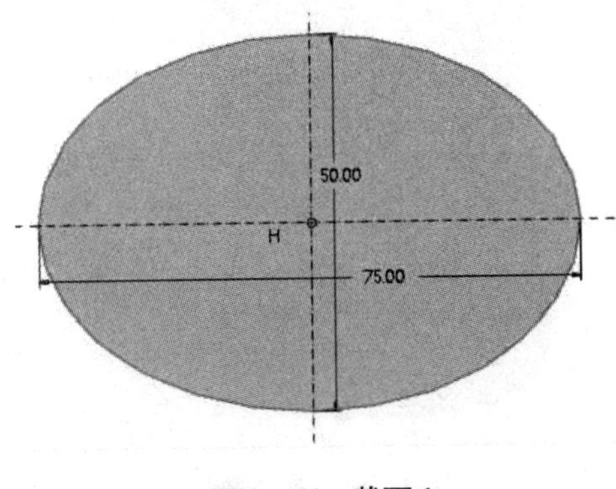

图1－64　截面1

Step02▶再次选中“截面”>“插入”栏中的截面2，设置与截面1偏移为20，进入草绘。绘制截面2为关于坐标系对称的椭圆，长轴尺寸为85，短轴尺寸为55。如图1－65所示。

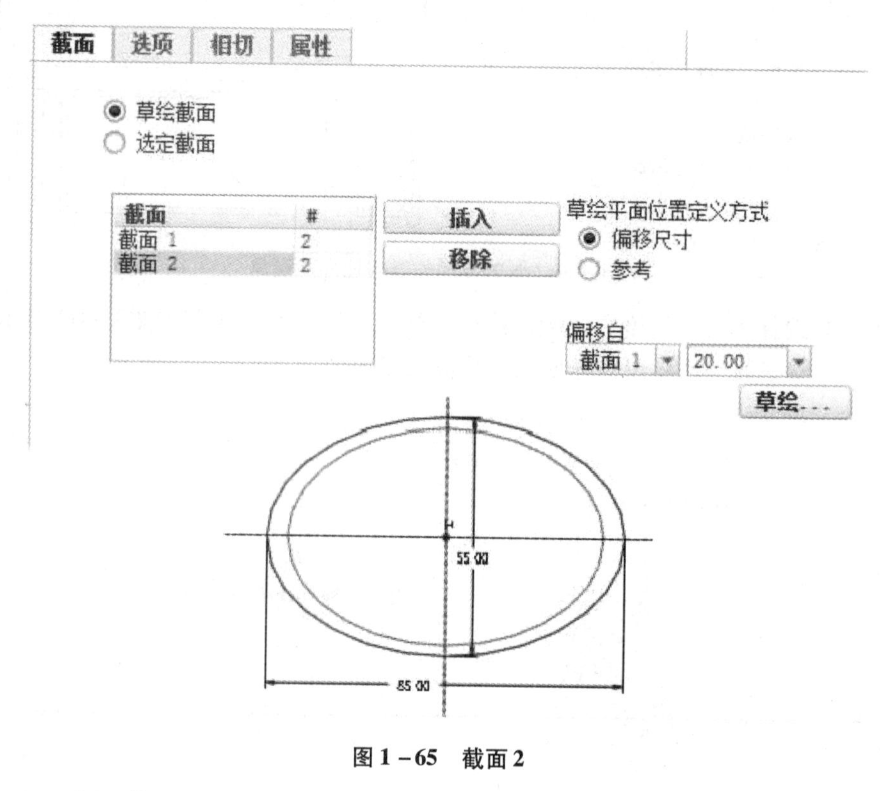

图1－65 截面2

Step03▶同法依次完成截面3～6，截面距离分别为30、20、30、20，完成瓶身部分。如图1－66所示。

Step04▶执行“旋转”命令，在瓶肩上方创建瓶口特征。旋转截面位于Front面上，尺寸如图1－67所示。

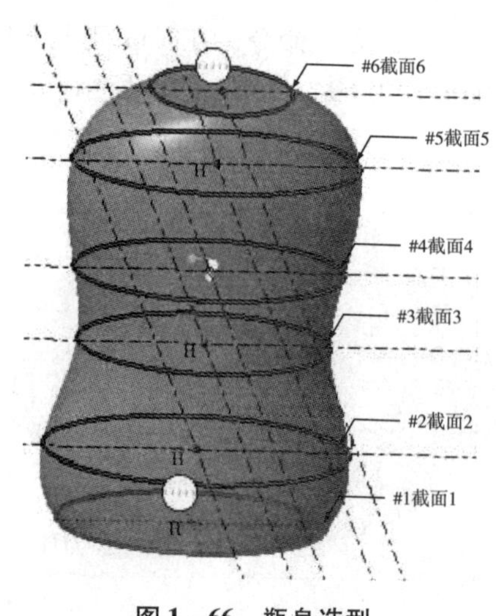

图1－66 瓶身造型

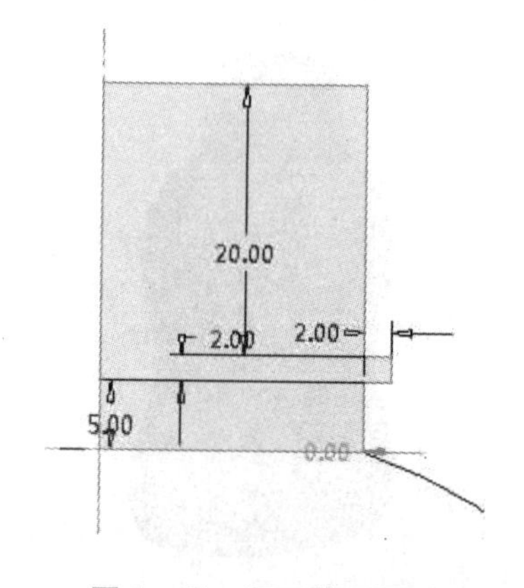

图1－67 瓶口截面图形

Step05▶创建瓶底凹槽，执行“混合”命令，在操控面板中设置移除材料。瓶底混合特征由2个椭圆截面组成，间距为5。然后对瓶底外轮廓执行“倒圆角”命令，圆角半径为5。如图1－68所示。

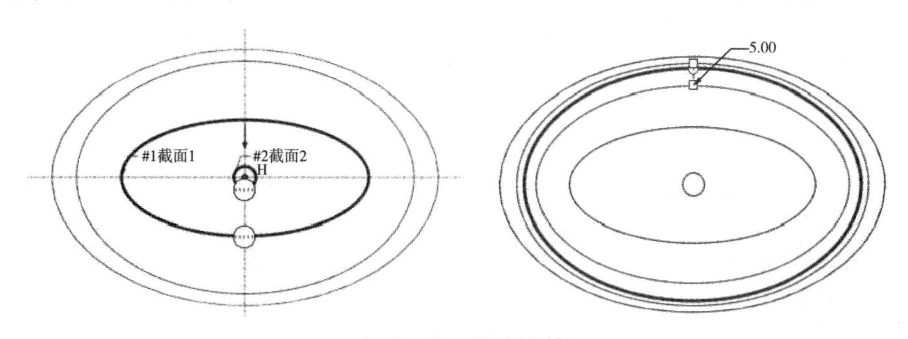

图1－68 瓶底凹槽

Step06▶对瓶体执行“壳”命令，移除平面为瓶口端面，壳厚1.0。选择瓶口外轮廓面为非默认厚度，壳厚2.0。如图1－69所示。

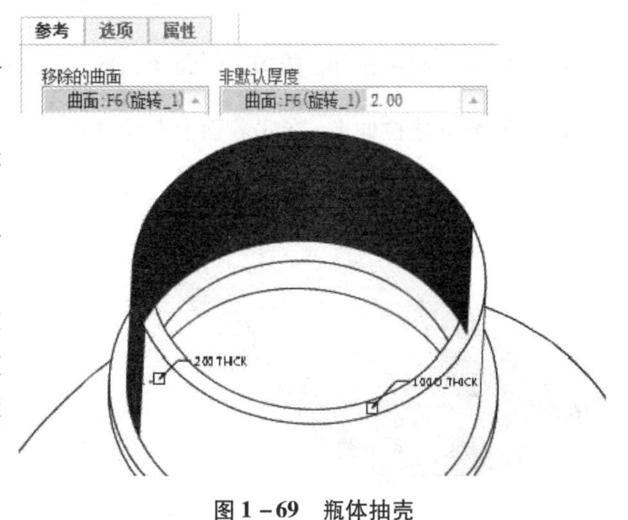

图1－69 瓶体抽壳

Step07▶创建瓶口螺纹。执行“螺旋扫描”命令，设置螺距为5、右旋；选择“参考”溢出选项卡中草绘螺旋扫描轮廓及中心线；单击操控面板中“草绘截面”按钮，绘制螺旋扫描截面，完成瓶口螺纹创建。如图1－70所示。

图1－70 创建瓶口螺纹

Step08▶执行“倒圆角”命令，选择瓶口内外轮廓线，在“集”溢出选项卡中选择“完全倒圆角”命令，完成瓶口倒圆角。模型创建完毕，如图 1－71 所示。

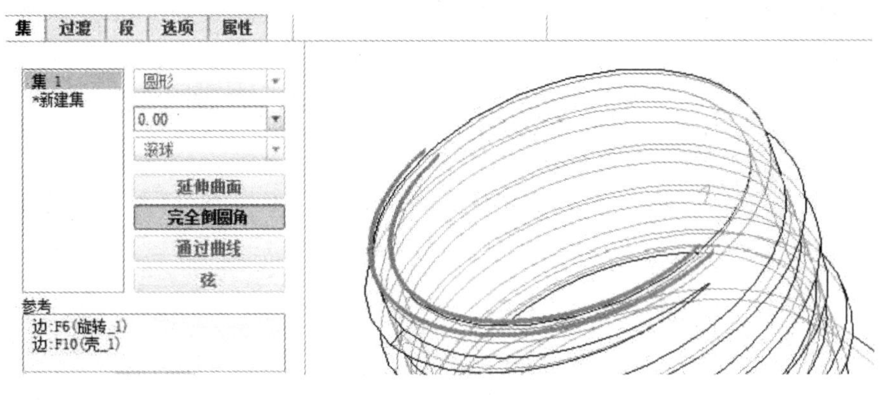

图 1－71　瓶口倒圆角

实例 1－6：利用拉伸、拔模、倒圆角、壳、阵列等特征创建如图 1－72 所示塑料托盘

Step01▶创建拉伸 1，在 Top 面上草绘图形，拉伸深度为 10。如图 1－73 所示。

图 1－72　塑料托盘造型

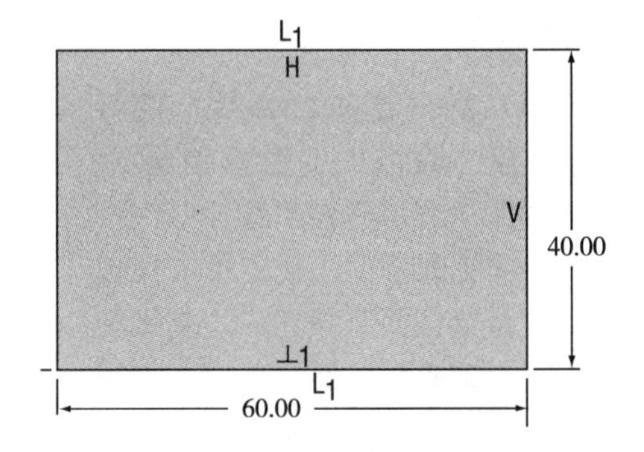

图 1－73　创建拉伸特征

Step02▶对拉伸 1 执行“拔模”命令，侧面为拔模面，顶面为拔模枢轴，拔模方向向上，角度 10°。如图 1－74 所示。

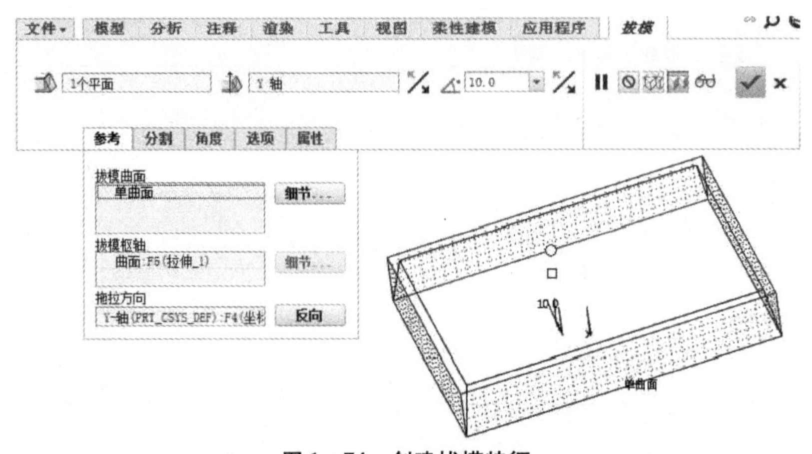

图 1－74　创建拔模特征

Step03▶对侧面 4 条楞执行“倒圆角”命令，圆角半径为 5；对底面 4 条边执行倒圆角命令，圆角半径为 2。如图 1－75 所示。

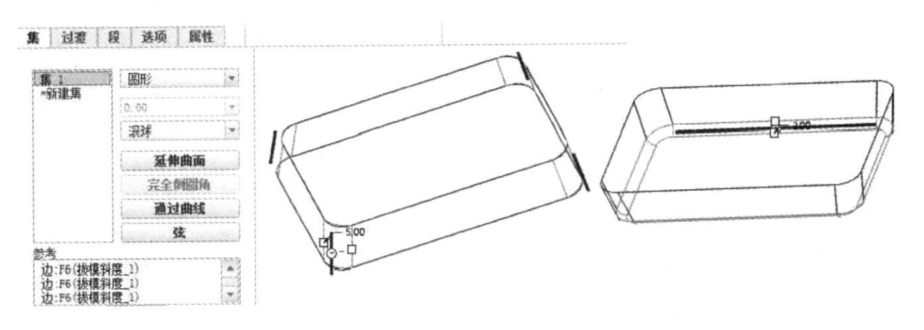

图 1－75　创建倒圆角特征

Step04▶在托盘底部中心位置创建凹槽。先执行“旋转”命令，设置去除材料，旋转剖面如图 1－76（a）；再执行倒圆角命令，对凹坑边缘进行倒圆角如图 1－76（b），创建结果如图 1－76（c）。

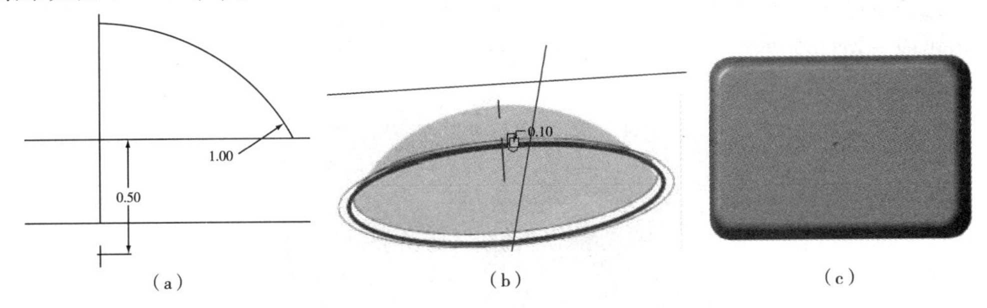

图 1－76　创建底部凹槽

Step05▶创建填充阵列。首先，在模型树中设置 Step04 中凹坑的 2 个特征群组；其次选择该群组为阵列单元，执行“阵列”命令，设置阵列类型为“填充”、填充栅格为正方形、阵列成员中心间距为 3、阵列距离填充区域边界为 0. 8。单击操控面板中的“草绘”按钮，在 Top 面上草绘填充区域，完成填充阵列。如图 1－77 所示。

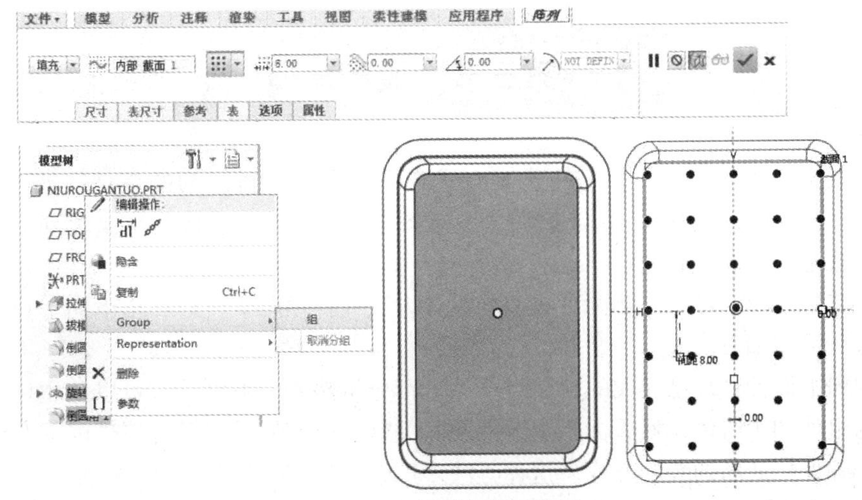

图 1－77　创建底部填充阵列

Step06▶对实体进行执行“壳”命令，选择顶面为移除曲面，壳厚0.3。如图1－78所示。

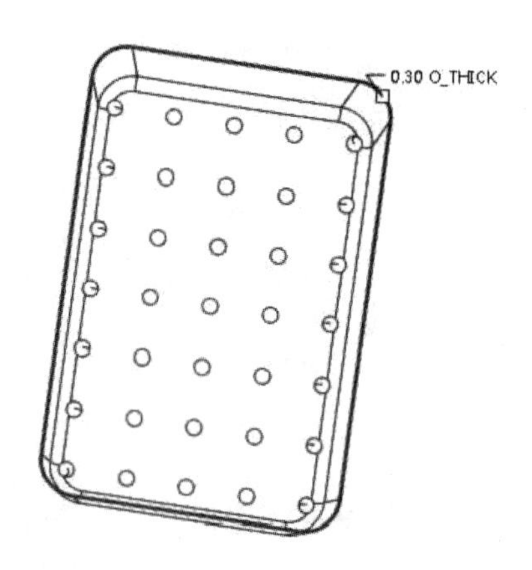

图1－78　托盘顶面抽壳

Step07▶创建托盘顶部舌边。执行“拉伸”命令，在托盘的顶面草绘如图1－79所示的圆角矩形，拉伸高度为0.3。完成塑料托盘建模。

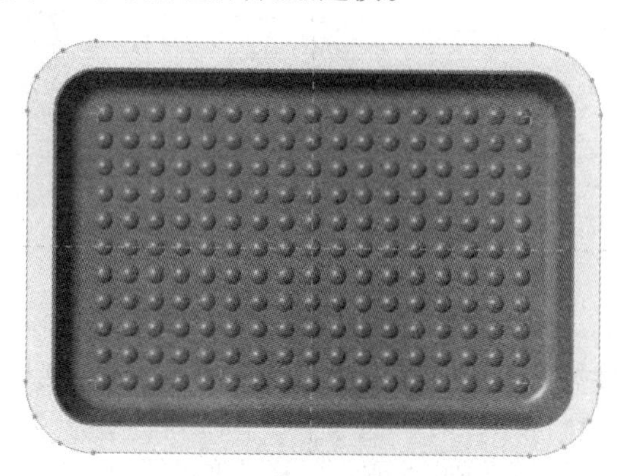

图1－79　托盘顶部舌边

第三节　装配建模

产品通常包含多个零件，零件建模方式难于表现有相对运动的零件间的关系。Creo Parametric的装配模块可以将不同零件按照要求的位置关系和连接关系组装到一起，称为装配生成式建模或装配建模。

掌握装配建模，需要了解两种典型的设计方法：自顶向下设计和由下向上设计。这两种设计方法简述如下。

自顶向下设计：从已完成的产品对产品进行分析然后向下设计。可以从主件开始，将其分解为组件和子组件，然后标示主组件及其关键特征。最后，了解组件内部及组件之间的关系，并评估产品的装配方式。这种方法多用于设计需要频繁修改的产品。

由下到上设计：从元件级开始分析产品，然后向上设计到主组件。这种方法的缺点是不能完全体现设计意图，加大了设计冲突和错误的风险，从而导致设计不灵活。然而，这仍然是设计界广泛采用的设计方法和思路。设计相似产品或不需要在其生命周期中进行频繁修改的产品多用这种方法。

就功能而言，在 Creo Parametric 的装配设计模块中，允许用户将各个设计好的零件按照一定的约束关系放置在一起装配成一个组件（如半成品或完整的产品模型），也可以在装配模式下规划产品结构、管理组件视图、新建和设计元件，还可以阵列、镜像、替换元件，使用骨架模型、布局、检查零件之间的干涉情况等。这既提高了工作效率，又便于更加清晰地了解装配模型的结构。

本节将讲述基本装配约束（放置约束与连接约束）、元件的创建与编辑、模型视图管理，以及装配模型分析等。

此外，装配式建模中会用到积木式建模中的一些工具，如阵列、镜像等，其创建方法基本相同，这里不再重复；不同的是工具所在的位置有所变化，需要引起注意。

一、放置约束与连接约束

在 Creo Parametric 中，将元件装配到装配体上，需要通过装配约束来确定两者之间的装配关系。装配约束包含放置约束和连接约束两种，分别用于不同的装配情况。如果装配的元件或组件将作为固定件时，可采用放置约束使其在组件中完全约束。如果装配的元件或组件相对于装配体为活动件时，一般采用连接约束的方法。两种装配方法都在“元件放置”选项卡中选择和设置。

如图 1－80 所示，通过执行“元件” > “组装”命令，可以浏览并打开要装配的某个元件，同时激活元件放置选项卡。

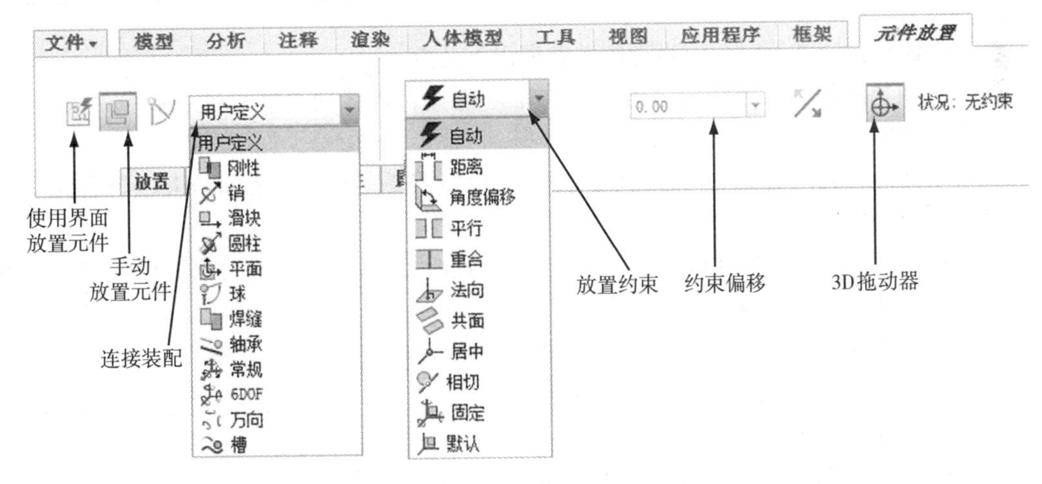

图 1－80 “元件放置”选项卡

1. 放置约束

放置约束的作用是通过指定元件（或组件）与装配体（又称组件）中一对参照的相对位置关系（即放置约束类型），来约束元件（或组件）放置的具体位置。放置约束的类型如表 1－15 所示。

表1－15　放置约束的类型

放置约束	图标	元件参照与装配参照的关系	备注
自动	自动	元件参照相对于装配参照自动放置	—
距离	距离	元件参照偏移至装配参照	设置参照间的距离及约束方向
角度偏移	角度偏移	元件参照与装配参照呈设定的角度	需设置参照之间的角度值
平行	平行	元件参照定向至装配参照	—
重合	重合	元件参照与装配参照重合、朝向相同或相反	—
法向	法向	元件参照与装配参照垂直	—
共面	共面	元件参照与装配参照共面	—
居中	居中	元件参照与装配参照原点重合	两零件可绕重合的原点旋转
相切	相切	元件参照与装配参照相切	可控制两曲面相切
固定	固定	将元件固定到当前位置	可用于装配时引入的第一个元件
默认	默认	将元件固定到默认位置	用于装配时引入的第一个元件

为元件添加约束类型时，应当理解并掌握以下几点：

①元件和装配体的参照不外乎点、线、面。因此，点线面之间可能存在何种位置关系，就会存在何种约束类型。

②每个元件在装配后都应该为完全约束。这可能需要定义多个装配约束，而系统一次只能添加一个约束。

③有些约束可以达到同样的效果，这时应根据设计意图选择放置约束类型。如两个参照面的距离为0和重合是两种设计意图。

在添加第二个元件时，可能与现有装配体距离较远，不便进行装配放置。解决这个问题有三种方法。

①移动元件。在元件放置操控面板中选择运动类型，然后在工作区按住鼠标左键即可拖动元件进行相应运动。运动可以在视图平面中，也可以指定运动参照，参数设置如图1－81所示。

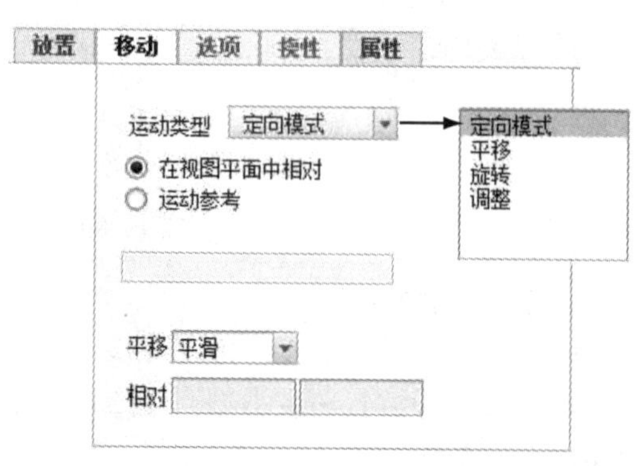

图1－81　移动元件选项卡

②辅助窗口。在元件放置操控面板中，激活辅助窗口按钮。在辅助窗口中可对元件

进行缩放、旋转、平移，并从中选取要进行约束的参照。

③右键。用鼠标右键单击要移动的元件并选择“移动元件”，移动方式与方法一相同。

2. 连接约束

与放置约束将元件完全约束在装配体上不同，连接约束考虑了机构运动的问题，使用预定义的约束集来定义元件在装配体中的运动。连接约束的类型主要有刚性、销、滑块、圆柱、平面、球、焊缝、轴承、常规、6DOF、方向和槽。

连接约束的定义过程与放置约束相似。

①在元件放置选项卡的用户定义约束集下拉列表选择需要的连接类型。系统会自动给出完成该连接约束所需的放置约束，如果不妥可以自行选择其他放置约束。

②根据所选连接类型选项的约束要求，分别在元件和装配体中选择合适参照。例如选择“滑动杆”连接类型时，需要在元件和装配体中选择合适的参照对两个约束进行定义：轴对齐和旋转约束。

二、元件创建与编辑

1. 在装配模式下新建元件

在不同的设计前提下，可能需要直接在装配模式下创建新元件。新建元件的前提是确保装配体中的顶级组件处于被激活的状态。

元件处于激活状态时，在模型树中该元件节点处有一个表示活动的标识。要从元件活动状态返回到组件活动状态，需在模型树中用鼠标右键单击顶级组件并选择“激活”选项即可，如图 1－82 所示。

（a）某个零件为活动元件

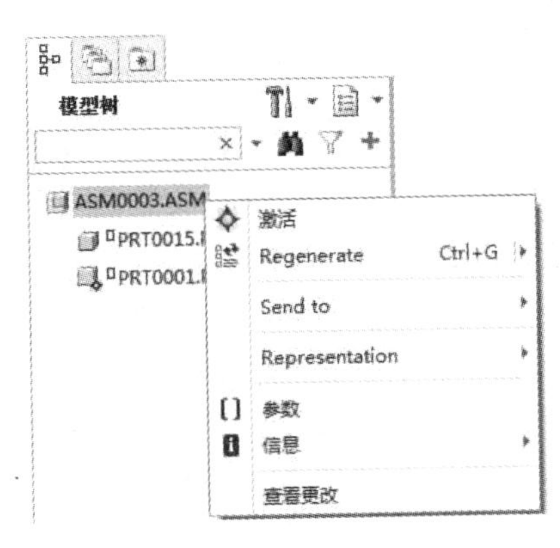

（b）激活顶级组件

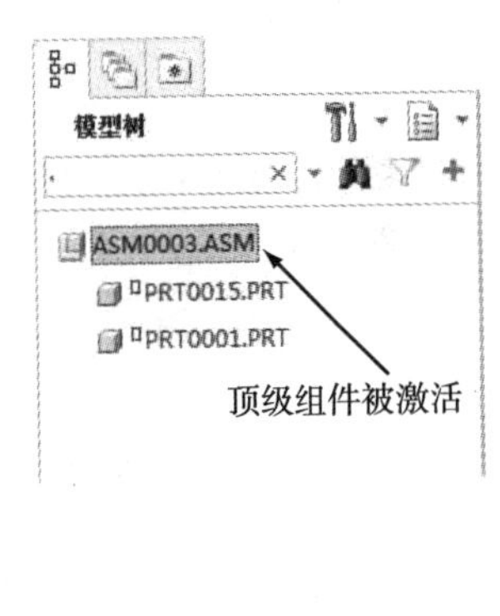

（c）顶级组件处于活动状态

图 1－82 组件中活动对象图例

装配模式下可创建的元件类型包括零件、子装配、骨架模型、主体项目和包络。零件又分为实体、钣金、相交、镜像等子类型。创建实体零件的操作步骤如下。

①装配环境下，在“元件”面板中单击“创建”按钮，弹出“创建元件”对话框。设定元件类型为零件、实体，单击“确定”按钮，如图 1－83（a）所示。

②系统弹出“创建选项”对话框，从四种创建方法选择其一，根据提示完成元件创建，如图 1－83（b）所示。

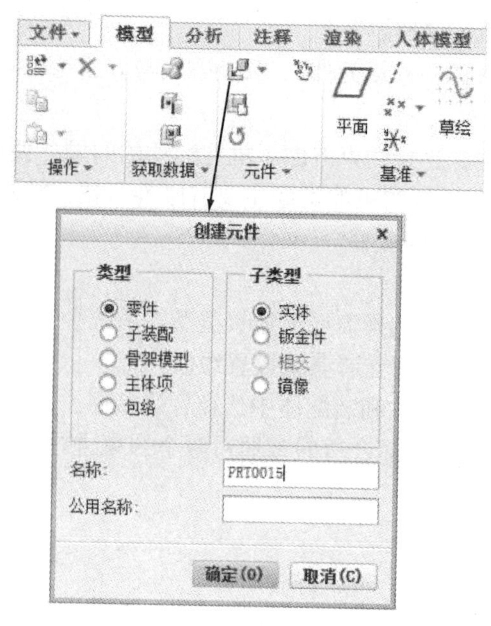

（a）创建元件

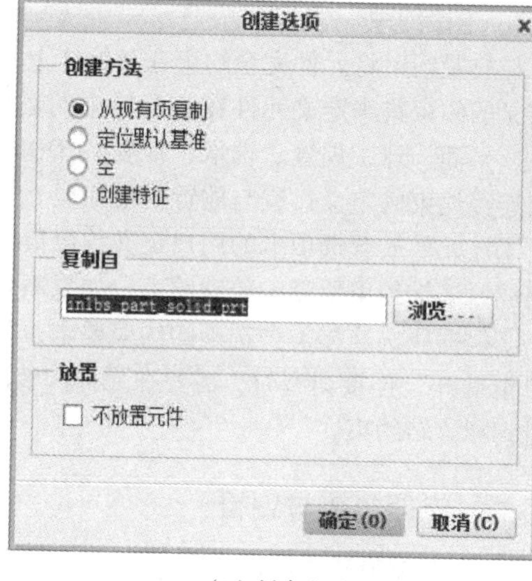

（b）创建选项

图 1－83　在装配环境下创建元件

创建元件的方法共分为 4 种。

①从现有项复制：通过复制现有零件来创建实体零件。

②定位默认基准：创建实体零件并设置默认基准，可以有三种定义基准的方法：三平面、轴垂直于平面、对齐坐标系与坐标系。

③空：创建空文件。

④创建特征：使用现有组件参照创建新零件特征。

2．镜像装配

装配模式下镜像元件，是通过镜像的方法创建新元件的方法。该选项位于图 1－83 所示创建元件对话框中。创建镜像零件时镜像类型有 3 种：仅镜像几何（创建原始零件的几何副本）、仅镜像放置（在镜像位置上重新使用原始零件）、镜像有特征的几何（创建原始零件的几何和特征的镜像副本）。

按照图 1－84 的提示，完成镜像零件的参数设置（镜像类型、与参考零件的相关性）后，确定了镜像的参考零件、镜像平面后即可完成镜像装配。

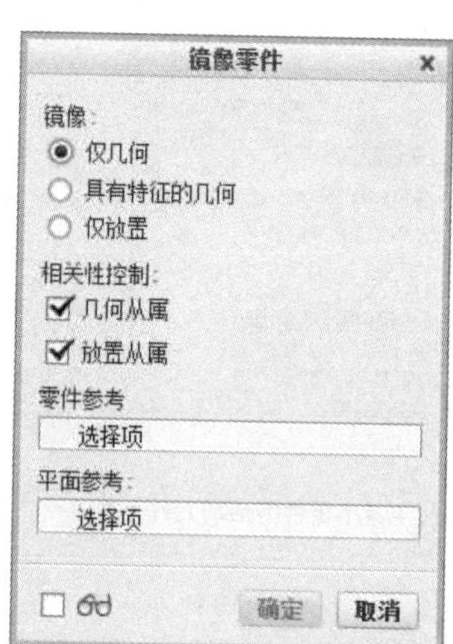

图 1－84　“镜像零件”对话框参数设置

3．阵列元件

阵列工具位于模型选项修饰符面板中，其参数设置与零件建模环境中一致。装配模式下使用阵列工具可以用来装配具有某种规律排布的多个相同的元件。

创建阵列元件时，首先选择已经在合适位置处装配好的一个元件，然后执行阵列工具命令装配余下的相同元件即可。

4. 重复放置元件

重复工具位于模型选项卡的元件面板上，其参数设置如图1-85所示。在装配模式下，使用重复放置元件工具可以一次装配多个相同零部件，且原有的约束信息也得到复制。

重复放置元件的过程简述如下：①按照常规方法装配一个用于重复的元件。②选择该元件，执行“重复元件” > “放置元件”命令。③利用弹出的“重复元件”对话框定义可变装配参考，并在装配体中选择新的装配参考来自动添加新元件。

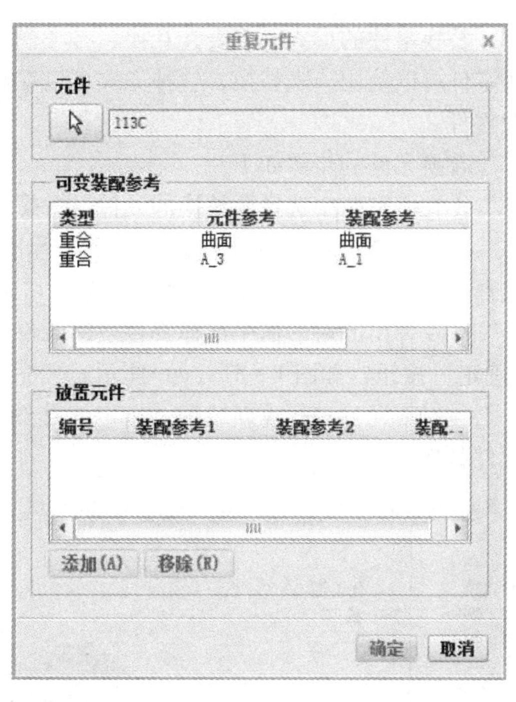

图1-85　重复放置元件参数设置

5. 替换元件

替换命令位于模型选项卡操作面板中，其参数设置如图1-86所示。该命令用于将组件中的某个元件替换成别的元件，可以较为方便地置换组件中需要变更的零部件。

元件被替换后，如果替换模型与原始模型参照和约束相同，则会自动执行放置。如果参照丢失，则会打开元件放置选项卡，重新定义放置约束。

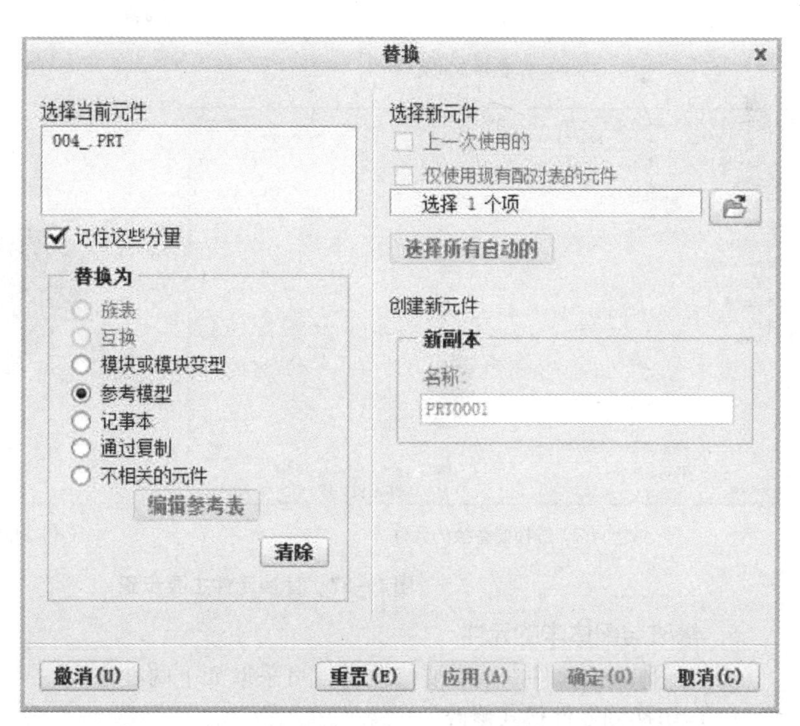

图1-86　替换元件参数设置

替换零件的形式有族表、互换、参考模型、记事本、通过复制、不相关的元件等。类属零件可以使用族表替换，这种方式可以在族表内部替换零件从而较方便地产生一系列相似零件。

替换元件的步骤如下。

①在模型树中选择要替换的元件——螺钉，如图 1－87（a）所示。

②执行“操作”＞“替换”命令，弹出“参数设置”对话框如图 1－87（b）所示，选择替换形式为“不相关的元件”，单击“确定”按钮。

③在弹出的对话框中选择要替换的元件，单击“打开”按钮，并在替换对话框中单击“确定”按钮，如图 1－87（c）所示。

④对新元件进行重新装配，指定连接约束和放置约束，如图 1－87（d）所示，完成元件替换。

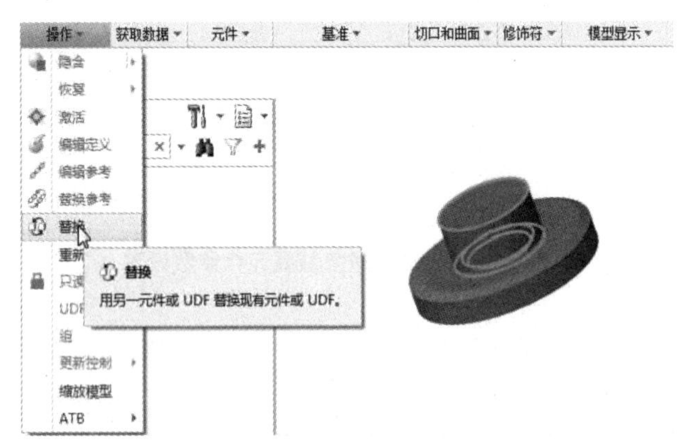

（a）选择要替换的元件

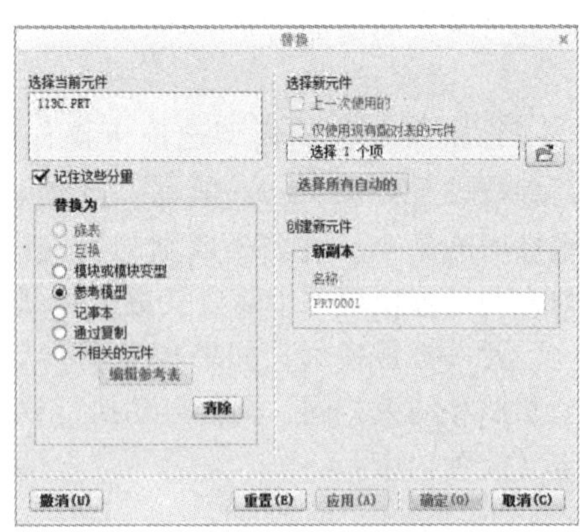

（b）选择替换形式

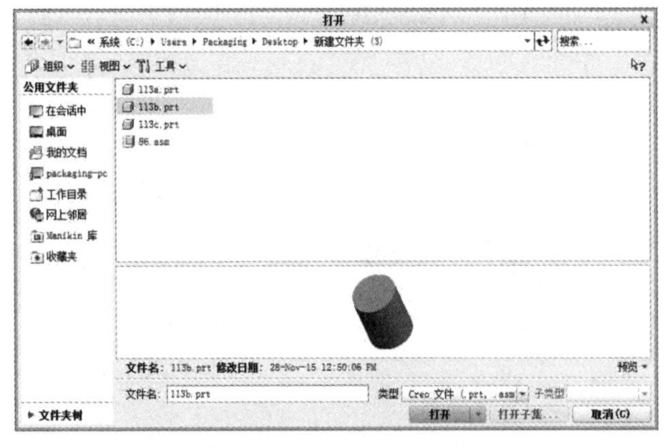

（c）选择要替换的元件

（d）对新元件进行重新装配

图 1－87　替换元件主要步骤

6. 修改装配体中的元件

当装配体中的元件参数需要修改时，可采取如下两种方式。

（1）切换到零件模式修改

在装配环境中，从模型树或者设计窗口中选取要修改的零件，然后用鼠标右键选择“打开”选项可切换到零件模式，修改完毕后选择“重新生成”选项即可。

（2）在装配模式中修改

在装配模式中修改元件，需要通过设置模型树显示内容，使元件特征显示在模型树中。具体方法如下。

①打开模型树中树过滤器，设置其显示元件的特征、放置特征（见图1－88）。

②在模型树上双击需要修改元件具体特征（或单击元件左侧的），按照零件环境中编辑特征的方法完成编辑。

③单击装配环境“重新生成”按钮，完成修改。

用以上两种方式修改后的元件在保存装配时可以另存为原有零件的副本或者覆盖原有的文件。如需返回装配环境，则激活最顶层组件即可。

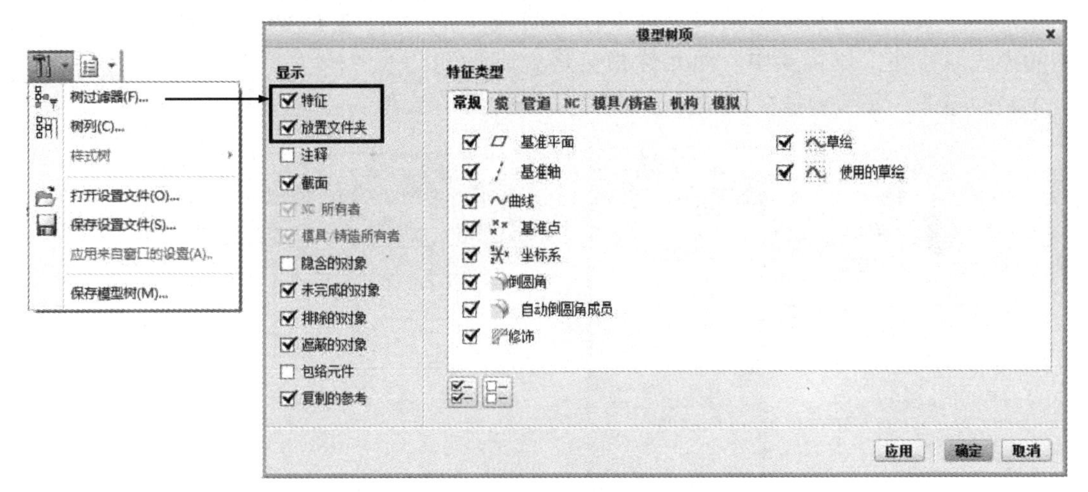

（a）模型树树过滤器选项设置

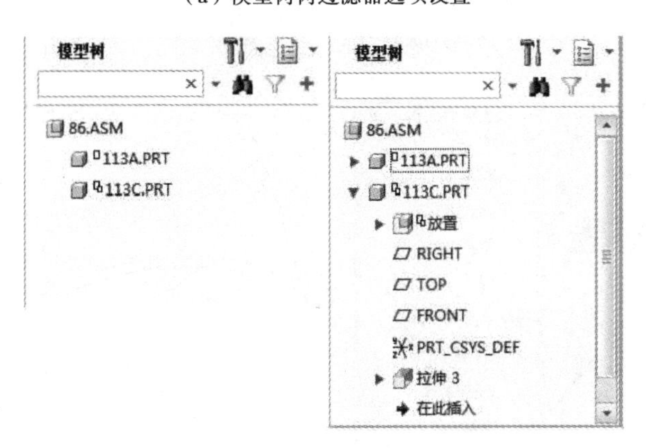

（b）模型树设置前后元件显示内容对比

图1－88　设置模型树选项及设置前后显示对比

7. 利用布尔运算生成新元件

元件的布尔运算包含元件的切除、合并与相交命令，它们是一种快速创建零件的方法，也是装配生成式建模的常用工具。切除与合并命令位于模型选项卡的元件操作面板中。相交命令位于创建元件对话框中。三个工具的操作较简单，这里以元件切除操作为例进行介绍。

Step01▶将瓶盖装配到瓶体上，如图 1－89 所示。

Step02▶执行“元件”>“元件操作”>“切除”命令；选中瓶盖，单击“确定”按钮，完成要切除的元件；选中瓶体，单击“确定”按钮，完成切除参考，如图 1－90 所示。

Step03▶依次单击“完成”按钮，查看元件切除结果，如图 1－91 所示。

元件切除或合并的操作结果是对已存在的某个元件的形状改变，其改变结果以该零件不同版本的形式保存在工作目录中。而元件相交是生成一个新的零件，其结果是在工作目录中新建了一个零件文件。

图 1－89　装配瓶盖

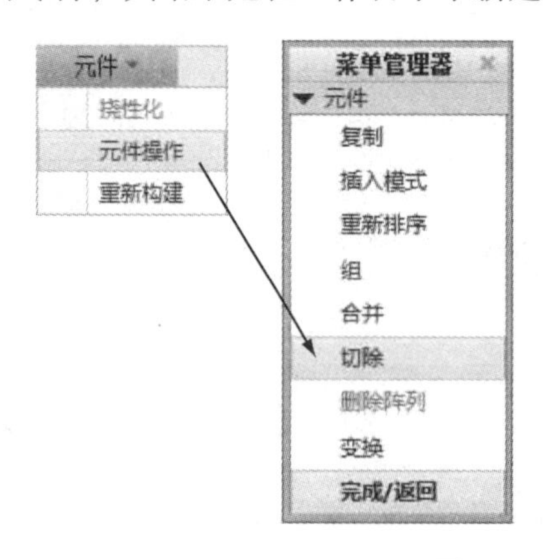

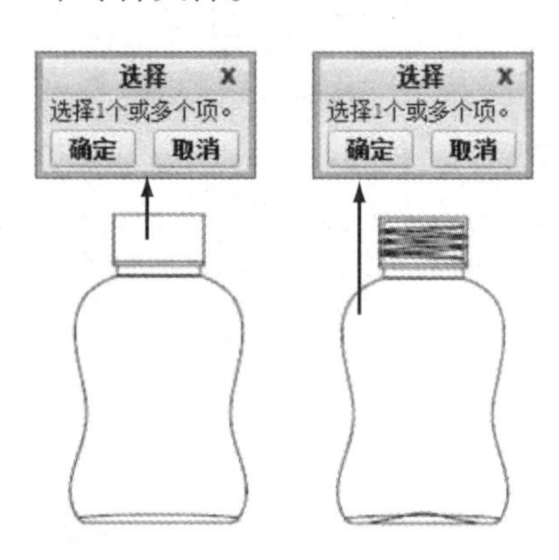

图 1－90　切除瓶盖

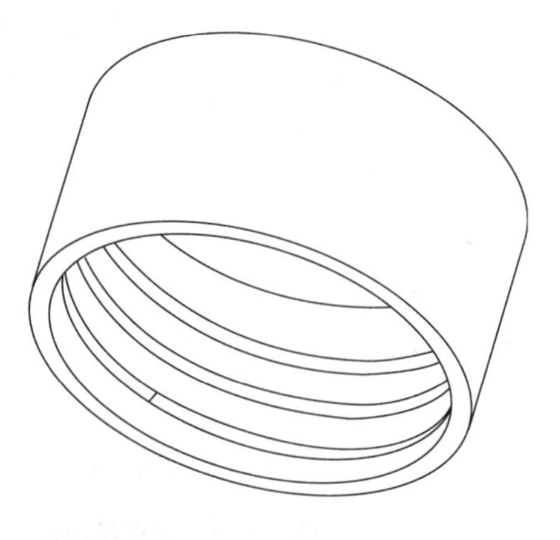

图 1－91　完成切除

三、模型视图管理

系统默认的方向视图不能完全展示某些内部结构复杂的产品或零件，需要通过自定义视图完成。有效管理各种视图为展示产品提供了方便。

模型视图的类型主要包括简化视图、样式视图、截面视图、分解视图、定向视图等。

本书主要介绍定向视图、样式视图、分解视图、截面视图的创建和编辑。

1. **定向视图**

定向视图是将装配体以指定的方位进行摆放，以便于观察、展示或者为后期生成工程图做准备。确定定向视图参考时，有三种参考类型，其含义如下：①动态定向。按照动态平移、缩放和旋转的结果进行定向。②按参考定向。按照所选的参照定向。③首选项。定义旋转中心或者默认方向。

图 1－92 为一装配体在默认视图下的显示情况，对其创建定向视图的基本过程如下。

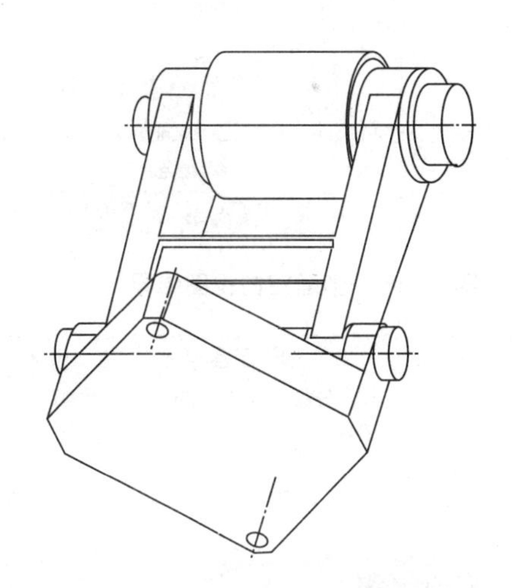

图 1－92　某装配体默认视图显示情况

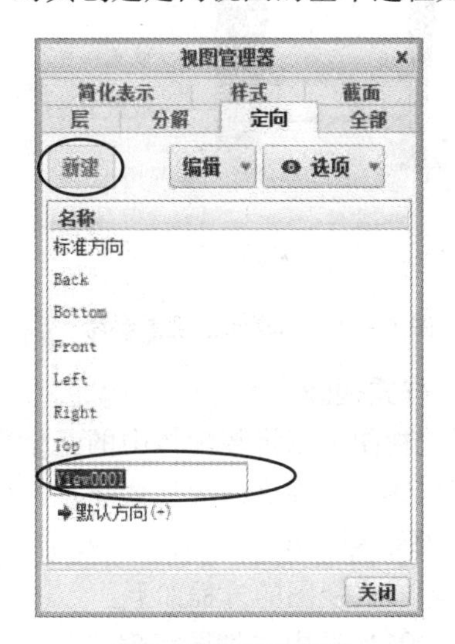

图 1－93　新建视图

Step01▶选择“视图管理器”工具，在弹出对话框中选择“定向”选项卡，执行“新建”命令，将文件命名为“view001”，单击“确定”按钮。如图 1－93 所示。

Step02▶在视图管理器对话框中执行“编辑” > “重新定义”命令，在弹出的“方向”对话框中，选择视图类型为按参考定向。如图 1－94 所示。

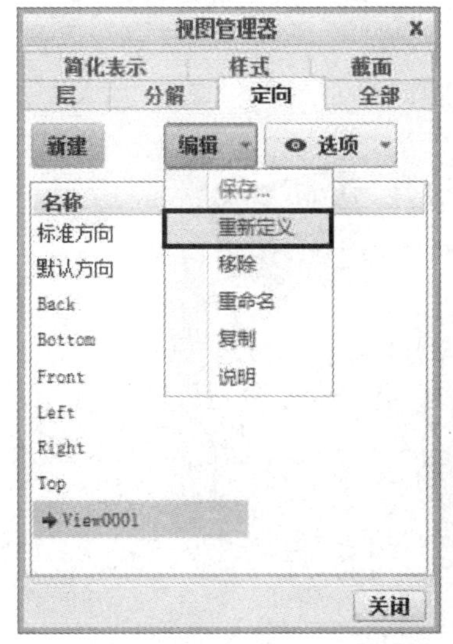

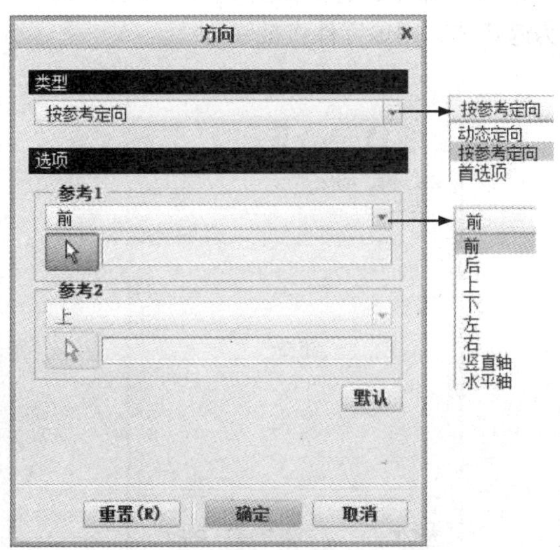

图 1－94　编辑新建视图类型

Step03▶在“方向”对话框中，定义参考1为前参考，参考2为右参考，分别选择如图1－95所示的2个面。

Step04▶执行“视图方向”命令，查看最终定向结果。如图1－96所示。

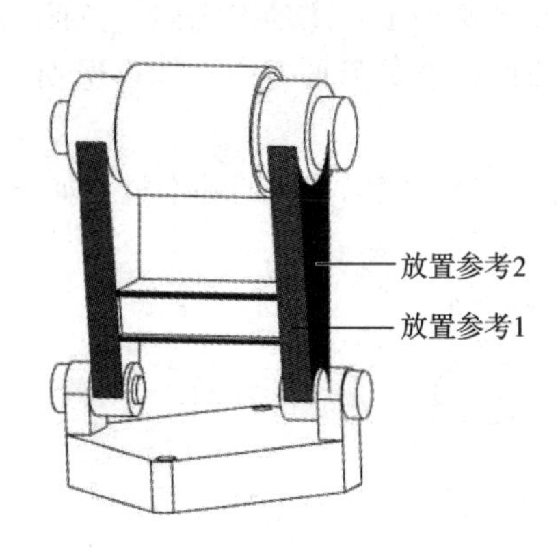

图1－95　编辑新建视图参考

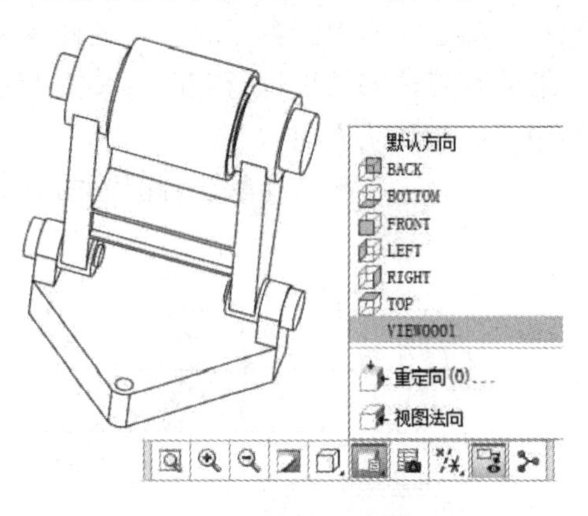

图1－96　创建定向视图结果

2. 样式视图

样式视图可以将装配体中的某个零件遮蔽起来或者以线框、隐藏线等样式显示，以便观察或展示内部装配情况。以图1－92所示装配体为例，创建样式视图的过程如下：

Step01▶选中“视图管理器”工具，在弹出“视图管理器”对话框中选择“样式”选项卡，执行“新建”命令，将视图命名为Style0001。如图1－97所示。

图1－97　新建样式视图

Step02▶在“样式”选项卡中，执行“编辑”>“遮蔽”命令，选择如图1－98所示的圆柱零件为遮蔽体，则该零件将被隐藏。

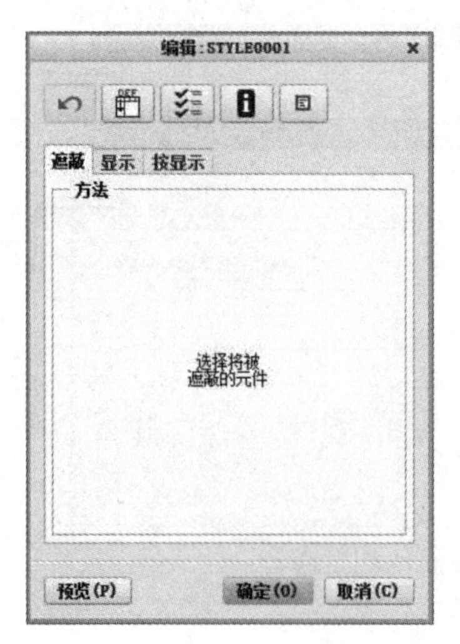

图1－98　选择遮蔽元件

Step03▶在“样式”选项卡中，执行“编辑” > “显示”命令，在模型树中选取长螺钉。同法，对其他元件进行显示设置。如图 1 – 99 所示。

Step04▶完成样式视图设置，显示结果如图 1 – 100 所示。

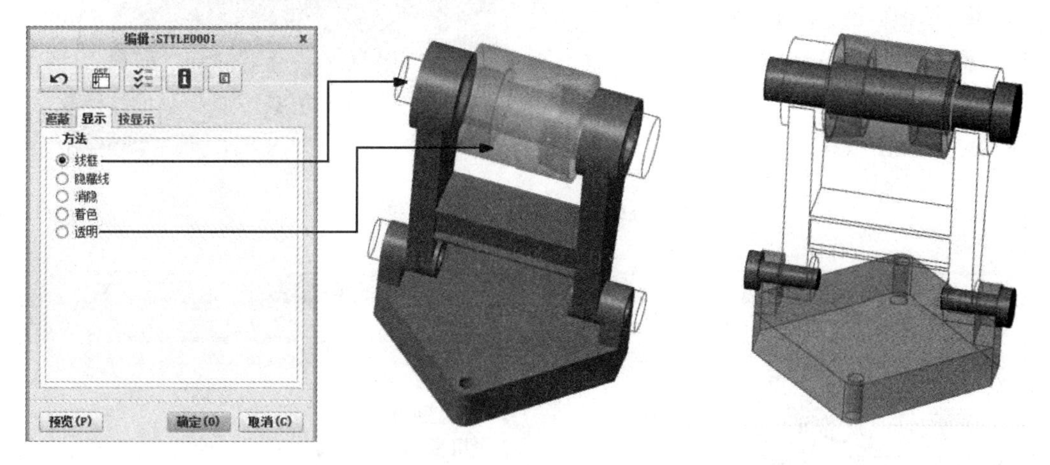

图 1 – 99 选择显示元件级显示方式　　**图 1 – 100 完成视图样式创建**

3. **剖面视图**

剖面视图的主要作用是便于查看模型剖切处的内部形状和结构，在零件或者装配环境创建的剖面，可以用于工程图模块生成剖视图。正常显示时，如不需要显示剖面，则在视图管理器截面选项卡中激活“无横截面”选项即可。

工程制图学中的剖面主要有全剖、半剖、局部剖、阶梯剖、旋转剖等，在 Creo Parametric 中，根据创建方法的不同剖面的类型有 3 种：平面剖面（用平面对模型进行剖切）、偏距剖面（用草绘的曲面对模型进行剖切）、区域剖面（用两个或两个以上剖面对模型进行剖切）。

（1）平面剖面和偏距剖面

平面剖面和偏距剖面都属于 2D 剖面，其创建过程类如下：

Step01▶执行“视图管理器” > “截面” > “新建”命令，命名截面名称为 Xsec0001 并按鼠标中键确定。如图 1 – 101 所示。

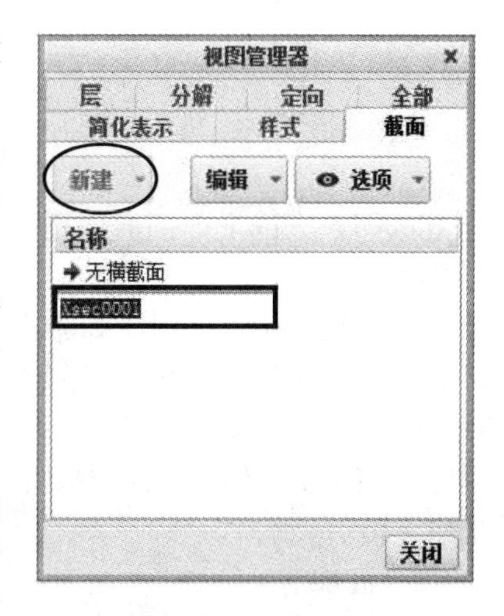

图 1 – 101 新建截面

Step02▶系统弹出截面操控面板，选择截面与参考的关系为“穿过”，参考截面为 FRONT 面，确定后自动返回到视图管理器界面。如图1 – 102所示。

Step03▶执行“视图管理器” > “截面” > “编辑” > “编辑剖面线”命令，弹出“剖面线编辑”对话框；在工作区选择其中一个元件后，可在对话框中设置剖面线的类型、图案、角度、颜色等参数并应用，同法完成其他元件剖面线，如图 1 – 103 所示。

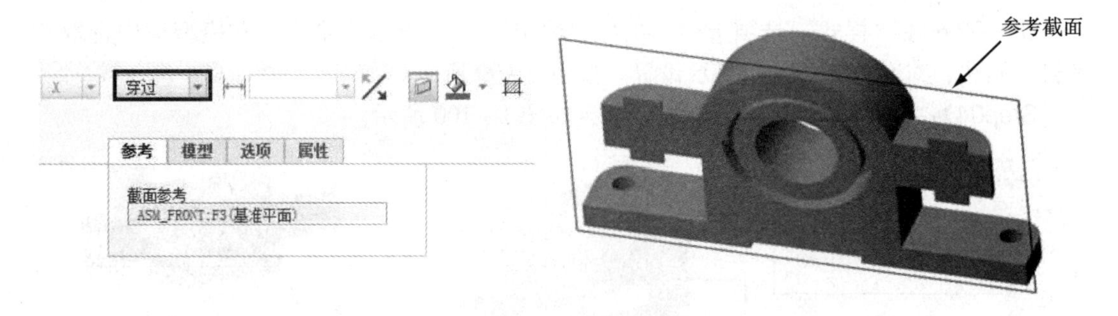

图 1－102　选择截面类型（穿过）

图 1－103　设置剖面线

Step04▶完成平面剖面创建，结果如图 1－104 所示。

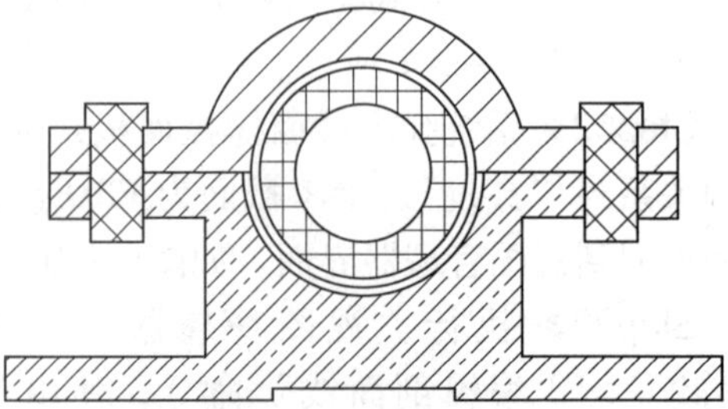

如创建偏距剖面，则在 Step02 中选择截面与参考的关系为“偏移”，选择参考截面为 FRONT 面、偏移距离 15，确定后自动返回到视图管理器界面，偏移剖面结果将发生改变，如图 1－105 所示。

图 1－104　平面剖面显示结果

（2）区域剖面

区域剖面是 3D 剖面，一般是由两个（理论上可以是多个）相互垂直的剖面进行局部剖切后确定要保留的材料侧所得到的图形，主要创建步骤如下。

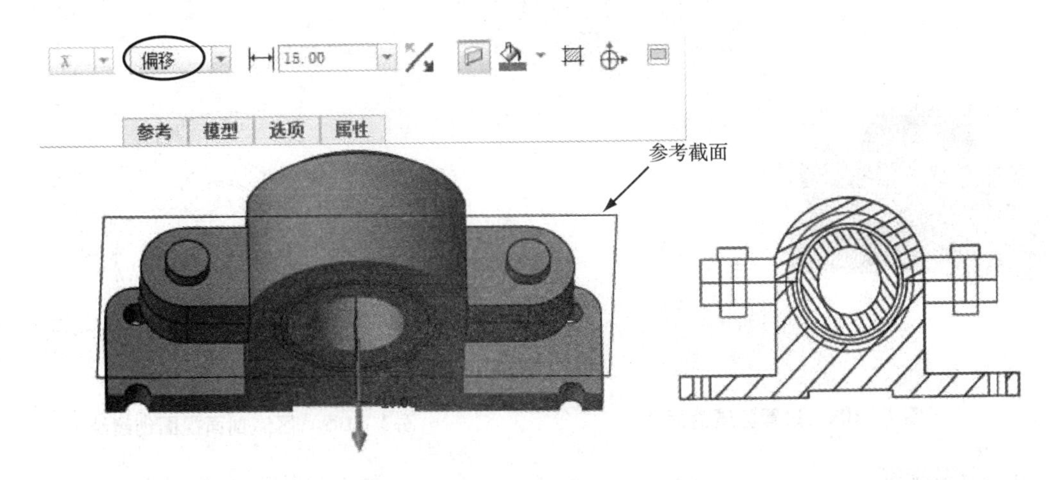

图 1 - 105 偏移截面设置及显示结果

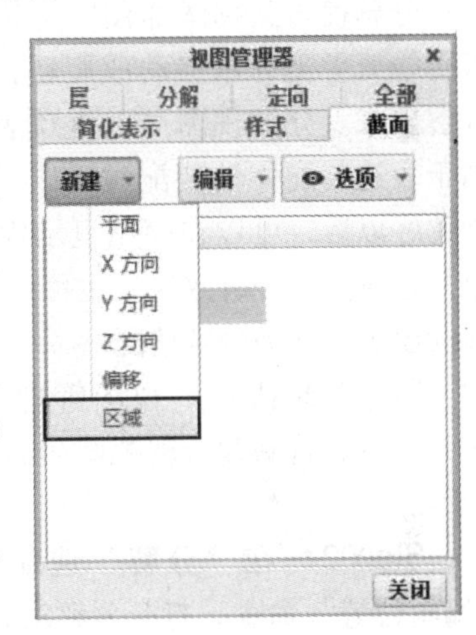

图 1 - 106 新建区域剖面

Step01▶执行“视图管理器” > “截面” > “新建”命令，命名区域剖面后确定。如图 1 - 106 所示。

Step02▶弹出区域剖面对话框，选择添加剖面，然后在工作区选择区域剖面 1，并更改要保留材料侧的方向。如图 1 - 107 所示。

Step03▶选择添加剖面，在工作区选择区域剖面 2，设置两个剖面保留材料的布置关系为“或”。如图 1 - 108 所示。

Step04▶自动返回视图管理器，双击剖面 Xsec0001，显示局部剖面创建结果。如图 1 - 109所示。

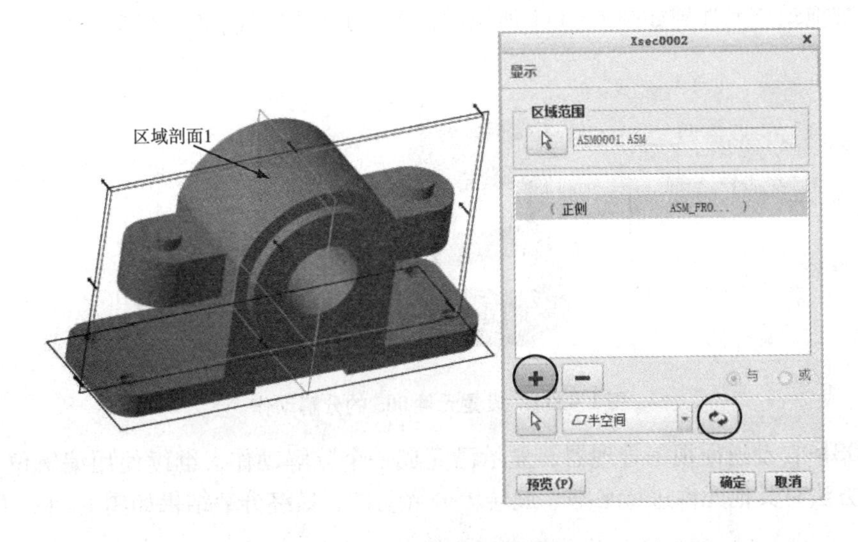

图 1 - 107 设置区域剖面 1

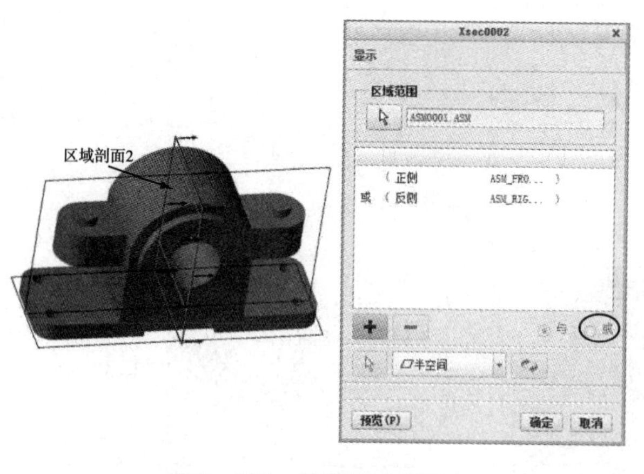

图1－108　设置区域剖面2

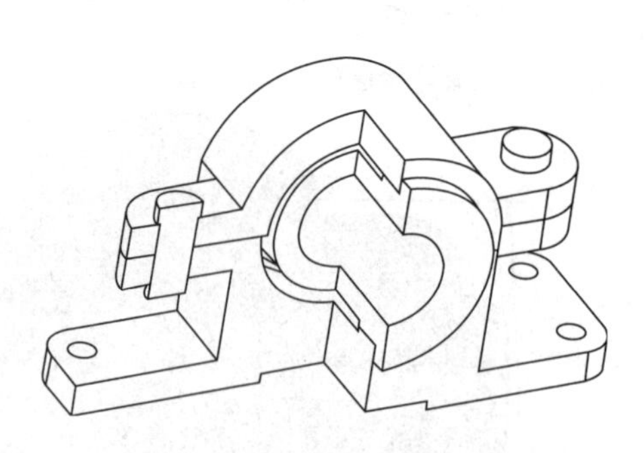

图1－109　区域剖面视图创建结果

4. 分解视图

分解视图又称爆炸图，是将装配体中的各零部件沿着直线或者坐标轴移动或旋转，使各个零件从装配体中分解出来。分解视图可以直观表达元件的相对位置，常用于表达装配体的装配过程以及装配的构成。分解视图创建好以后，可以在模型显示面板中执行“分解图”命令，查看动态分解效果。也可以执行“编辑位置”命令，继续设定元件的分解情况。

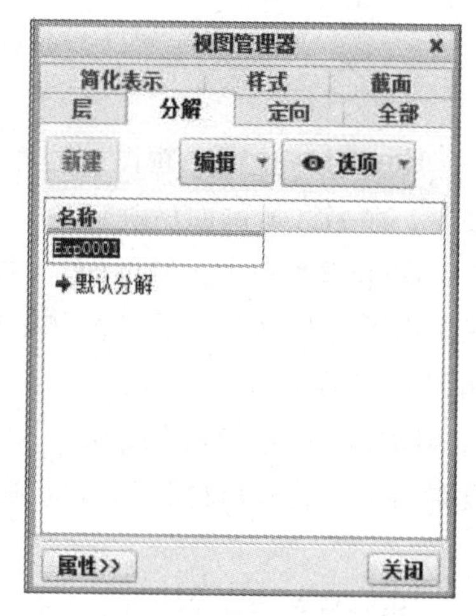

图1－110　新建分解视图

Step01▶执行“视图管理器”＞“分解”＞“新建”命令，将新建分解视图命名为Exp001。如图1－110所示。

Step02▶在“分解”选项卡中，执行“编辑”＞“编辑位置”命令，打开分解工具操控面板。设置分解类型为“平移”，在“参考”选项卡中选择要移动的元件为003，移动参考为轴002。然后按住鼠标左键拖动该元件到如图1－111所示的位置，并单击“确定”按钮。

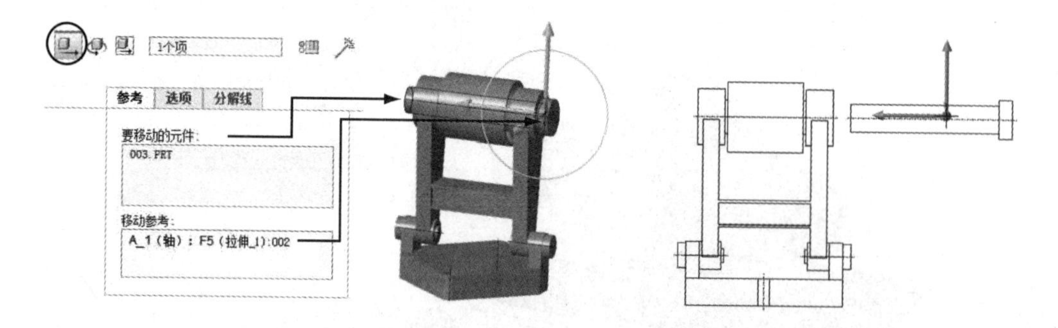

图1－111　设置元件003的分解动作

Step03▶自动返回视图管理器，显示已完成一个分解动作，继续使用编辑位置工具，按照前述方法对其他元件进行平移、旋转等分解动作。最终分解结果如图1－112所示。

四、装配模型分析

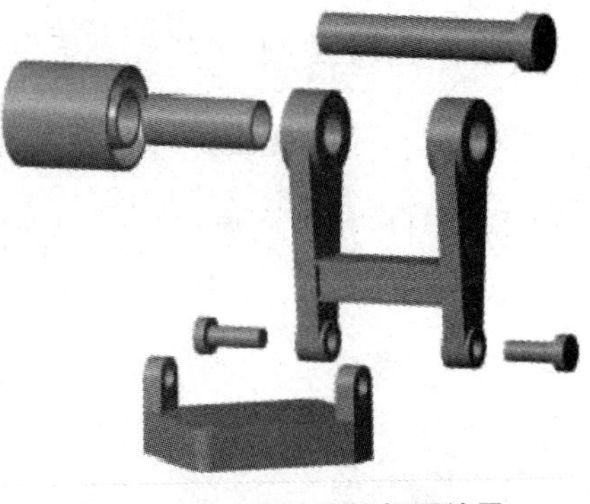

图 1－112　元件分解视图结果

装配完成后，需要分析模型中各元件间是否存在配合问题并从而制订修改方案和进一步的优化。Creo Parametric 装配模式中的分析选项卡提供了多种分析工具，如图 1－113 所示。常用的分析工具有“全局干涉”、“体积干涉”、“全局间隙”等。这些分析命令操作方法类似，这里以全局干涉为例进行简要说明。

全局干涉分析，可以检查装配体元件之间是否存在由于尺寸问题引起的实体干涉问题。执行全局干涉命令需要设置的参数（见图1－114）主要有如下几类。

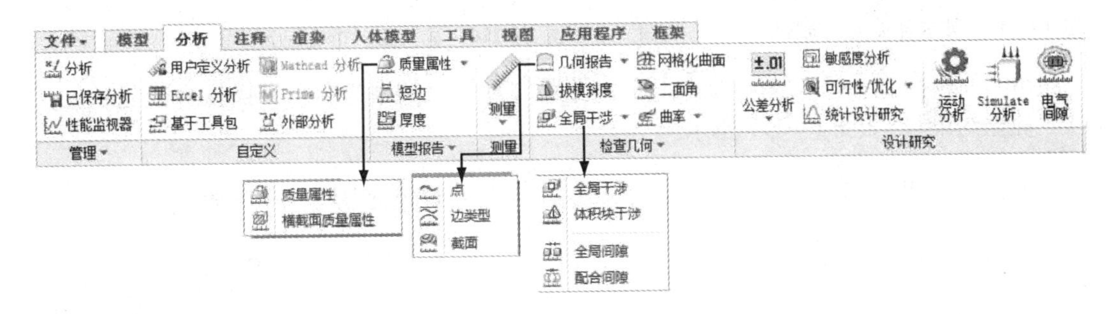

图 1－113　装配模式下的功能区“分析”选项卡

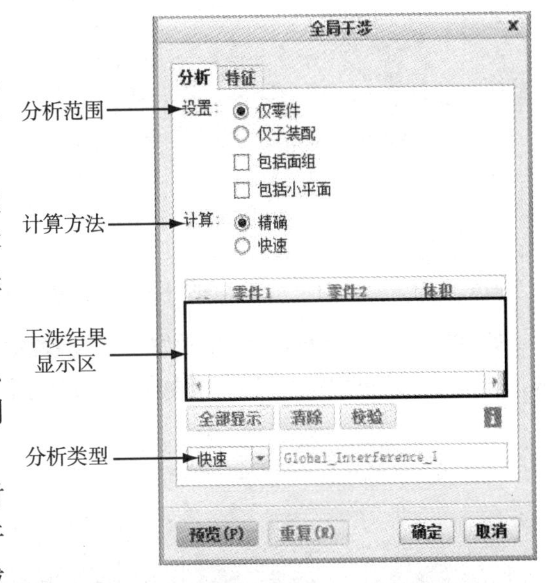

图 1－114　“全局干涉”对话框

①分析范围包括：仅零件、仅子装配。若选中“包括面组”复选框，则将曲面、面组包括在计算中。若选中“包括小平面”复选框，则将多面体包括在计算中。

②计算方法：精确和快速两种。快速计算执行的快速检查，列出发生干涉的零件或子组件对。精确计算可以获得完整详尽的计算，并会加亮干涉体积。

③分析类型：快速（创建临时分析）、已保存（创建已保存分析）、特征（会创建一个分析特征）。

如果分析结果存在干涉体积，会在对话框中显示相应信息。此时应分析这些干涉是否正常，如果是由于设计不合理造成的，可在获知干涉区域的情况下，去除干涉体积。方法有两种。

①在装配环境或者零件环境下对存在干涉的零件进行编辑。

②在装配环境下利用元件切除命令对元件进行修改。

五、典型实例

实例 1－7：用放置约束装配如图 1－115 所示的零件

Step01▶执行“模型” > “元件” > “组装”命令，在弹出对话框中选择并打开第一个元件 PRT0001，如图 1－116 所示。

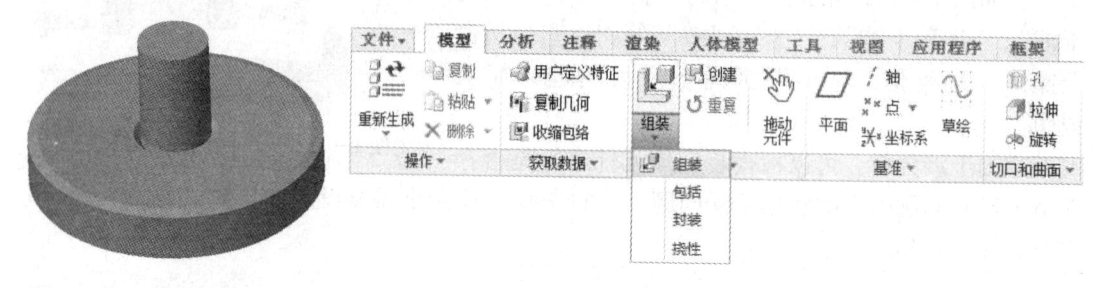

图 1－115　某零件装配效果图

图 1－116　导入第一个装配元件

Step02▶在“元件放置”选项卡中，设置放置约束类型为默认，操控面板显示元件已“完全约束”。如图 1－117 所示。

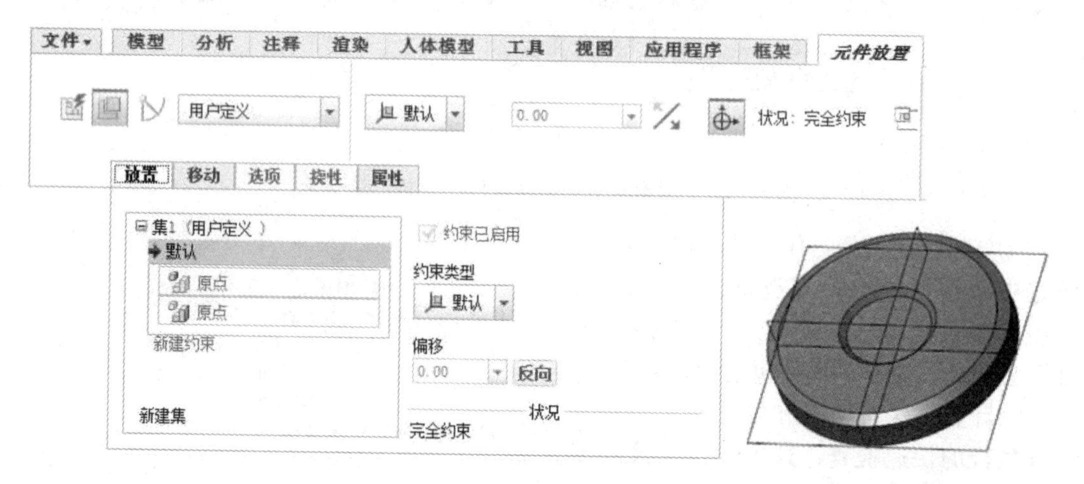

图 1－117　设置第一个元件约束方式

Step03▶重复 Step01 打开元件二，设置约束方式为重合，然后选取图中 2 个平面并确认，完成该元件的第一个约束。如图 1－118 所示。

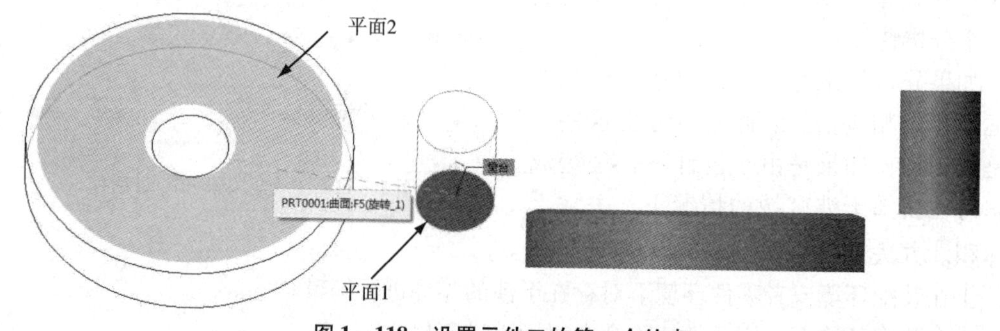

图 1－118　设置元件二的第一个约束

Step04▶在放置面板中选择“新建约束”选项，在工作区中选取图示的2个轴，设置约束方式为重合，并确认，完成该元件的第二个约束。此时操控面板显示其状况为“完全约束”，装配过程结束。如图1－119所示。

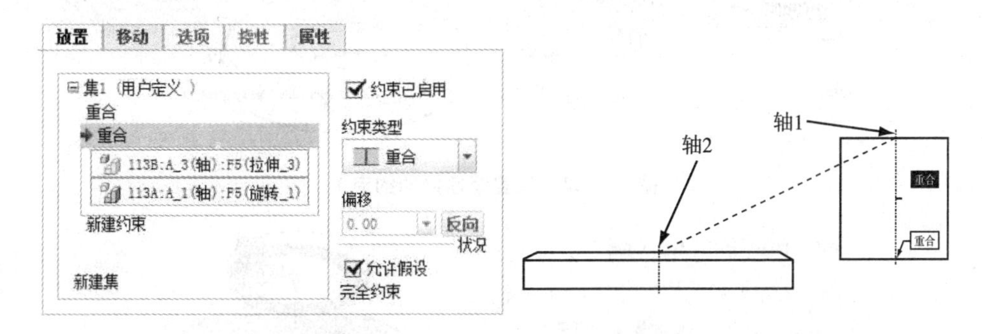

图1－119　设置元件二的第二个约束

实例1－8：用连接约束装配如图1－120所示的零件

Step01▶新建装配文件”lianjieueshu. asm”，导入第一个元件，选择放置约束为默认。如图1－120所示。

Step02▶导入第二个元件，在操控面板中设置连接约束为“销”。此时元件放置状况为未完成连接定义。如图1－121所示。

Step03▶打开“放置”选项卡，首先定义“轴对齐”，约束类型为重合。选择两元件的中心轴，完成该约束。如图1－122所示。

Step04▶系统自动切换到定义“平移”，默认约束类型为重合。选择要重合两个平面，完成该约束后系统显示完成连接定义，最终效果如图1－123所示。

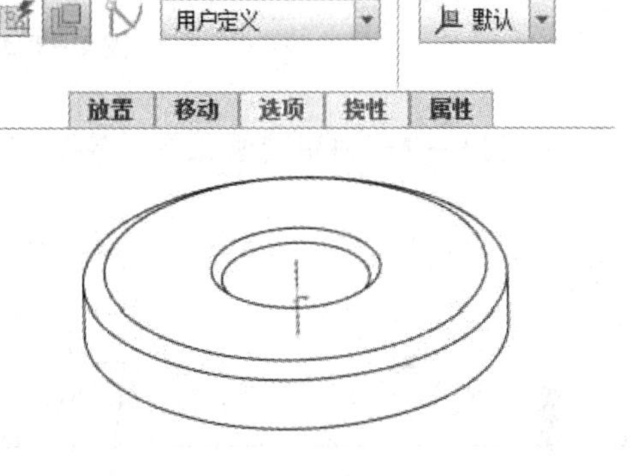

图1－120　装配第一个元件

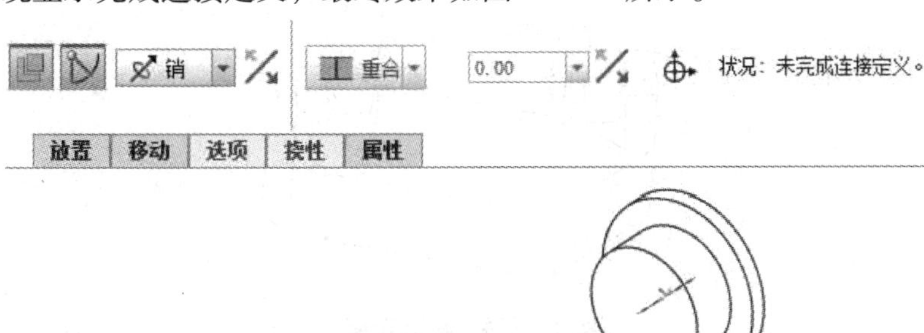

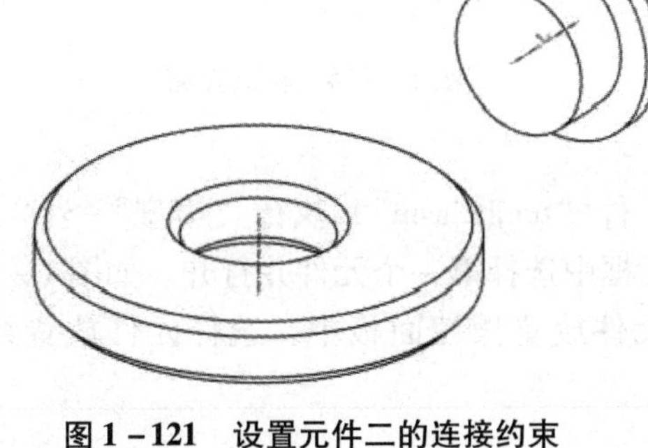

图1－121　设置元件二的连接约束

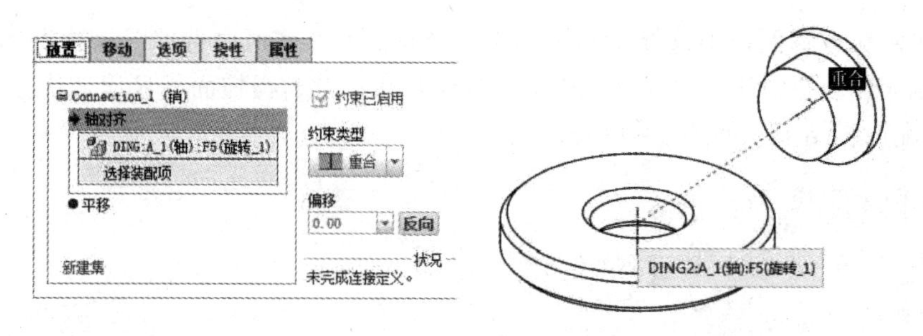

图 1－122 设置销连接的约束 1

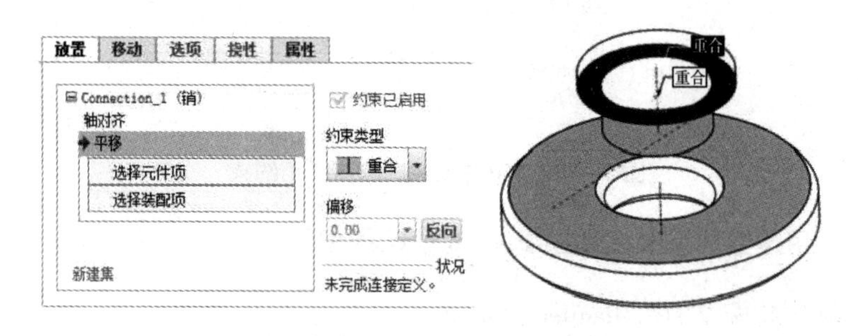

图 1－123 设置销连接的约束 2

实例 1－9：利用装配工具，完成如图 1－124 所示的机械托架模型的装配

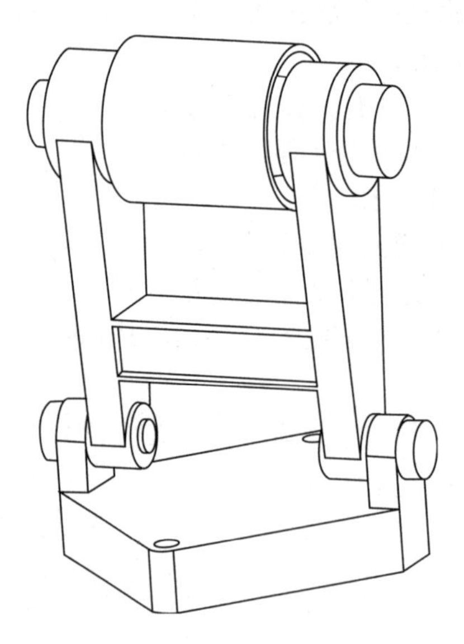

图 1－124 机械托架

主要装配过程如下。

Step01►新建装配文件“tuojia. asm”，执行“模型” > “元件” > “装配” > “组装”命令，在弹出的对话框中选择第一个元件并打开。如图 1－125 所示。

Step02►在弹出的元件放置操控面板中，选择元件放置约束为默认。如图 1－126 所示。

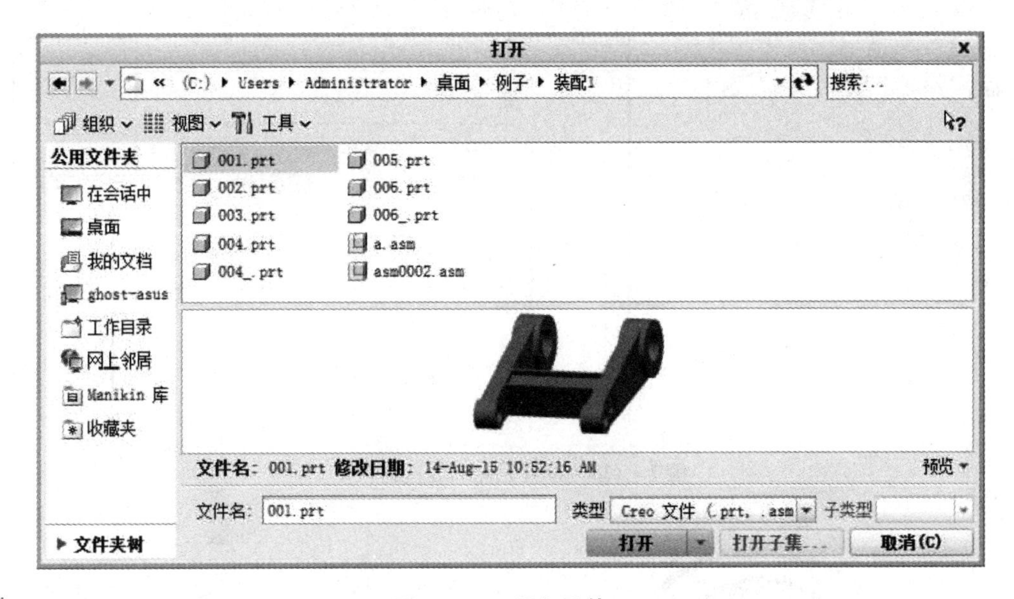

图1-125 导入元件一

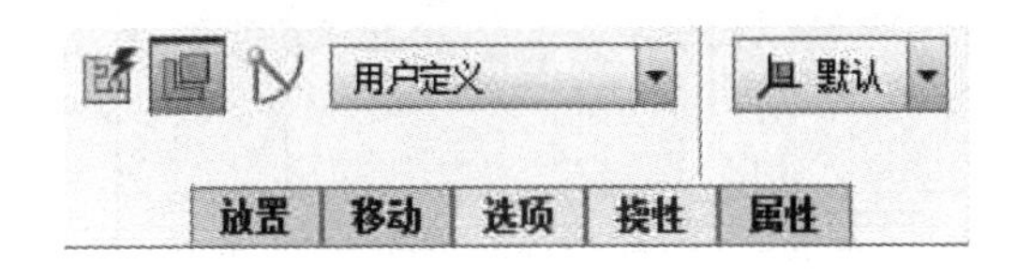

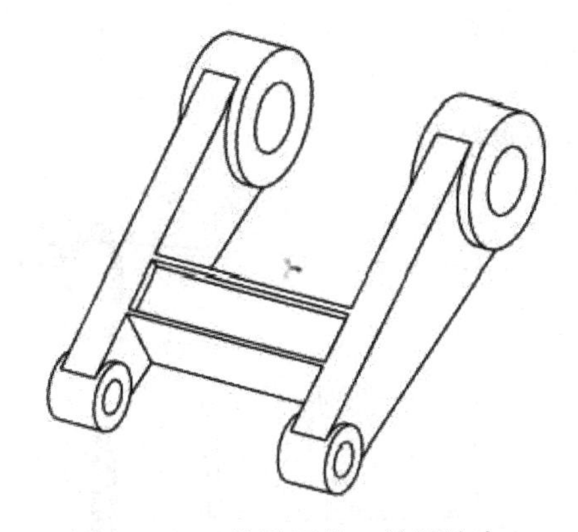

图1-126 设置元件一放置约束

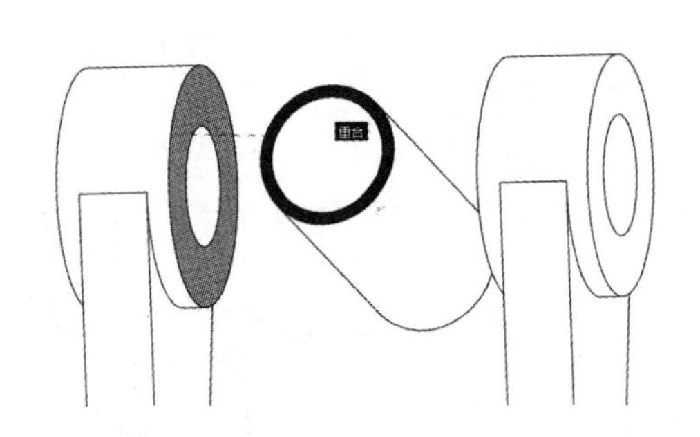

图1-127 设置元件二放置约束1

Step03▶同法，打开第二个元件，按照图1-127所示为元件二添加第一个放置约束：面面重合。

Step04▶在“元件放置”操控面板打开“放置”选项卡，新建约束；选择放置约束类型为重合，选取如图1-128所示的2个旋转轴，完成元件二装配。

Step05▶添加元件三，完成放置约束1：面面距离，放置约束2：轴重合。如图1-129所示。

Step06▶添加元件四，完成放置约束1：面面重合，放置约束2：轴重合。如图1-130所示。

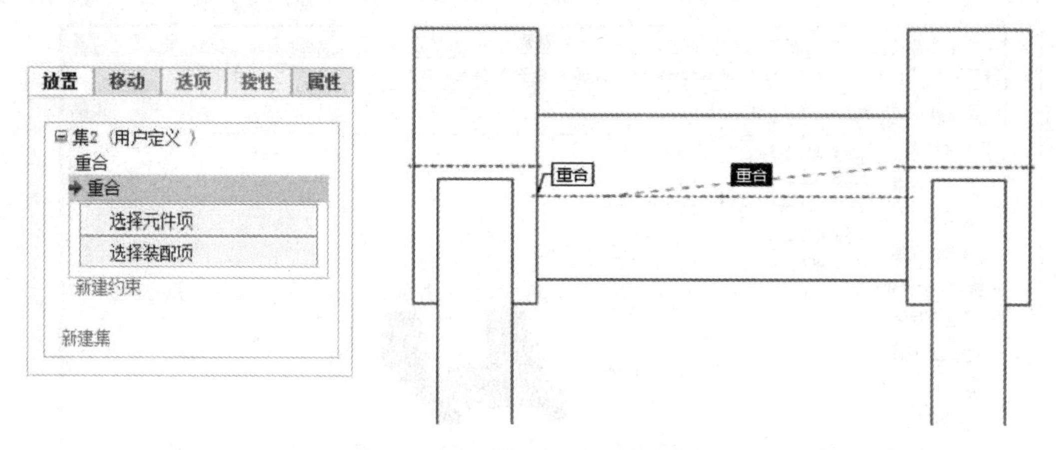

图 1－128　设置元件二放置约束 2

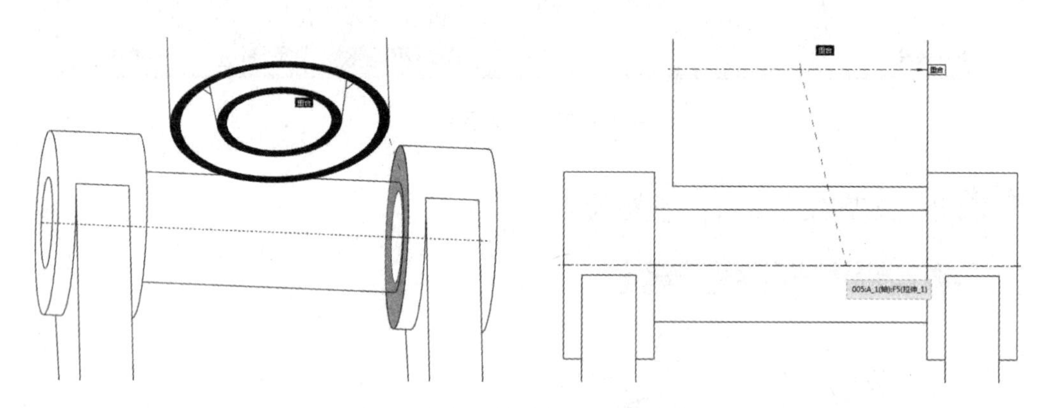

图 1－129　设置元件三放置约束

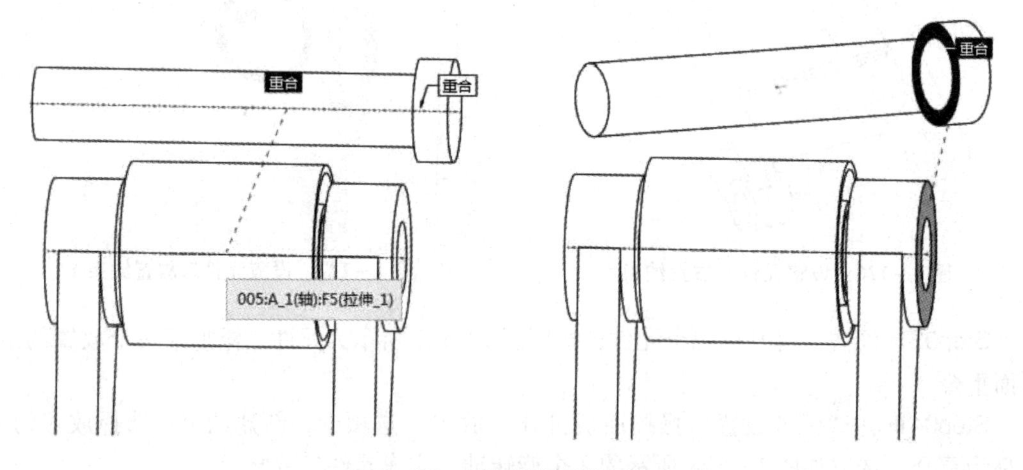

图 1－130　设置元件四放置约束

Step07▶添加元件五，完成放置约束 1：面面重合。如图 1－131 所示。

Step08▶添加元件六，完成放置约束 1：面面重合，放置约束 2：轴轴重合。如图 1－132所示。

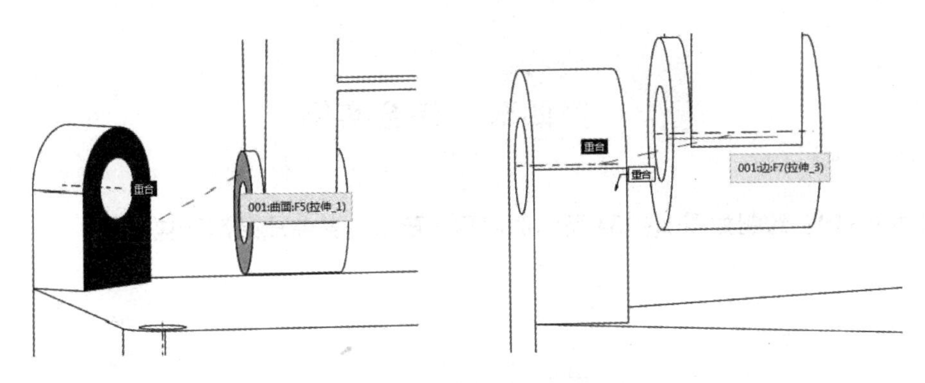

图 1-131 设置元件五放置约束

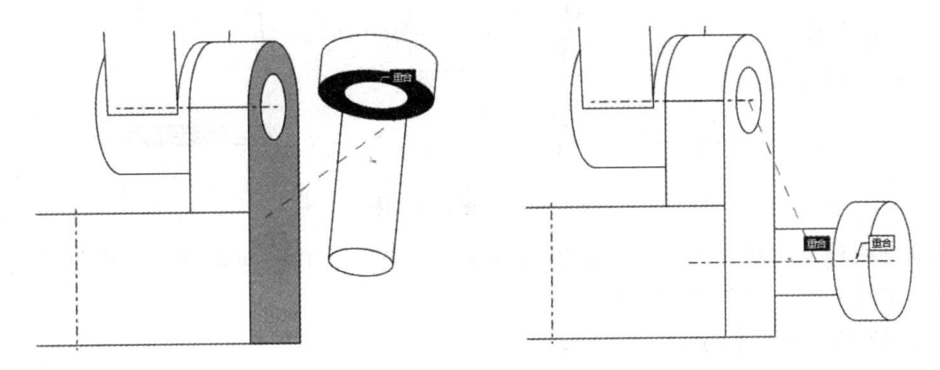

图 1-132 设置元件六放置约束

Step09▶执行“元件” > “重复”命令，弹出“重复元件”对话框，选择可变参考中的面面参考，选择“添加”选项，然后在工作区选择新的参考面并单击“确定”按钮，完成元件七装配，装配结束。如图 1-133 所示。

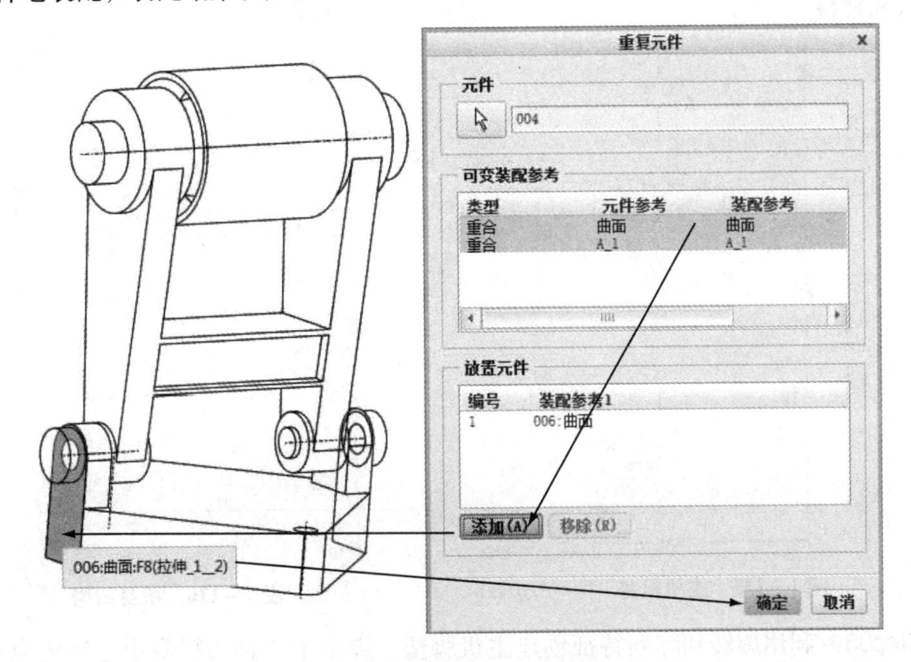

图 1-133 设置元件七放置约束

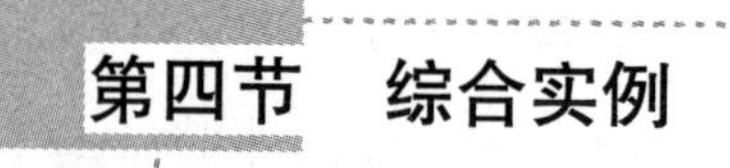

第四节　综合实例

实例 1－10：绘制如图 1－134 所示的家用研磨机，并完成装配及包装

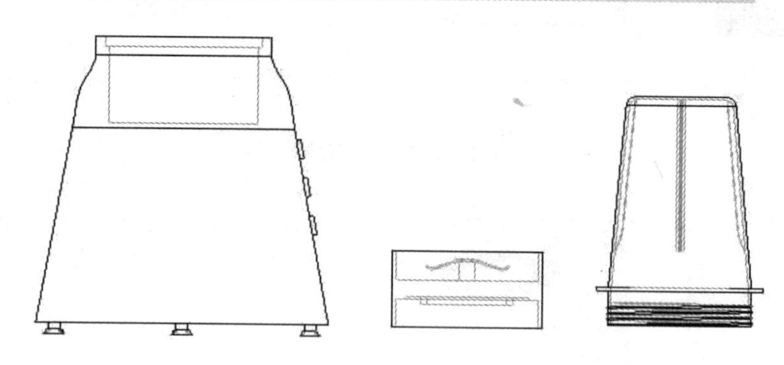

图 1－134　家用研磨机

该研磨机包括主机、研磨杯、研磨刀具 3 个零部件。建模时需要先分别创建每个零件，然后进行装配。主要建模步骤如下。

1. **创建研磨机各零部件**

（1）创建主机零件

Step01▶创建零件文件 zhuji. prt，利用旋转特征创建主机机身部分，旋转截面位于 Front 面，尺寸如图 1－135 所示。

Step02▶利用旋转特征创建机身凹槽，旋转截面位于 Front 面，尺寸如图 1－136 所示，去除材料。

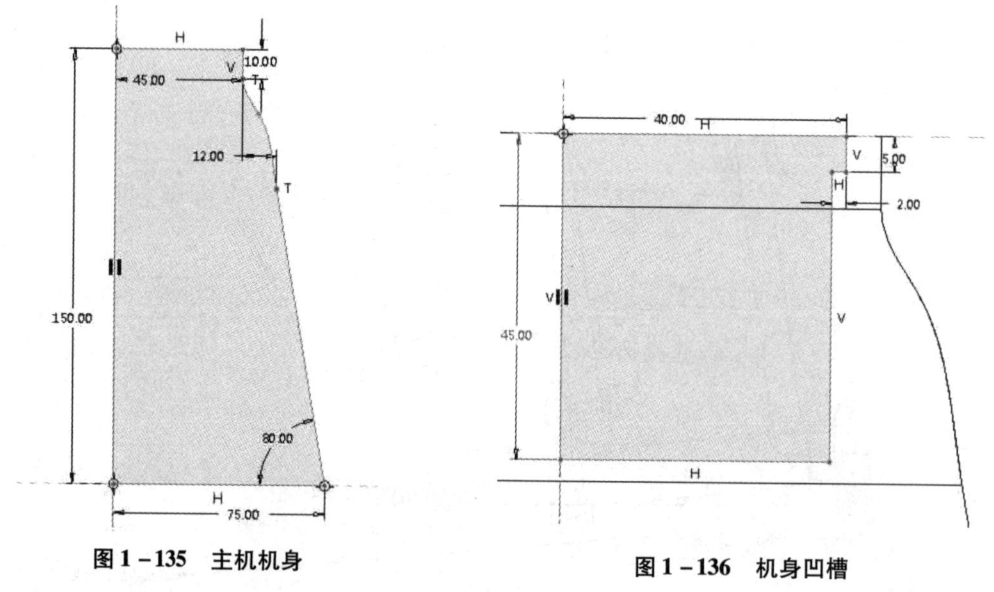

图 1－135　主机机身　　　　图 1－136　机身凹槽

Step03▶利用旋转和阵列特征创建主机脚垫。脚垫中心轴与机身中心轴距离 65，截

面位于 Front 面，如图 1－137（a）所示。然后以此脚垫为阵列单元、机身中心轴为参照创建阵列，阵列成员数量为 4，夹角 90°，如图 1－137（b）所示。

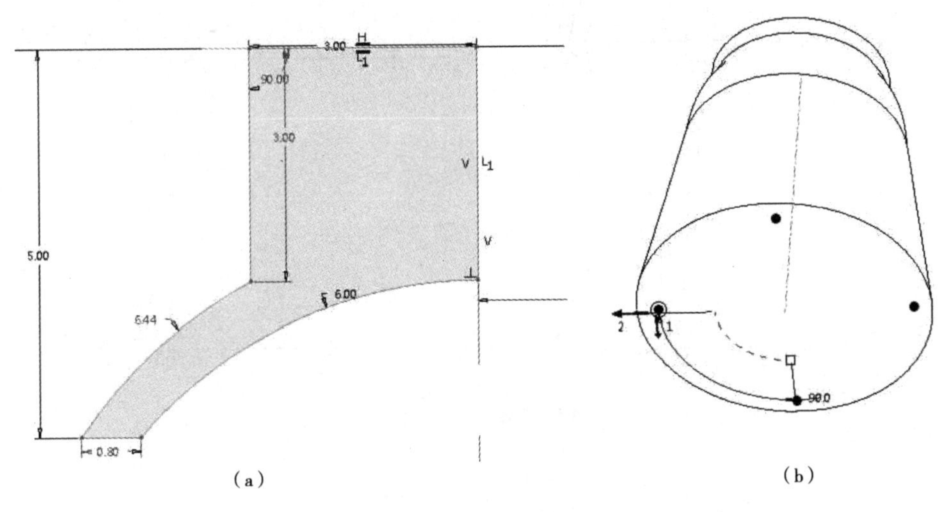

图 1－137　主机脚垫

Step04▶创建机身按钮。首先过草绘一条直线创建与 Right 面成 80°夹角（因图 1－135中机身旋转截面内角为 80°）的参考平面 DTM1，如图 1－138 所示。

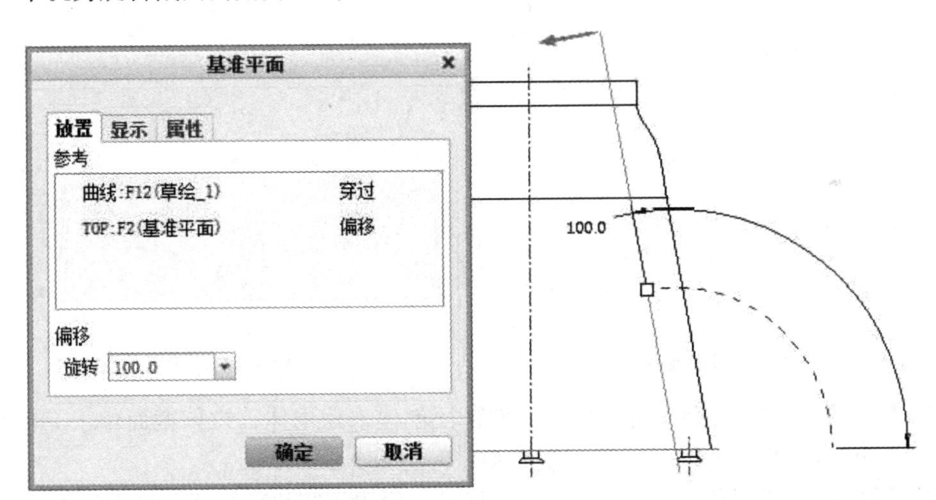

图 1－138　添加基准面

Step05▶在 DTM1 面上创建拉伸截面，调整拉伸高度为 17，使其从机身轮廓面中凸出，如图 1－139 所示。

（2）创建刀具

Step01▶创建零件文件 daoju. prt，利用旋转特征创建刀具支架，截面位于 Front 面，尺寸如图 1－140 所示。

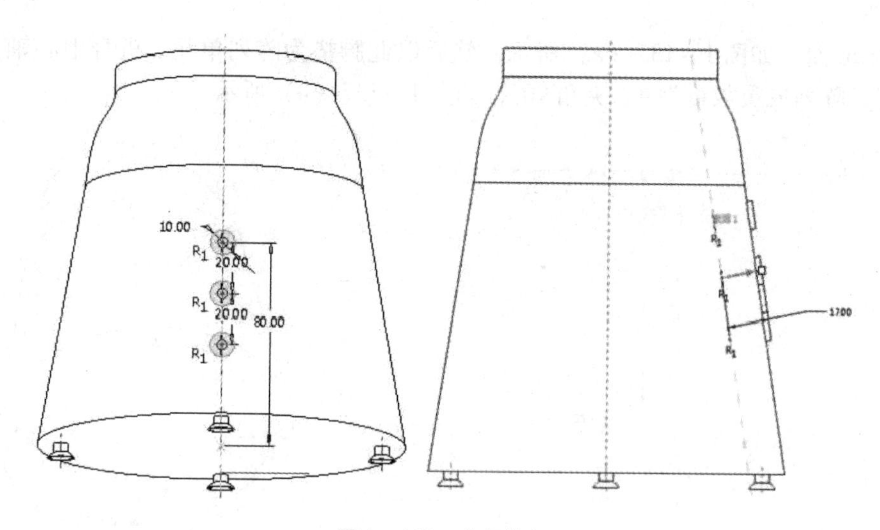

图 1－139　主机按钮

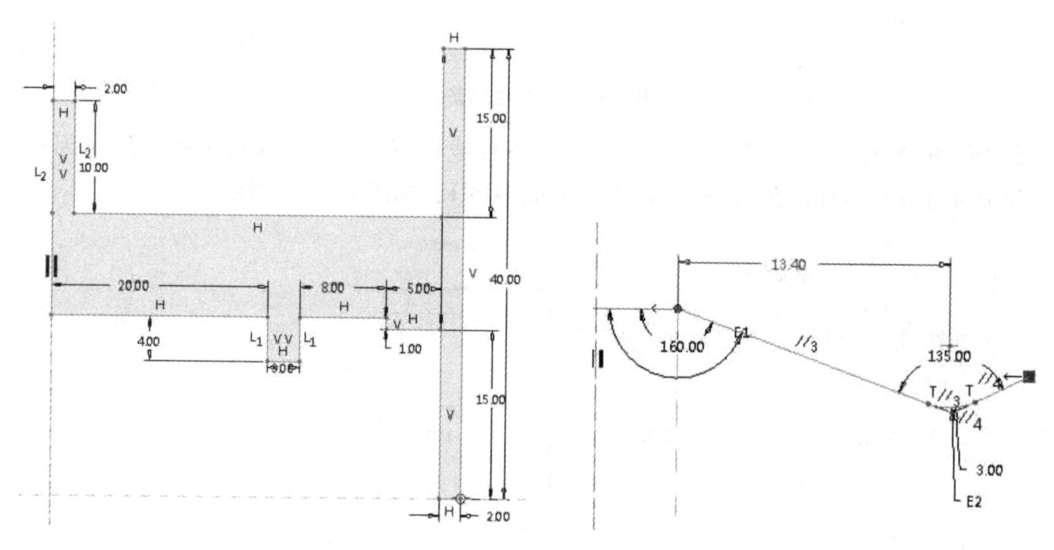

图 1－140　刀具支架

图 1－141　刀片主体

Step02▶创建刀片，首先选择薄壁拉伸特征创建刀片主体，拉伸截面位于 Front 面且左右对称，单侧尺寸如图 1－141 所示，拉伸壁厚为 1.0。

Step03▶执行“倒角”命令（见图 1－142），设置倒圆角特征（见图 1－143），完成刀具创建。

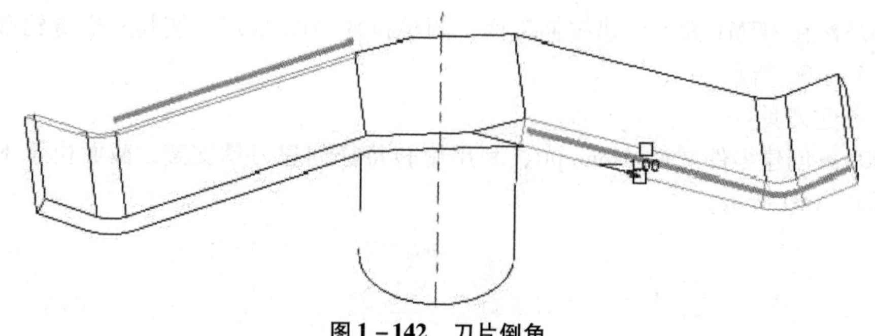

图 1－142　刀片倒角

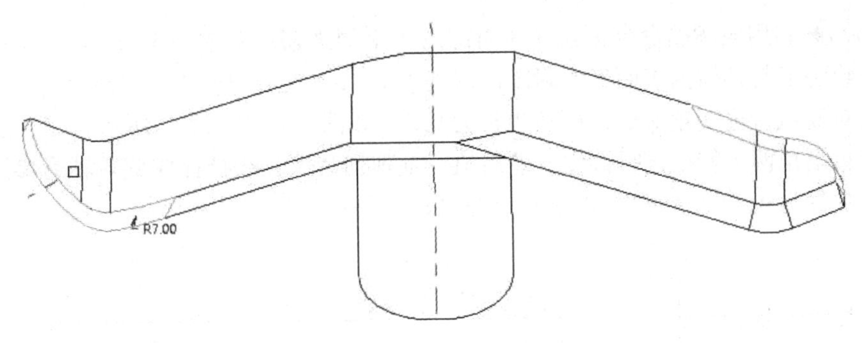

图 1－143　刀片倒圆角

（3）创建研磨杯

Step01▶创建零件文件 yanmobei. prt，利用旋转特征创建杯体，截面如图 1－144 所示。

Step02▶对杯体底部执行“倒圆角”命令，圆角值为 5，如图 1－145 所示。

Step03▶执行“壳”命令，杯体顶部为移除面，壳厚度 1.5，如图 1－146 所示。

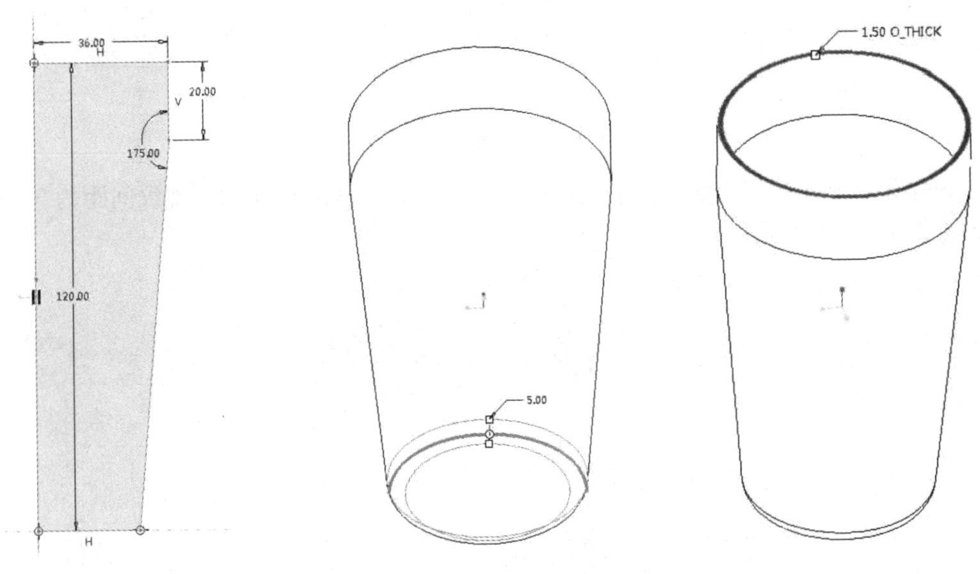

图 1－144　研磨杯杯体　　图 1－145　研磨杯底部　　图 1－146　研磨杯抽壳

Step04▶利用旋转特征创建杯体加强环，截面如图 1－147 所示。

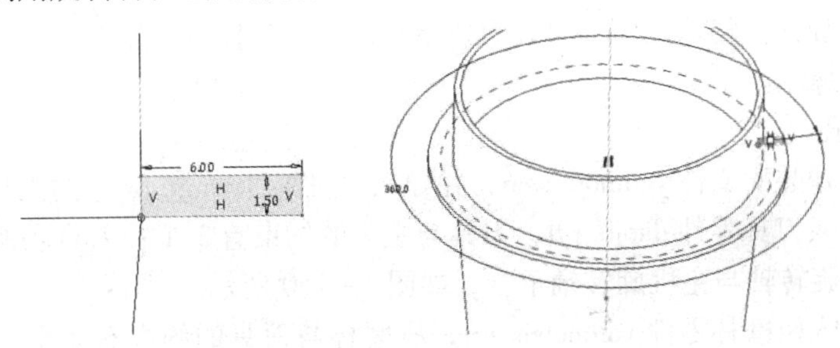

图 1－147　研磨杯加强环

Step05▶利用轮廓筋命令创建杯体内部的 4 个加强筋。首先在 Front 面创建单个轮廓筋，其草绘图形与杯体内表面形成封闭区域如图 1－148（a）所示，筋厚度为 2。

然后对筋执行边倒角命令，倒角边长为 0.5，如图 1－148（b）所示。在目录树中将轮廓筋及边倒角两个特征进行群组，然后执行轴阵列命令，选择杯体旋转轴为参照，设置阵列成员数量为 4，夹角 90°，如图 1－148（c）所示。

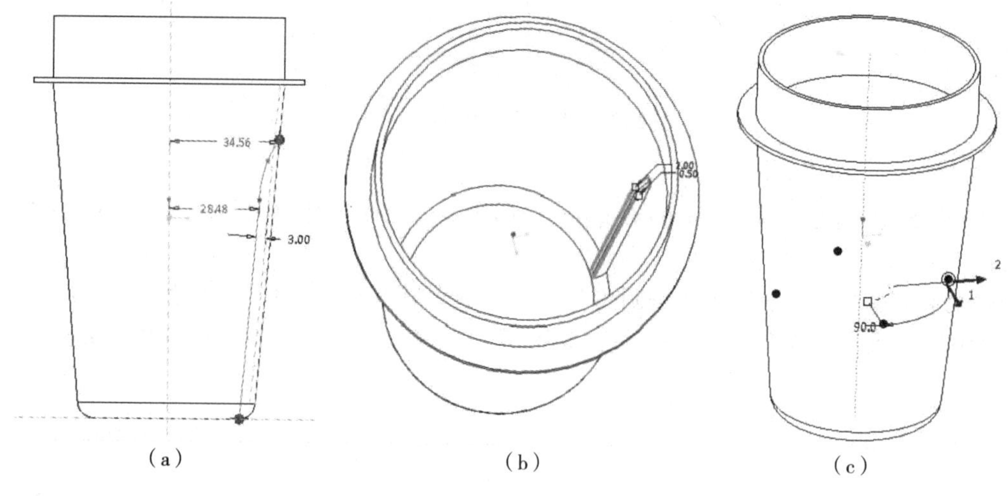

图 1－148　研磨杯加强筋

Step06▶利用螺旋扫描特征创建杯口螺纹，轮廓线总长度为 12，螺纹间距为 3，螺纹截面如图 1－149 所示。

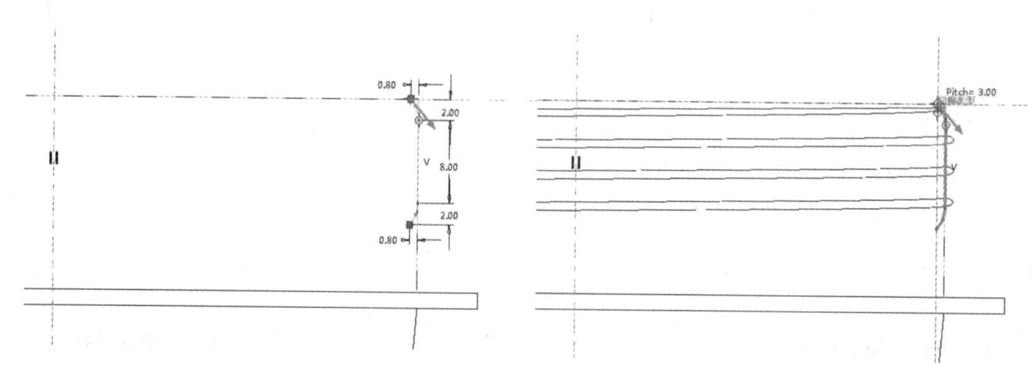

图 1－149　研磨杯杯口螺纹

Step07▶选择元件切除操作，刀具为切除元件，研磨杯为切除参照，为刀具零件创建与研磨杯匹配的螺纹。

2. 零件装配

Step01▶创建装配文件 yanmoji. asm，并导入主机零件 zhuji. prt，约束类型为自动。

Step02▶导入刀具零件 daoju. prt，刀具与主机的约束有 2 个：刀具底面与主机凹槽的底面重合，刀具旋转轴与主机旋转轴重合，如图 1－150 所示。

Step03▶导入研磨杯零件 yanmobei. prt，研磨杯与刀具的约束有 2 个：研磨杯口与刀具上凹槽的底面重合，研磨杯的旋转轴与刀具旋转轴重合，装配过程及结果如图 1－151 所示。

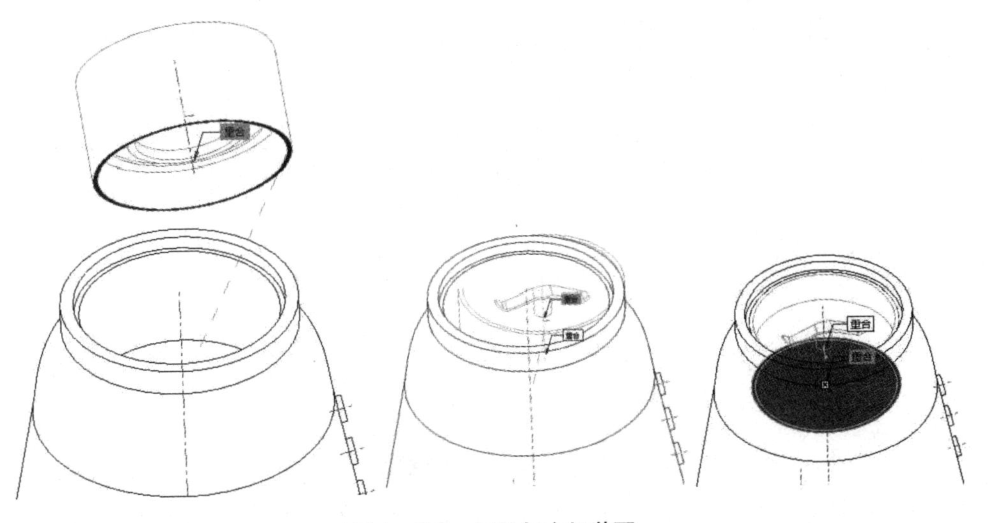

图 1-150　刀具与主机装配

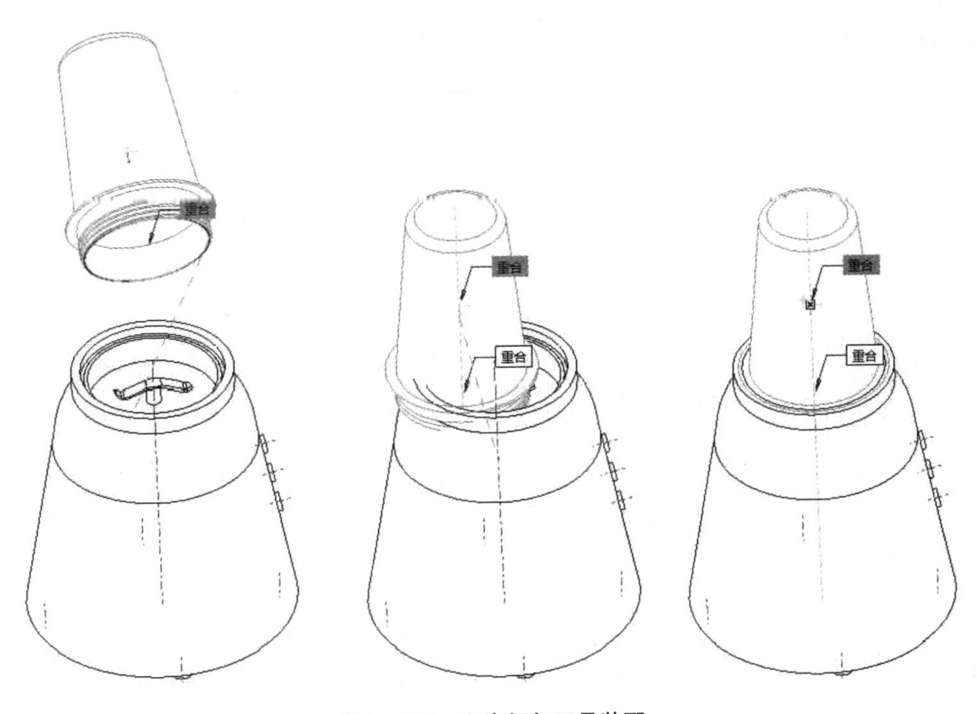

图 1-151　研磨杯与刀具装配

综合训练题

1. 创建如图 1-152 所示的料理杯组件，完成该组件与刀具及主机的总装配图。已知料理杯总高 180，杯口外径 120，内径 115，底部螺纹与刀具对应尺寸匹配，其余尺寸自定。

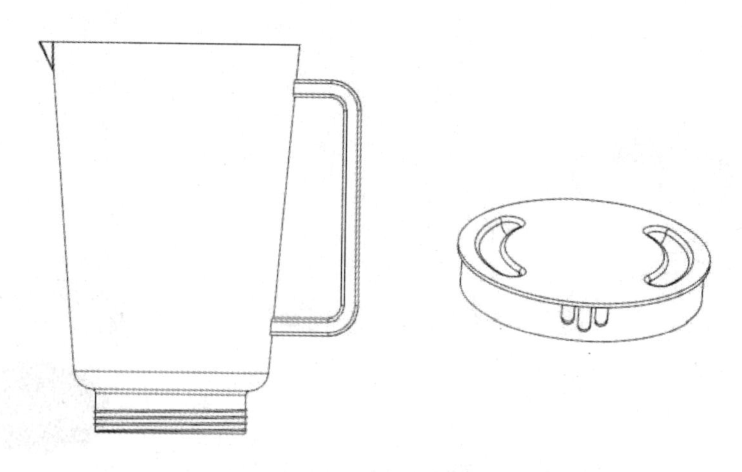

图 1－152　料理杯组件

2. 在装配模式下完成料理机零部件（见表 1－16）在包装箱中的合理布局；如果采用 EPS 作为缓冲衬垫，结合元件切除工具完成上下两个面衬垫的创建；在草绘模式下绘制料理机外包装箱结构图。

表 1－16　料理机装箱清单

名称	数量	名称	数量
主机	1	研磨杯	1
刀具	2	料理杯	1
说明书	1	料理杯盖	1

第二章 AutoCAD二维工程图绘制

AutoCAD 是最常用的二维工程图绘制软件，在机械、建筑、电器电路等领域应用十分广泛。在包装工程领域，AutoCAD 主要用来绘制包装容器结构图、纸盒（箱）展开图、包装机械零件二维图等。通过本章的学习旨在让读者掌握 AutoCAD 最基本的二维绘图操作和相关知识，能用所学内容绘制出符合专业要求的二维工程图。本章主要介绍 AutoCAD 软件的基础知识，常用二维图形的绘制和编辑功能，以及线型、线宽、颜色、图层、尺寸标注和文字等内容。

第一节 AutoCAD基础

AutoCAD 软件是 Autodesk 公司开发的计算机辅助设计软件，是国际上广为流行的二维和三维设计平台之一。1982 年 AutoCAD 发行了 1.0 版本，通过命令执行绘图功能。此后 AutoCAD 的功能不断扩充和完善，用户界面也逐步改进。最新发行的版本具有良好的用户界面，通过鼠标的交互操作便可以完成各种操作，包括图形绘制、尺寸标注、添加文字等内容。目前 AutoCAD 的最新版本为 2015 版，有 Windows 版本和 Mac 版本，官方提供免费试用软件，学生和教育工作者可以获得 3 年免费使用权限。

本节主要介绍 AutoCAD 软件的用户界面、命令的执行和信息的输入方式。

一、AutoCAD 用户界面

打开 AutoCAD 2015 教育版软件，进入图形绘制后将出现如图 2－1 所示的用户界面。用户界面主要包括文件操作按钮、快速访问工具栏、标题栏、功能区、绘图区和状态栏等。这些界面元素可以通过工作空间来确定，系统自带了几种工作空间以方便用户使用操作，如草图与注释、三维基础和三维建模。下面仅以默认的草图与注释工作空间对用户界面进行简单介绍。

1. 文件操作按钮

单击该按钮可以进行文件操作的相关命令，如新建、另存为、打印等。

2. 快速访问工具栏

从这里快速访问一些最常用的工具和命令，如新建、打开、保存等。单击其右方的下拉箭头来进行自定义设置。

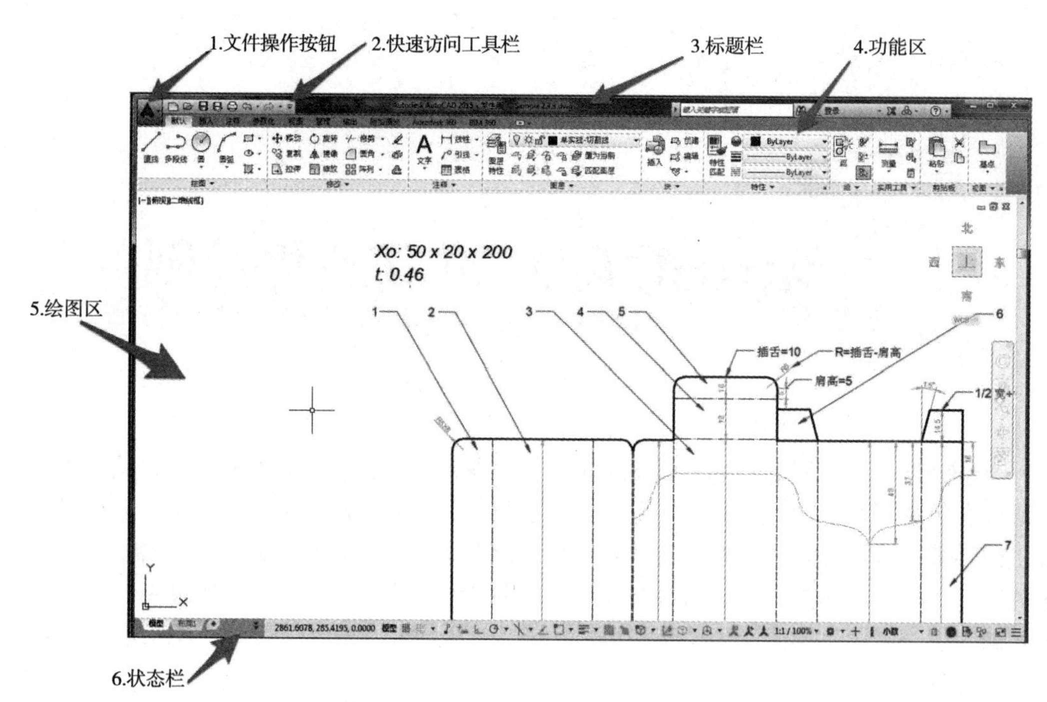

图 2－1　AutoCAD 2015 学生版界面

3. 标题栏

AutoCAD 2015 版本的标题栏主要包括版本信息、文件名称、搜索框和使用身份信息等。

4. 功能区

功能区用来显示 AutoCAD 用到的大部分图形绘制和编辑命令图标，这些图标按照功能分组，分别显示在不同的功能区选项卡中。在草图与注释工作空间下，这些选项卡包括默认选项卡、插入选项卡、注释选项卡、参数化选项卡、视图选项卡、管理选项卡、输出选项卡、附加模块选项卡、AutoCAD 360 选项卡和精选应用选项卡等。在不同的工作空间中，这些选项卡的内容会有所不同。图 2－2 为草图与注释空间下功能区默认选项卡显示的内容。

图 2－2　草图与注释空间下功能区默认选项卡

在功能区选项卡中显示具体的绘图和文件操作命令图标，这些图标按照功能分组分别显示在相应的工具面板中。如图 2－2 所示的默认选项卡中便包含了绘图工具面板、修改工具面板、注释工具面板、图层工具面板、块操作工具面板和对象特性工具面板等。单击工具面板名称右边的下拉箭头可以全部显示该工具面板的内容。

AutoCAD 的绘图命令的执行便是通过单击工具栏面板中的各个工具图标来完成的。将光标悬停在某一工具图标上时，会实时显示出该工具的简单提示，如果悬停时间稍长，将会显示更加详细的提示信息。图 2－3 和图 2－4 分别为直线绘制工具的简单提示信息和详细提示信息。

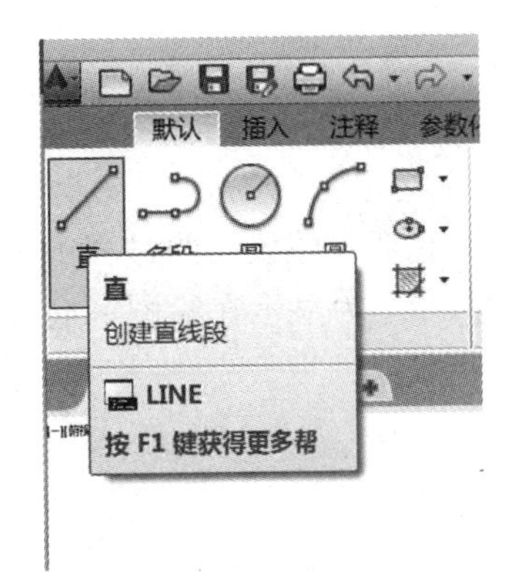

图 2－3　直线绘制工具的简单提示信息

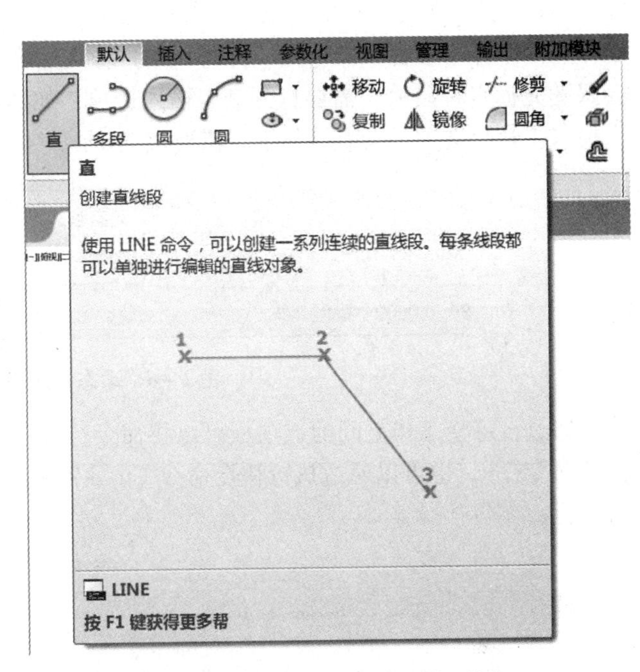

图 2－4　直线绘制工具的详细提示信息

5．绘图区

用来绘制和显示图形的区域。

6．状态栏

状态栏显示目前绘图环境的一些常用信息，如光标坐标点、捕捉状态、网格显示开关等，如图 2－5 所示。用户可以单击图标来改变相应参数的状态（开/关），也可以用鼠标右键单击来进行更加详细的设置。

在状态栏中显示的项目可以通过单击状态栏最右边的显示列表图标来进行显示或隐藏。

图 2－5　状态栏

7．工作空间

工作空间是指使用 AutoCAD 进行绘图的用户操作环境，不同的工作空间具有不同的界面显示风格，亦即不同的功能区选项和绘图区显示方式等。

通过单击状态栏上的齿轮按钮可以对工作空间进行快速切换，也可以进行详细的定制或建立自己常用的工作空间样式。

本章所有内容均是在系统默认的“草图与注释”工作空间下完成的。

8．命令行

命令行是用来执行命令、键入绘图选项和输入信息的地方。在 AutoCAD 软件中执行的所有命令和提示信息均会在命令行里显示出来，熟练使用 AutoCAD 的用户经常使用命令行来进行绘图作业，以提高工作效率，因为所有的命令都可以在命令行中执行，省去了移动鼠标的时间。

在 AutoCAD 的旧版本中命令行会显示在绘图区下方，但在 AutoCAD 2015 版中，默认工作空间里并不会显示命令行。此时，用户输入的命令、或者执行命令过程中的提示信息会跟随光标实时显示（需要打开动态输入选项，如图2－6所示）。需要提醒的是在动态输入模式下命令选项不会直接显示，需要按向下的方向键才能看到。

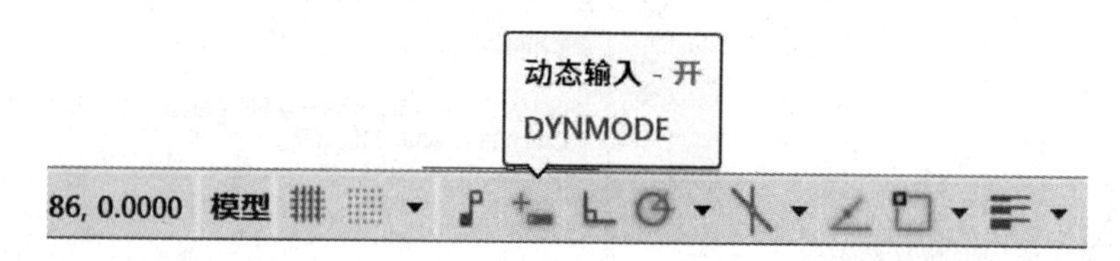

图2－6　动态输入开关

通过自定义工作空间的选项板可以将命令行显示在绘图区底部（建议绘图过程中一直打开命令行），也可以通过执行快捷命令 Ctrl +9 来实现。图2－7为显示在绘图区底部的命令行。

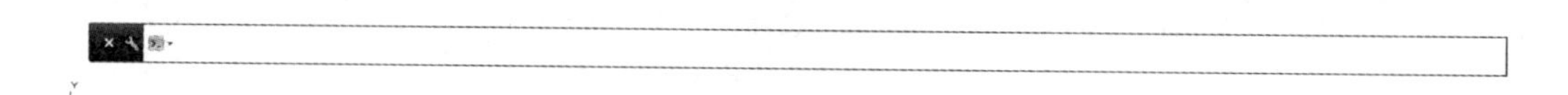

图2－7　命令行

二、AutoCAD 命令的执行

AutoCAD 命令的执行包括命令的启动、执行和完成或取消。

1. 命令的启动

单击工具栏图标或用键盘输入命令名称并按空格键或回车键以启动一个新的命令。用键盘输入命令时，命令名称可以是全称，也可以是 AutoCAD 设定的缩写，不区分大小写。例如用键盘启动直线绘制命令时可输入 Line，也可以只输入 L。

系统未执行任何命令时，按空格键或回车键将启动前一个刚结束的命令。

从鼠标右键快捷菜单中可以选择执行最近执行过的命令。

2. 命令的执行

启动命令后需要根据系统提示进行相关操作，如指定点的位置、确定绘图选项、输入数据信息等。

3. 命令的完成

按空格键或回车键，或者从鼠标右键快捷菜单中选择确认。

4. 命令的取消

按 ESC 键或从鼠标右键快捷菜单中选择取消。

某些命令在执行过程中会有多级选项，按一次 ESC 键将取消当前一级选项而退回到上一级别选项。因此，为了完全取消一个命令的执行一般需连按多次 ESC 键。

三、AutoCAD 信息的输入

在执行 AutoCAD 命令的过程中，常常需要用户提供必要的信息才能继续，如指定点的位置、确定绘图选项、输入数据信息等。

这些信息的输入可以用键盘输入也可以通过单击鼠标来完成。

1. **指定点的位置**

当需要指定坐标点时，最直接的方式是用鼠标左键单击指定绘图区任意点，也可以通过配合精确绘图工具精确输入某一坐标点（参考第二节精确绘图相关内容）。另外，坐标点的指定也可以通过键盘输入的方式来完成。

当动态输入选项关闭时，输入模式为命令行输入模式。此时，可以以直角坐标或极坐标的方式输入绝对坐标数据或相对坐标数据。例如，输入“100，100”，表示直角坐标系的二维绝对坐标点（100，100）；输入“100 < 45”，表示极坐标系的二维绝对坐标点，100是极径，45（度）是极角；输入“@100，100”和“@100 < 45”，表示相对直角坐标和相对极坐标。

当动态输入选项打开时，默认输入模式为动态输入模式，输入的数值为相对坐标数值，且一般为极坐标。

2. **确定绘图选项**

在绘图过程中，系统会提示下一步操作，并显示所有的可用选项。这些选项可以通过命令行、动态输入或由鼠标右键菜单来确定。

当命令行打开时，命令行中会显示下一步操作提示及相应的选项，并在每个选项后面的括号中给出一个大写字母，用户可以直接输入相应的字母来确认该选项。

当动态输入打开时，跟随光标会显示下一步操作提示及相应的选项，不过这些选项不会全部显示出来，需要按下键盘上的向下方向键才能全部显示。继续按向下键逐个浏览所有选项，按空格键确认选项。

如图2－8所示为绘制圆时，系统提示的信息和绘图选项。系统默认让用户输入圆的半径，并提供了进入输入直径模式的选项。如果需要进入直径输入模式，可以在命令行中输入D、在动态输入模式下按向下键并选择直径或通过右键菜单选择直径来实现。

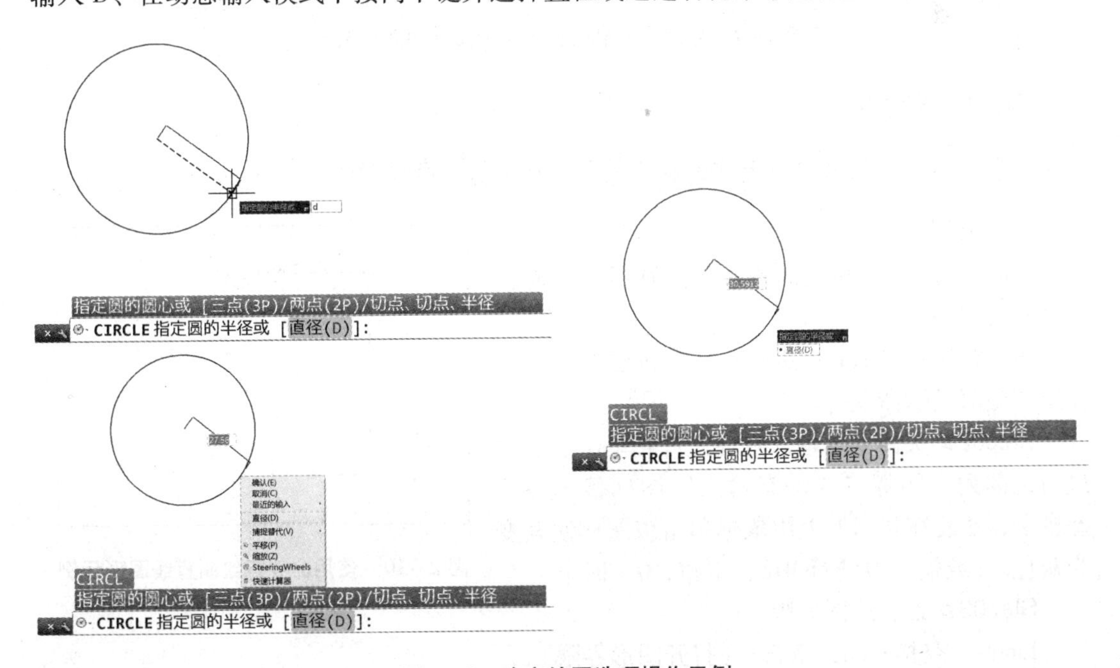

图2－8　确定绘图选项操作示例

在执行命令过程中系统提示的相关选项（包括绘图选项和数值）均会以括号的形式出现。以方括号的形式出现的选项需要用户键入具体选项值，而以尖括号形式出现的选项或数值只需按空格键即可输入。如执行 Limits 命令设置绘图边界时，系统会提示“指定左下角点或［开（ON）/关（OFF）］< 0.0000, 0.0000 >”，此时只需按空格便可将坐标(0, 0)点输入作为左下角点，而要打开或关闭绘图边界则需要输入 ON 或 OFF。

3. 输入数据信息

尺寸数据主要包括直线长度、圆弧半径、移动距离、旋转角度等。尺寸数据的输入也可以通过两种方式实现，最直接的方式就是用键盘输入具体数值。

另外一种方式就是通过鼠标单击两个点，系统通过度量它们之间的距离或相对角度作为输入数据。这种方式在移动、复制等编辑命令中最常见。如图 2－9 所示为移动 2 个单位长度的鼠标操作方法示例。

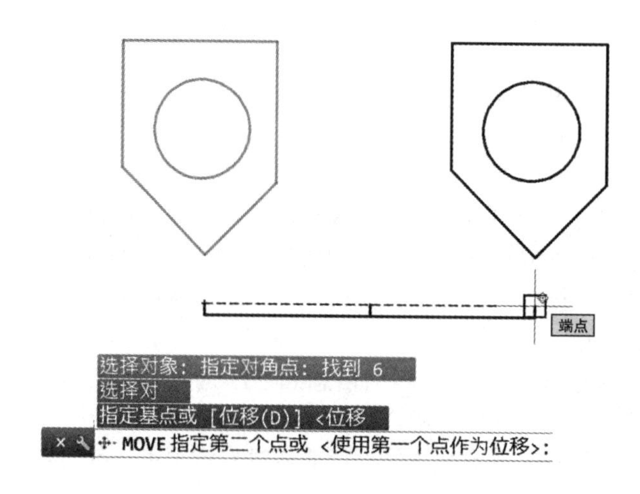

图 2－9　移动 2 个单位长度的鼠标操作方法示例

四、典型实例

实例 2－1：使用命令行形式绘制如图 2－10 所示的直线图形

绘图示例：

（示例中的逗号和坐标值所带的圆括号不应输入命令行中。）

Step01▶以 Acadiso. dwt 为模板新建文件，并在绘图底部显示命令行。

Step02▶关闭动态输入特性。首先单击状态栏最右边的列表图标将“动态输入”图标显示在状态栏上，然后在状态栏上用鼠标单击该图标使其变为灰色。（或输入 DYNMODE，空格，0，回车）。

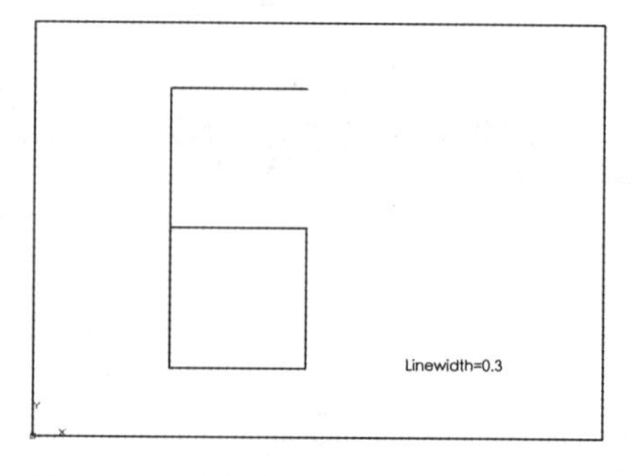

图 2－10　使用命令行绘制直线图形示例

Step03▶设置绘图界限。

Limits，空格，on，空格；（打开图形界限）。

limits，空格，空格，空格；［设定图形界限，采用默认值（0，0）和（420，297）］。

Step04▶将绘图区缩放到绘图界限上。

Zoom，空格，W，空格，(0，0)，空格，(500，300)，空格；

Step05▶连续绘制直线。

L，空格；(执行直线绘制命令)

(100，50)，空格；(输入起始点绝对坐标)

(200，50)，空格；(输入下一个点的坐标)

(@0，100)，空格；(输入下一个点的相对坐标)

(@ -100，0)，空格；(输入下一个点的相对坐标)

C，空格；(输入闭合选项，绘制从当前点到起始点的一条直线并结束命令)

L，空格，空格；(执行直线命令并将上次绘图的终点作为此次绘图的起点)

@0，200，空格；(输入下一个点的相对坐标)

@100，0，空格；(输入下一个点的相对坐标)

空格；(结束当前命令)

Step06▶绘制图纸边界线：RECT，空格，(0，0)，空格，(420，297)，空格。

Step07▶显示所有图形：Z，空格，A，空格。

Step08▶完成图形绘制，将文件保存为 Sample 2 -1. dwg。

第二节　二维图形绘制

AutoCAD 软件的发展经历了从键盘操作向鼠标操作过渡的过程，鼠标的功能在每一个新版本中都会得到一定程度的提升，同时伴随着绘图界面的改善，在绘图过程以更加灵活的方式提示出更多的过程信息来提高绘图效率。如果说 AutoCAD 以前的版本在很大程度上还依赖于在命令行中进行键盘操作的话，可以发现最新发行的 2015 版本中已经默认不在状态栏显示命令行了。结合精确绘图工具和完善的系统提示，几乎所有的绘图操作都可以用鼠标快速完成。

本节介绍 AutoCAD 的二维图形绘制功能，主要包括常用的二维图形绘制命令和精确绘图工具。

一、常用二维图形的绘制

常用的二维图形绘制命令有直线、多段线、构造线与射线，圆、圆弧、椭圆、椭圆弧，矩形、正多边形和图案填充。

下文出现的绘图或编辑命令均跟随一个命令行名称，该命令行名称中的大写字母为该命令的缩写。如直线绘图命令全称为 Line，大写的 L 表示该命令的缩写为 L。

1. 直线、多段线、构造线与射线

(1) 直线 Line

单击工具栏上直线图标启动直线绘制命令，该命令可以连续绘制首尾相连的多段直线，需要确定至少两个点的坐标位置（起点和终点）。常用的选项有：

① [放弃 (U) /闭合 (C)]。

②放弃（U），是指放弃刚刚确定的上一个点，从上上个点重新开始。

③闭合（C），绘制从当前点到起始点的一条直线并结束当前命令。

（2）多段线 PLine

单击工具栏多段线绘制图标，开始绘制多段线，该命令可以连续绘制首尾相连的直线和圆弧，需要确定至少两个点的坐标位置。常用的选项有：[圆弧（A）/半宽（H）/长度（L）/放弃（U）/宽度（W）]。

①圆弧（A）：单击工具栏圆弧绘制图标进入绘制圆弧模式。在圆弧模式有更多可用选项，参见圆弧绘制内容。下面列举常用的选项有：在圆弧模式下可以选择键入 L，再重新回到绘制直线模式。

②半宽（H）：指定线条的半宽值，需要指定过渡段的起点半宽值和终点半宽值；多段线的线宽不受图层中线宽的影响。

③长度（L）：指定直线长度，将沿着当前直线方向绘制一段指定长度的直线。

④宽度（W）：指定线条的宽度值；需要指定过渡段的起点半宽值和终点半宽值。

（3）构造线 XLine

单击工具栏上绘图面板下方的下拉箭头将此面板的全部内容显示出来，单击构造线绘制图标，开始绘制构造线，需要确定两个点的坐标位置。该命令可以绘制无限长的直线，主要用来作绘图参照。常用的选项有［水平（H）/垂直（V）/角度（A）/二等分（B）/偏移（O）］。

①水平（H）：绘制水平构造线。

②垂直（V）：绘制垂直构造线。

③角度（A）：绘制具有一定角度的构造线，需要指定角度值。

④二等分（B）：绘制角平分线式构造线，需要指定角的顶点、起点和端点。

⑤偏移（O）：绘制从现有直线偏移得到的构造线，需要选取现有直线，并指定偏移距离；（偏移选项的详细情况请参阅本章第三节二维图形编辑里面的偏移命令）。

（4）射线 Ray

单击工具栏上绘图面板下方的下拉箭头将此面板的全部内容显示出来，单击射线绘制图标，开始绘制射线，需要确定至少两个点的坐标位置。该命令可以绘制具有固定起点并无限延长的直线，主要用来作绘图参照。

2. 圆、圆弧、椭圆、椭圆弧

（1）圆 Circle

单击工具栏的圆绘制图标，开始绘制圆。绘制圆的方式有 6 种，分别是（圆心，半径），（圆心，直径），（3 点），（2 点），（相切，相切，半径）和（相切，相切，相切）模式。默认的绘制模式为（圆心，半径）模式。如果需要以其他模式绘制可以通过单击工具栏的圆绘制图标下方的下拉箭头从中选取对应的模式，或者通过命令行模式进行逐步确定。绘制过程根据提示即可轻松完成，此处不做讲解。

（2）圆弧 Arc

单击工具栏的圆弧绘制图标，开始绘制圆弧。绘制圆弧的方式如下。

（3 点）：通过 3 点创建一段圆弧；

（起点，圆心，端点）：通过起点，圆心和端点创建一段圆弧；

（起点，圆心，角度）：通过起点，圆心和圆心角创建一段圆弧；

（起点，圆心，长度）：通过起点，圆心和弦长创建一段圆弧；

（起点，端点，角度）：通过起点，端点和圆心角创建一段圆弧；

（起点，端点，方向）：通过起点，端点和起点处的切线方向创建一段圆弧；

（起点，端点，半径）：通过起点，端点和半径创建一段圆弧；

（圆心，起点，端点）：通过圆心，起点和端点创建一段圆弧；

（圆心，起点，角度）：通过圆心，起点和圆心角创建一段圆弧；

（圆心，起点，长度）：通过圆心，起点和弦长创建一段圆弧；

连续模式：创建圆弧使其相切于一次绘制的直线或圆弧。

需要注意的是，默认的绘制模式为（3 点）模式，如果需要以其他模式绘制可以通过单击工具栏圆弧绘制图标下方的下拉箭头从中选取对应的模式。这些圆弧绘制模式中，有些模式默认创建的是逆时针方向圆弧，在绘制过程中按住 Ctrl 键可以改变圆弧绘制方向。

（3）椭圆和椭圆弧 Ellipse

单击工具栏的椭圆和椭圆弧绘制图标，开始绘制椭圆和椭圆弧。

3．**矩形、正多边形和图案填充**

（1）矩形 RECTangle

单击工具栏的矩形绘制图标，开始绘制矩形。通过确定两个对角点的坐标来创建一个矩形。常用的选项有：[倒角（C）/标高（E）/圆角（F）/厚度（T）/宽度（W）]。

①倒角和圆角：创建带有倒角或圆角的矩形。倒角是以 D1XD2 的方式确定，需要进一步输入这两个倒角尺寸；圆角需要输入圆角半径。

②标高：在距离 XOY 平面一定距离的平面上绘制矩形。

③厚度：创建在 Z 轴方向具有一定厚度（高度）的矩形，即三维空间里的四棱柱面。

④宽度：创建的矩形边线具有指定的宽度。

需要注意的是，这些设定的参数将会自动存储在矩形命令中，下次调用该命令时会使用上一次设定的选项参数。

（2）正多边形 Polygon（POLYG）

单击工具栏矩形绘制图标右侧的下拉箭头，选择正多边形绘制图标，开始绘制正多边形。绘制过程中需要确定多边形的边数，并通过确定半径（外切圆或内接圆）或确定边长的方式创建多边形。

（3）图案填充 Hatch

单击工具栏图案填充工具图标，开始执行图案填充命令。同时打开图案填充工具栏，如图 2－11 所示。

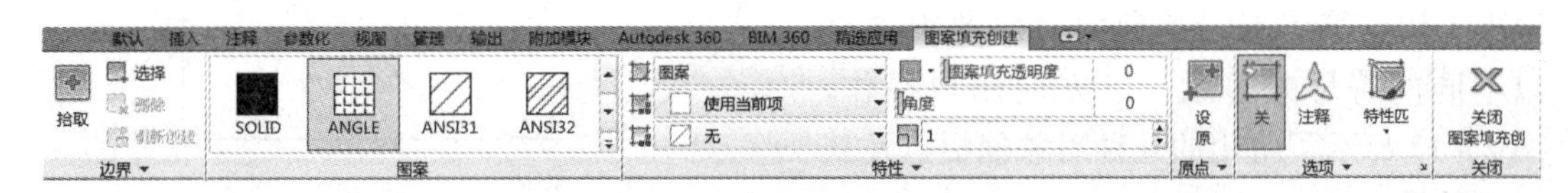

图 2－11　图案填充创建选项卡

在图案填充工具栏中，主要有边界面板，图案面板，特性面板和原点设置、选项及关闭面板。以边界面板中通过拾取封闭区域中的一点或通过逐一单击封闭区域的边界来确定图案填充的边界。在图案面板中设置图案类型，并在特性面板中对图案特性进行详细设置。

二、精确绘图

AutoCAD 绘制二维工程图的核心在于按照给定的尺寸精确绘图，而精确绘图的关键在于输入精确的数据信息。在普通绘图过程中，鼠标和键盘是输入数据的最主要方式。使用键盘输入是获得精确数据的最直接方法，但操作效率不及鼠标。为了提高绘图效率，AutoCAD 提供了一些通过鼠标输入精确数据的工具。这些工具包括：极轴追踪、锁定角度、对象捕捉和栅格捕捉等，其中极轴追踪、锁定角度和对象捕捉最常用。追踪用来引导光标方向，捕捉用来锁定具体的点。

1. 极轴追踪

绘图过程中需要指定点时（例如在创建直线时），可以使用极轴追踪来引导光标以特定方向移动。极轴追踪与对象捕捉配合使用可以实现鼠标的精确定位，极轴追踪也可以配合键盘输入以提高绘图效率。默认情况下，极轴追踪处于打开状态，并在启动绘图命令后引导光标以水平或垂直方向（0°或 90°）移动。当光标处于设定的追踪极轴方向上时，该极轴方向会显示一条绿色虚线。通过单击状态栏上的极轴追踪图标（快捷键 F10）可以切换极轴追踪的开关。单击该图标右边的下拉箭头可以设置极轴追踪的角度或设置特定的追踪角度。

2. 锁定角度（追踪）

如果需要以指定的角度绘制直线，可以锁定下一个点的角度。如图 2－12 所示，如果直线的第二个点需要以 45°角创建，则在“命令”窗口中输入 <45（动态输入打开时同样可以直接输入“<45”来锁定角度），沿 45°角方向移动光标后，可以输入直线的长度或配合对象捕捉确定下一个点。

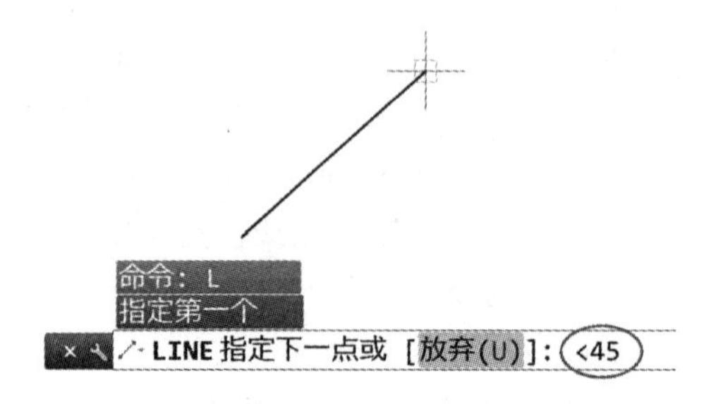

图 2－12　在命令行中输入角度以锁定绘图角度

3. 对象捕捉

绘图过程中除了使用追踪功能锁定光标移动角度之外，经常通过对象捕捉来在对象上指定精确位置。AutoCAD 提供了十多种对象捕捉类型，可以捕捉现有对象上不同类型的点，如中点、端点、圆心、象限点、切点等，不同类型的对象捕捉点会以不同的符号来显示，以方便用户操作。图 2－13 显示了常用的几种对象捕捉点及其标记符号。

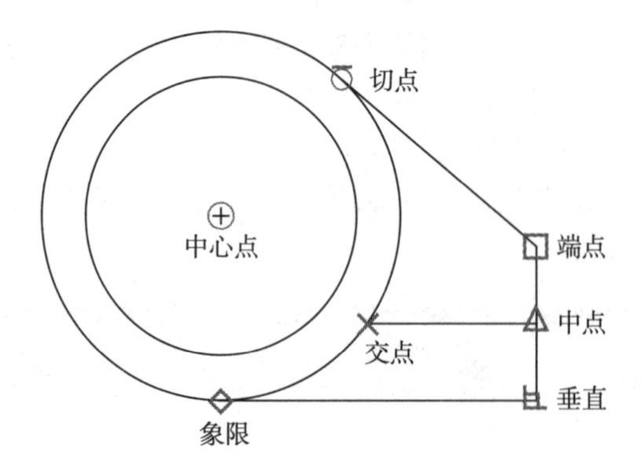

图 2－13　常见的对象捕捉类型及其标记符号

绘图过程中，只要系统提示指定点，对象捕捉功能便开始工作，移动光标使其靠近捕捉对象，该对象上相应的捕捉标记便会显示在相应的捕捉点上，此时在捕捉点上单击鼠标，系统便会将捕捉点精确指定给绘图命令，以实现精确的数据输入。

有时当光标移动到捕捉对象时可能出现多个捕捉点，有些捕捉点可能不在光标所在位置，需要移动光标到相应捕捉位置。图2－14所示为当光标移动到圆周上时出现的捕捉点，光标附近的为象限点，另外圆心处也出现小十字标记的捕捉点，此时移动光标到圆中心便可捕捉到圆心。

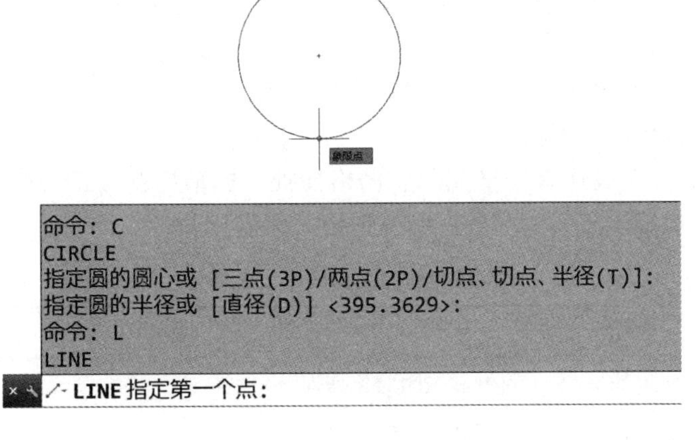

图2－14　对象捕捉点－圆心和象限点

单击状态栏对象捕捉命令图标（快捷键F3）可以切换对象捕捉的开关，单击该图标右侧的下拉箭头可以启用默认捕捉类型或设置详细的默认捕捉类型（或输入OSNAP命令），对象捕捉设置对话框如图2－15所示。

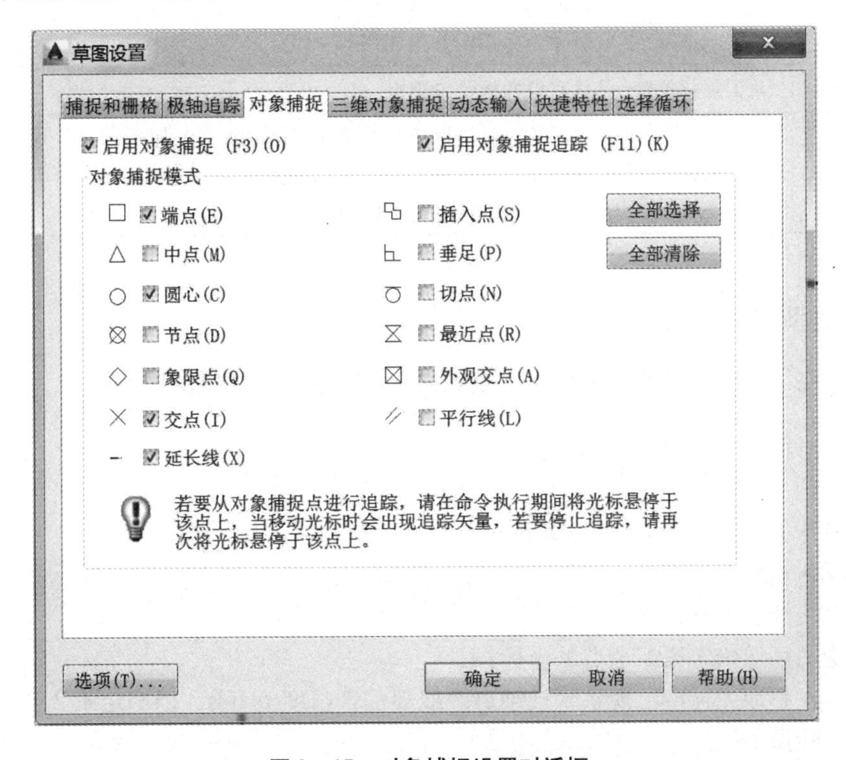

图2－15　对象捕捉设置对话框

在复杂的模型中，通常会出现错误捕捉的情况，请确保将绘图区域放大到足够大以避免出现错误捕捉的发生（使用鼠标滚轮实时缩放）。

捕捉开始后，可以临时限定单一的对象捕捉以替代所有默认的对象捕捉类型，以避免在复杂的模型中多种捕捉类型同时起作用时的误操作。具体方法是按住 Shift 键，在绘图区域中单击鼠标右键，然后从“对象捕捉”菜单中选择对象捕捉类型。

4．对象捕捉追踪（快捷键 F11）

在命令执行期间，当系统提示捕捉可用并显示出相应的捕捉标记后，移动光标至对象捕捉点的水平和垂直方向，系统会提示水平或垂直方向的追踪线（绿色虚线）。此功能相当于极轴追踪，其实对象捕捉追踪的追踪角度和极轴追踪设定的角度是通用的。

5．其他常用精确绘图工具

常用的精确绘图工具还有栅格显示、栅格捕捉、极轴捕捉、正交模式和动态输入等。表 2－1 为常用精确绘图工具的简要说明及快捷开关键。

表 2－1　常用精确绘图工具的简要说明及快捷开关键

快捷开关键	功能	说明
F3	对象捕捉	打开和关闭对象捕捉
F7	栅格显示	打开和关闭栅格显示
F8	正交模式	限制光标只按垂直或水平方向移动
F9	栅格捕捉	锁定光标按指定的栅格间距移动
F9	极轴捕捉	限制光标在追踪线上按指定的间距移动（不启用极轴追踪或对象捕捉追踪时，此功能无效）
F10	极轴追踪	引导光标指定的角度移动
F11	对象捕捉追踪	从对象捕捉位置追踪
F12	动态输入	显示相对极坐标值，并接受键盘输入；跟随光标显示用户输入和选项信息（输入命令时会显示相关命令列表，执行命令时按向下方向键即可查看相关选项内容）

三、典型实例

实例 2－2：使用交互式操作方式绘制如图 2－16 所示的二维图形

（应用追踪和对象捕捉并配合键盘输入。）

绘图示例：

Step01 ▶ 打开文件 Sampe 2－1. dwg。

Step02 ▶ 执行绘图命令。

单击直线绘制工具；

单击绘图区域确定第 1 个点的坐标；

水平向左移动光标待出现水平极轴追踪线后输入长度值 100，以确定第 2 个点的坐标；如图 2－17所示。

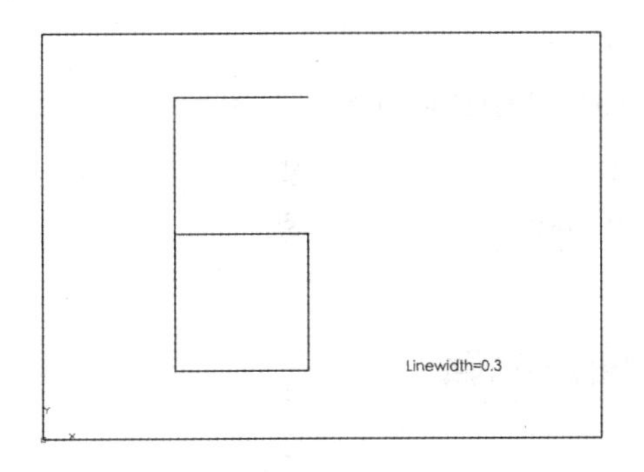

图 2－16　交互式操作绘制直线图形示例

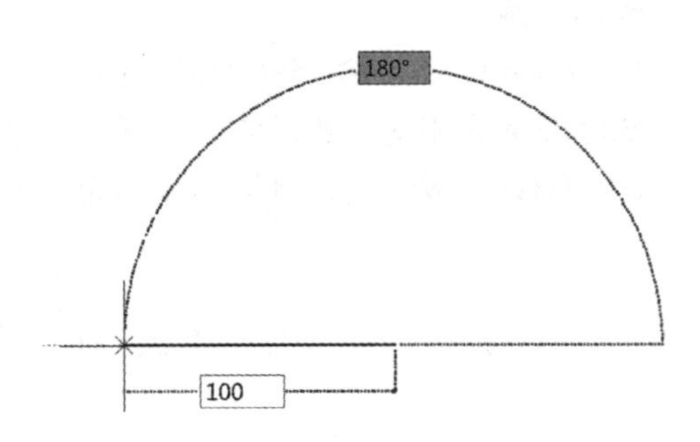

图 2－17　应用极轴追踪绘图示例

使用同样的方法确定第 3、第 4 和第 5 个点的坐标，得到如图 2－18 所示的图形。应用对象捕捉确定最后一个点的绘制。如图 2－19 所示。

图 2－18　应用极轴追踪绘制多条直线示例

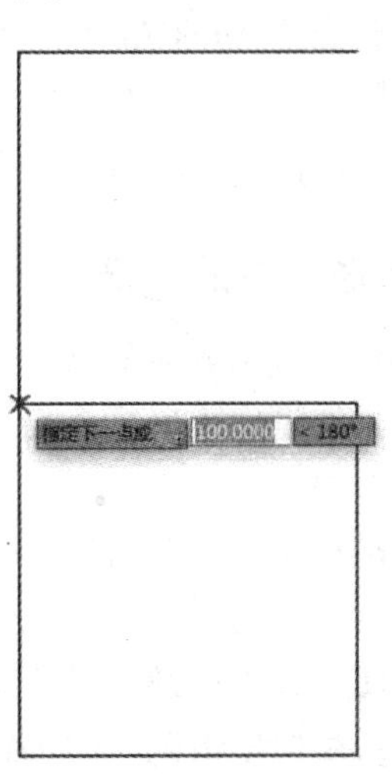

图 2－19　应用对象捕捉绘制直线示例

单击矩形绘制工具，分别输入两个对角点的坐标（0，0），空格，（420，297）。

Step03▶完成图形绘制，将文件另存为 Sampe 2－2. dwg。

实例 2－3：绘制如图 2－20 所示的 0201 型纸箱展开图（不包括尺寸标注）

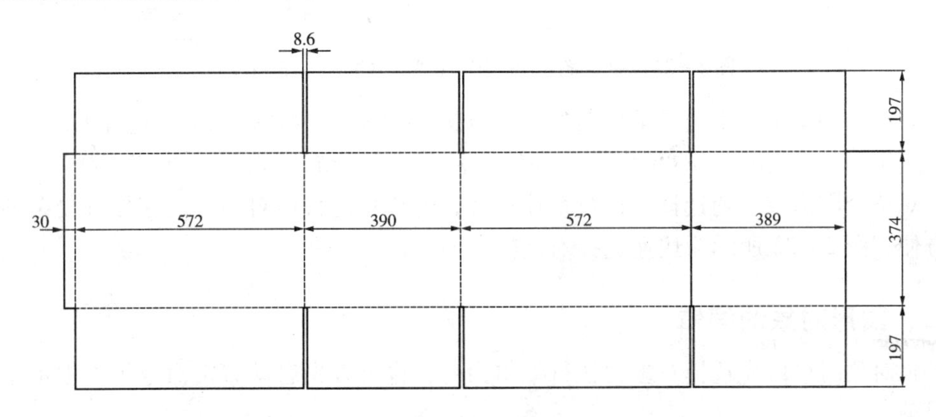

图 2－20　0201 型纸箱展开图

绘图示例：

Step01▶以 Acadiso. dwt 为模板创建新文件，设置绘图环境（略）。

Step02▶采用交互式操作方式逐一绘制直线段。

Step03▶完成绘图，将文件保存为 Sampe 2 - 3. dwg。

第三节　二维图形编辑

用 AutoCAD 绘制工程图时，相同的图形一般可以使用多种方法实现。例如，当绘制多条平行线时，既可以用直线命令一一绘制，也可以通过复制命令得到，还可以用偏移命令实现，具体采用哪种方法取决于用户的绘图习惯。

本节主要介绍 AutoCAD 的二维图形编辑功能，其中包括选择对象的方法和各种二维编辑操作，如删除、移动、复制、旋转、缩放、偏移、镜像、拉伸、拉长、修剪、延伸、打断、创建倒角和圆角、分解、对齐、阵列及夹点编辑等。

一、图形对象的选择

AutoCAD 中常用的对象选择方式有点选和框选两种。

①点选是通过使用鼠标左键单击对象来完成的。依次单击多个对象会将它们一一选中，形成选择集。

②框选是在绘图区空白处单击鼠标左键、拖动、再次单击左键来完成的。框选模式有两种：一种为窗口选择，一种为交叉选择。使用窗口选择，将仅选中完全包含在窗口区域内的对象。使用交叉选择，可选中在窗口区域内以及与窗口区域相交的任何对象。框选时采用哪种方式是由单击鼠标的位置决定的。如果从左向右依次单击鼠标来确定框选窗口则为窗口选择，相反，如果从右至左依次单击鼠标来确定框选窗口则为交叉选择，如图 2 - 21 所示。

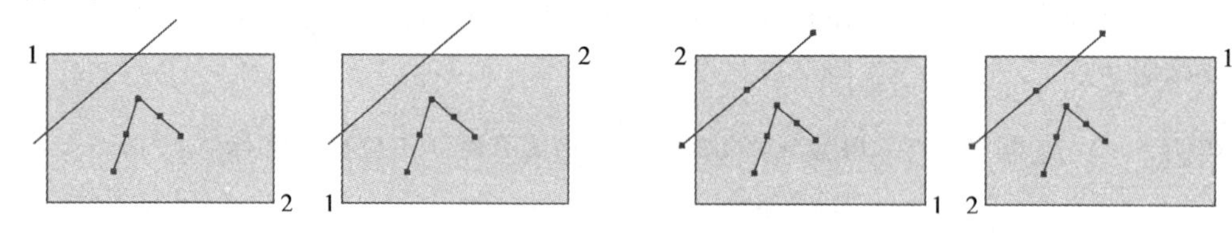

图 2 - 21　框选图示（其中数字表示鼠标点击顺序）

从现有选择集中取消选择某些对象：可以按住 Shift 键并框选拟取消选择的对象。

快速选择：执行 QSELECT 命令或在绘图区单击鼠标右键选择“快速选择”菜单项，便可以对整个图形或当前选择集进行快速选择，选择特定目标对象，这在处理复杂图形时十分方便。图 2 - 22 所示为快速选择对话框。

二、图形对象的编辑

编辑对象时可以先选择对象再执行编辑命令，也可以先启动编辑命令再根据提示选择编辑对象。

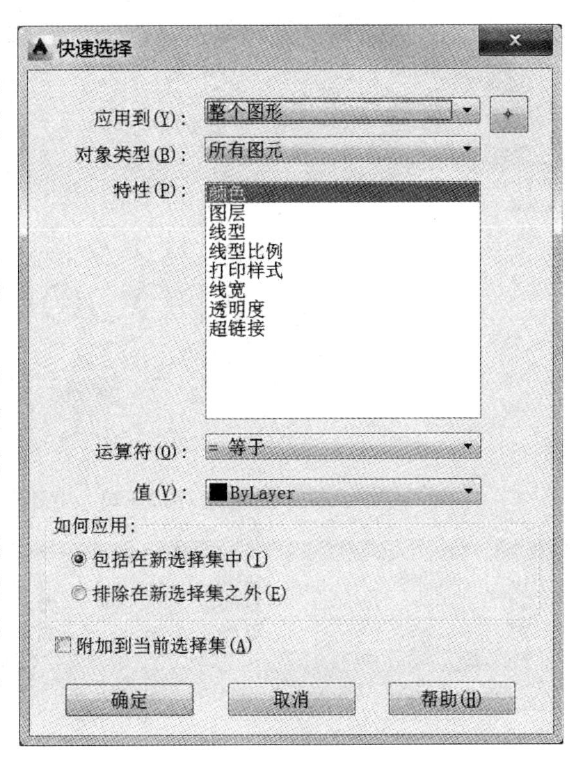

图2－22　快速选择对话框

1．删除（ERASE）

删除选择对象。或者可以选择拟选择的对象后直接按 Delete 键。后者更常用。

2．移动（Move）、复制（Copy，CP）、旋转（Rotate）、缩放（Scale）、偏移（Offset）、镜像（Mirror）、拉伸（Stretch）、拉长（Lengthen）

对选择对象执行相应的平面编辑动作，执行这些命令时需要指定对应的距离、角度或比例值，可以使用距离法或两点法输入。系统默认采用两点法输入，其中第一点作为基点，是度量距离的起点（或度量角度的圆心点），第二点用来确认距离或角度。如果希望采用距离法，可按空格键进入距离模式，再输入具体数值便可。

3．修剪（TRim）与延伸（EXtend）

修剪和延伸对象时，需要先选择边界作为剪刀，按空格确定剪刀选择集后再选择被剪对象。要将所有对象用作边界，在首次出现选择对象提示时按空格键。在选择被修剪对象时，按住 Shift 键将对选择的对象执行延伸（EXtend）命令操作，同样在进行延伸（EXtend）命令操作时通过按 Shift 键可以对所选对象执行修剪（TRim）命令。

AutoCAD 中最常用的操作是将偏移命令和修剪命令结合使用。

4．打断于点与打断

从指定的点处将对象分成两部分，或删除对象上所指定两点之间的部分。

5．倒角（CHAmfer）与圆角（Fillet）

在两个选定的对象相交处创建倒角或圆角，倒角或圆角尺寸需要通过两点法或距离法来确定。

6．分解（eXplode）

将复合对象分解为其零部件。可以分解诸如多段线、图案填充和块（符号）等对象。分解复合对象后，可以对生成的每个对象进行修改。

7．对齐（Align）

通过指定一对、两对或三对源点和定义点来将选定的对象与其他对象上的点对齐。

8．阵列（ARray）

将选中的对象进行多重复制，可用的选项有矩形阵列（Rectangle）、极轴（POlar）阵列和路径（Path）阵列。在 AutoCAD 2015 版本中可以通过命令行输入阵列参数，也可以在设置面板中输入参数或通过夹点编辑实现阵列参数控制，图2－23～图2－25 所示为阵列操作的示意图。

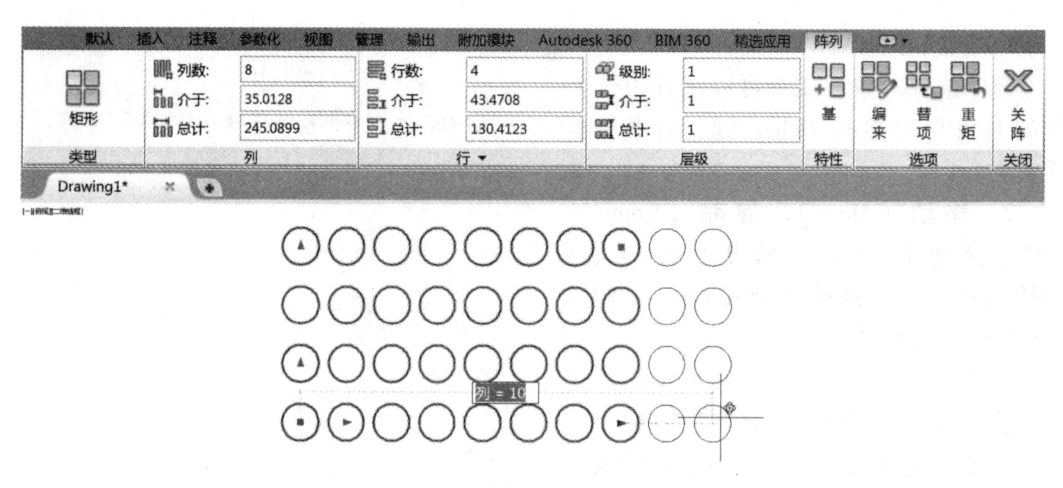

图 2－23　矩形阵列图示

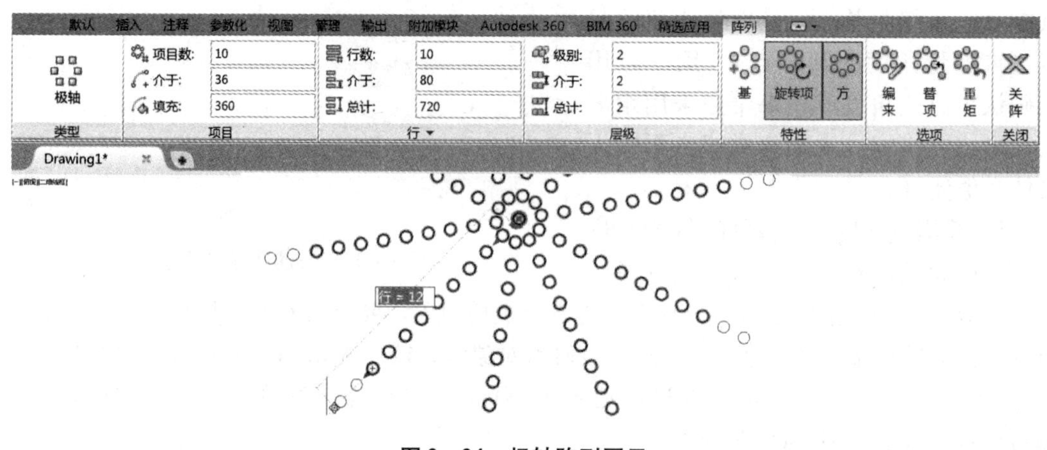

图 2－24　极轴阵列图示

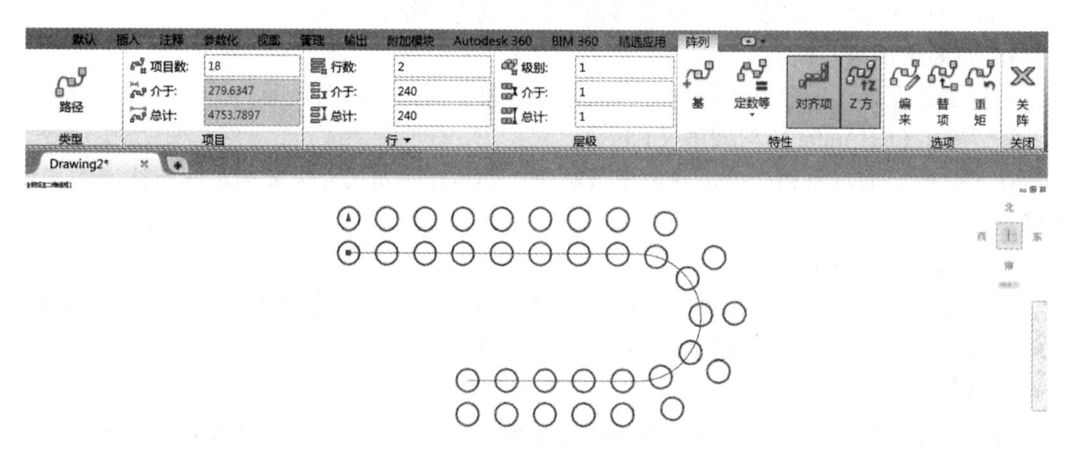

图 2－25　路径阵列图示

9．夹点编辑

当没有启动任何命令前选择对象时，被选择的对象会显示夹点，通过单击夹点可以进行少量编辑操作，如拉伸、复制等。不同对象有不同的夹点，不同夹点的默认编辑操作不同。

默认情况下，单击夹点时，系统将自动进入 STRETCH 模式，可以选择命令行中提示的选项来执行不同的操作。单击夹点后可以通过按空格键来循环进入其他适合被选择对象的编辑命令，主要有“Move，ROtate，SCale，MIrror”等，可以快速完成对象的简单编辑操作。

三、典型实例

实例 2-4：绘制如图 2-26 所示的纸盒展开图，尝试使用多种图形绘制和编辑工具

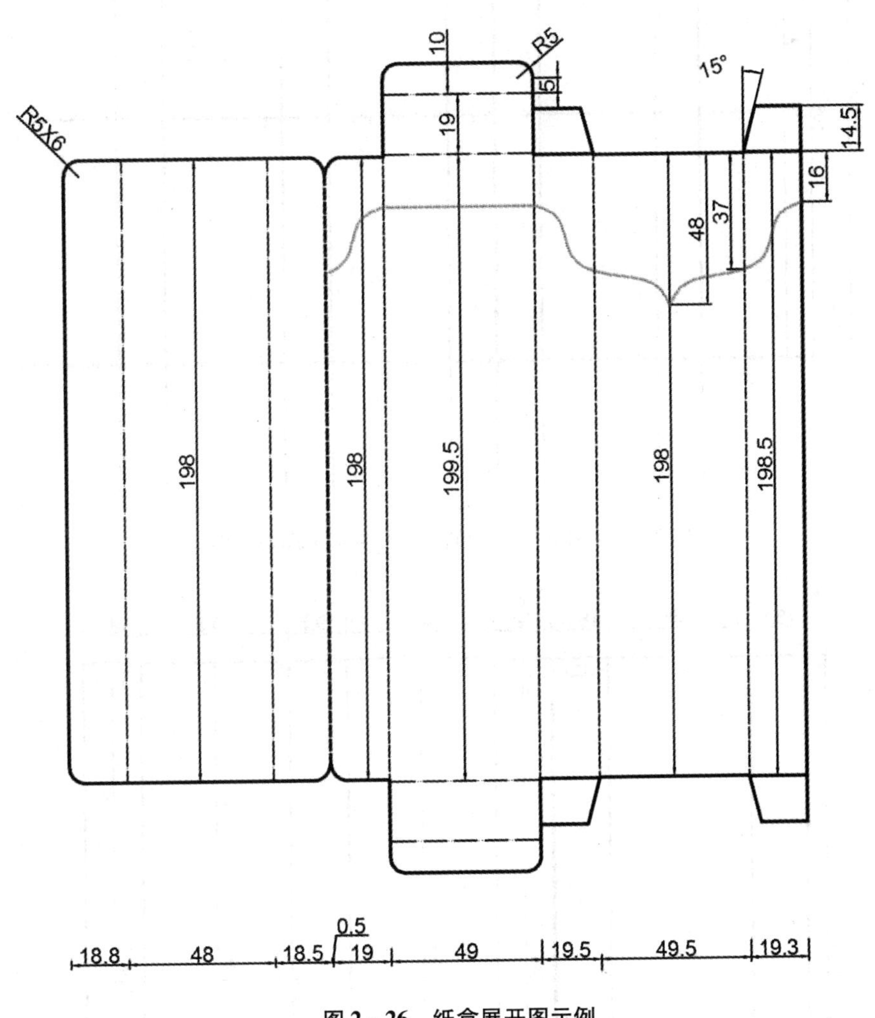

图 2-26 纸盒展开图示例

绘图示例：

Step01 ▶ 以 Acadiso. dwt 为模板新建文件，设置绘图环境（略）。

Step02 ▶ 使用直线工具和偏移工具绘制如图 2-27 所示的图形（不包括尺寸）。

Step03 ▶ 在 Step02 的基础上使用修剪、延伸工具完成如图 2-28 所示的图形。

Step04 ▶ 使用倒圆角、自由曲线等工具完成最终的纸盒展开图。

Step05 ▶ 完成图形绘制，将文件保存为 Sample 2-4. dwg。

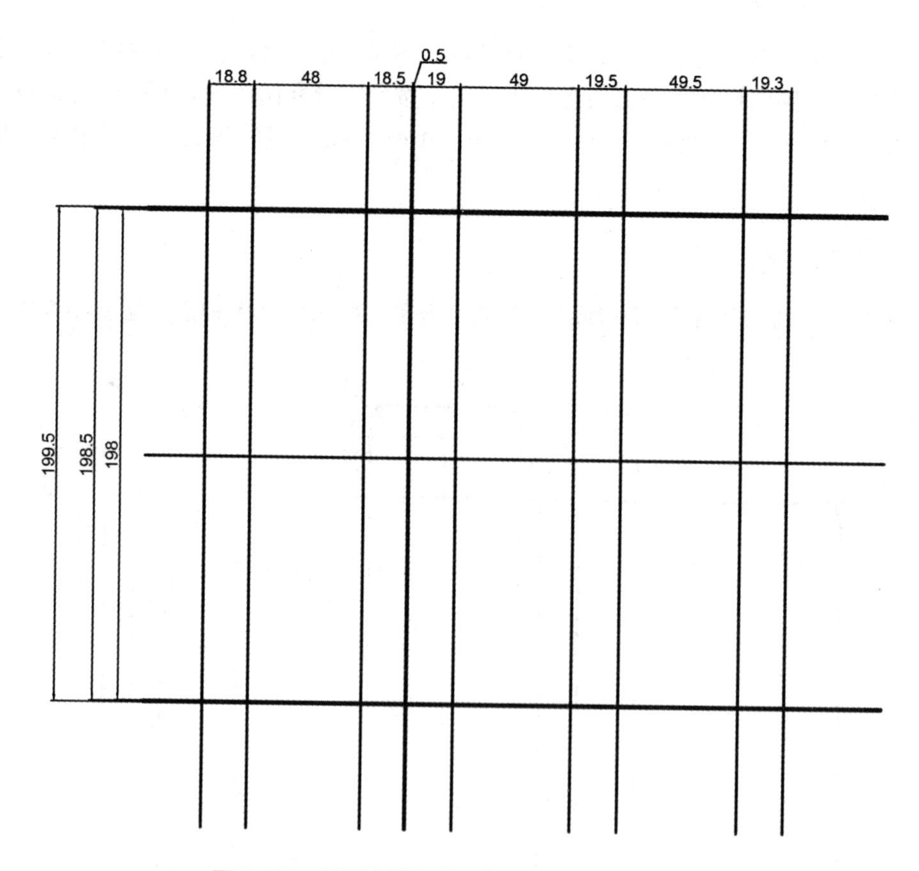

图 2－27　使用直线和偏移工具完成的图形示例

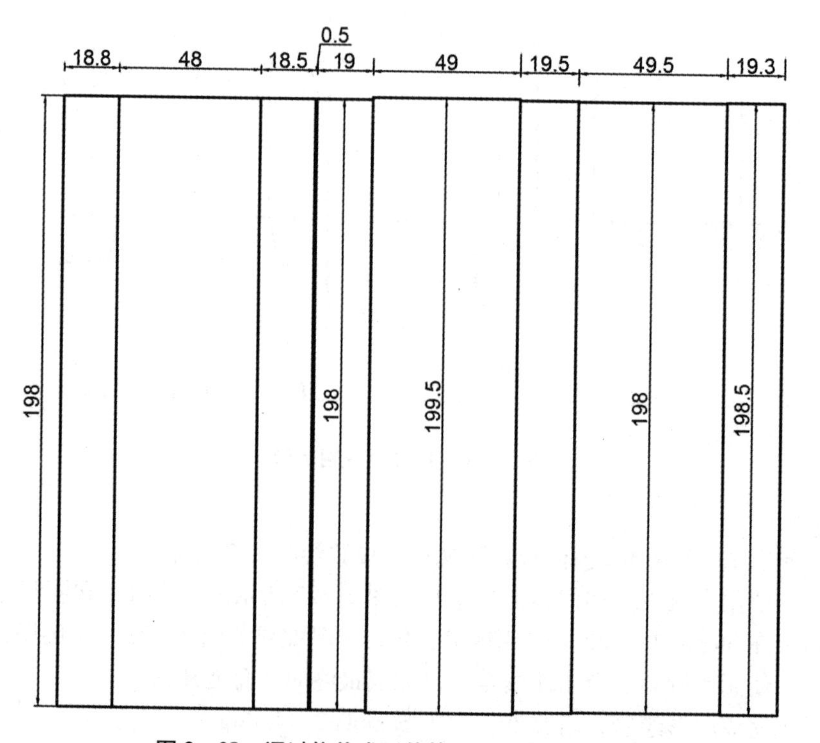

图 2－28　通过修剪或延伸等工具完成的图形示例

第四节 线型、线宽与颜色

线型、线宽和颜色是 AutoCAD 图形对象最主要的特性，一般结合图层功能设置这些特性，也可以单独设置单一对象的线型、线宽和颜色值。

本节主要介绍线型、线宽和颜色的基本概念和设置方法。

一、基本概念

1. 线型

线型是指图形线条的样式。绘制工程图纸时经常需要采用不同的线型，以符合不同行业的标准。线型通常结合图层、线宽和颜色来使用。常用的线型有实线、虚线、点划线等。如图 2－29 所示，粗实线用于绘制实体边，细实线用于绘制剖面线和尺寸线，点划线用于绘制中心线。

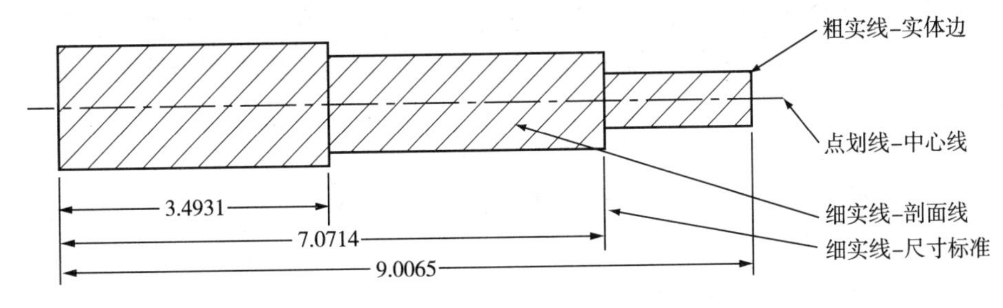

图 2－29 线型示例图

AutoCAD 提供了丰富的线型，这些线型存放在两个线型库文件中，这两个文件保存在系统安装目录下的 Surpport 文件夹中，它们分别是 acad. lin 和 acadiso. lin。英制单位模式默认使用 acad. lin 文件，公制单位默认使用 acadiso. lin 文件。用户也可以自定义线型文件。在绘图过程中用户需要加载线型文件以使用其中定义的线型，在未加载之前 AutoCAD 只有实线可供选择。用户可以加载一个或多个文件中的一种或多种线型。

AutoCAD 的线型文件中，线型是由线条、点和空格以一定的长度数值和排列顺序定义的。如在 acadiso. lin 文件中，“中心线”是通过这样一组数值定义的：“31. 75， －6. 35， 6. 35， －6. 35”，指中心线是由 31. 75 个单位长度的线条、6. 35 个单位长度的空格、6. 35 个单位长度的线条和 6. 35 个单位长度的空格重复绘制而成。这里的单位长度是指绘图文件设置的绘图单位，因为默认为公制单位，这里的单位指毫米。而在 acad. lin 文件中，“中心线”的定义为“1. 25， －. 25， . 25， －. 25”，是指由 1. 25 个单位长度的线条、0. 25 个单位长度的空格、0. 25 个单位长度的线条和 0. 25 个单位长度的线条重复绘制而成，这里的单位默认为英寸。

从线型文件的定义可以看出，线型格式和图形文件所采用的绘图单位密切相关。因此，在打印输出或查看图形时需要根据具体尺寸设置恰当的线型比例才能显示正确的线型格式。如图 2－30 所示，当将 200 单位图形输出到 A4 纸上时，各种线型正常显示。但当将 2000 个单位的相同图形输出到 A4 纸上时，有些线型便不能正常显示，如图 2－31 所示。此时需要通过设置具体线型的线型比例因子来调整。

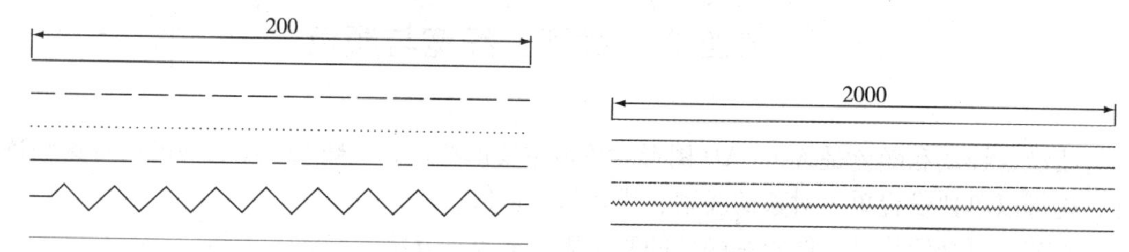

图 2－30　线型显示正常（图纸比例 1:1）　　图 2－31　线型显示异常（图纸比例 1:10）

线型比例因子包括全局线型比例因子和对象自身的线型比例因子，默认情况下，全局和自身线型比例因子均为 1.0，绘图对象最终显示的线型比例因子是全局线型比例因子和自身线型比例因子的乘积。

2. **线宽**

线宽是指图形线条显示的宽度。使用线宽，可以用粗细不同的线条表现出边界线、尺寸线、刻度线以及细节的不同，一般配合图层、线型和颜色使用。工程图中不同的线型有不同的线宽要求。默认状态下系统不会显示线宽，要显示线宽需要打开状态栏上的线宽显示开关（注：对于多段线、圆环、矩形或多边形在绘制时设置的线宽会始终显示，不受此开关的影响）。

AutoCAD 默认的线宽值为 0.1 英寸或 0.25mm，线宽为 0 的线型以打印设备最细的线型宽度打印，在显示设备上以 1 个像素宽度显示。

3. **颜色**

为对象设置颜色能有效帮助用户直观地检视图形文件，一般配合图层、线型和线宽使用。AutoCAD 提供了丰富的颜色方案，主要包括索引颜色方案、真彩色颜色方案和专业的配色方案。

索引颜色是最常用的颜色方案，共有 255 种颜色，最常用的有 7 种；真彩色定义了 1600 多万种颜色；配色系统包含了 PANTONE 在内的多种专业颜色方案。图 2－32 为颜色系统设置图。

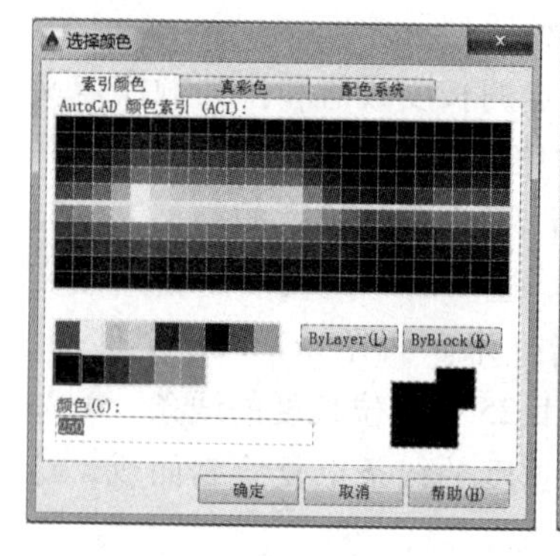

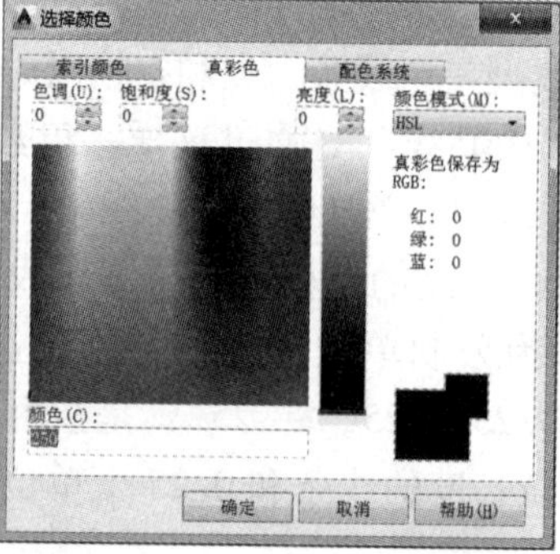

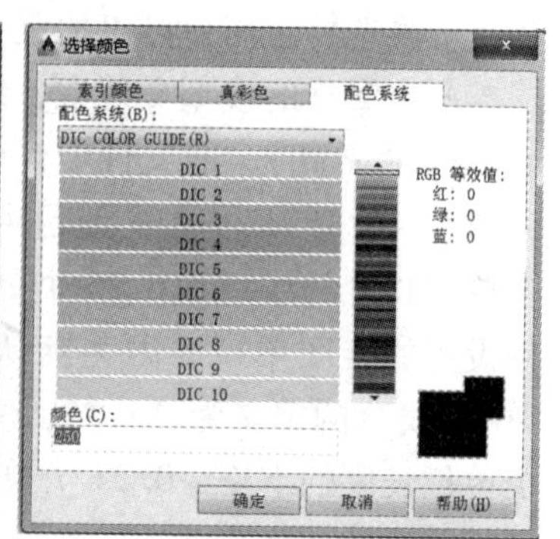

图 2－32　AutoCAD 颜色方案

二、线型、线宽和颜色的设置

设置对象的线型 LineType、线宽 LineWeight 和颜色 CoLor 可以使用功能区特性面板来操作完成，但更多的情况下是使用图层管理器来设置图层的线型、线宽和颜色，并将图形对象的这些属性设置为随层（ByLayer）。ByLayer 是最常用的对象属性设置值，这有利于使用图层对图形对象进行统一修改和管理。新用户要培养建立图层并使用 ByLayer 作为对象属性的习惯。如果单独设置某些对象的属性，当文件中包含大量图形对象时，后期对这些对象的管理和修改将变得困难，甚至难以实现。(此部分内容详见第五节图层设置)。

常用的线型、线宽和颜色值包含 ByLayer 和 ByBlock 两个选项。以线型为例，ByLayer 会将选择对象的线型设置为其所在图层的线型。ByBlock 会将默认线型设置为当前线型或选择对象的线型，这些以 ByBlock 为线型的图形做成块并将其插入到图形中时，这些对象将以系统设置的当前线型显示。

在未选择任何对象的情况下设置的线型、线宽和颜色将被设置为“当前特性”——当前线型、当前线宽或当前颜色。所有新绘制的对象将使用当前特性来绘制，无论在哪个图层，当前特性均起作用，除非将当前特性设置为 ByLayer，此时所绘制的对象特性将使用该对象所在层的对象特性。

1. **线型的设置**

(1) 加载线型

通过功能区特性面板可以快速选用当前文件已经加载的线型，或者打开线型管理器（见图 2－33）查看、加载和删除线型，设置当前线型，设置线型比例因子和缩放比例因子等。

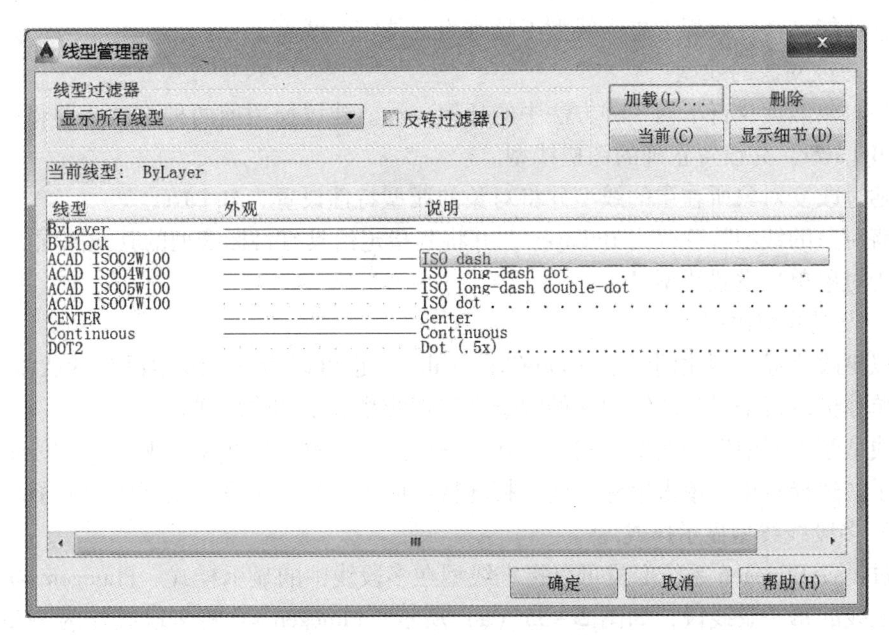

图 2－33 线型管理器对话框

新建的 AutoCAD 文件只包含 Continuous 一种线型，若要用到其他线型需要从线型文件中加载。单击线型管理器对话框中的加载按键即可打开加载线型对话框，如图 2－34 所示。在线型加载对话框中可以打开线型文件，并从中选择拟使用的线型样式。加载的线型会显示在线型管理器中。

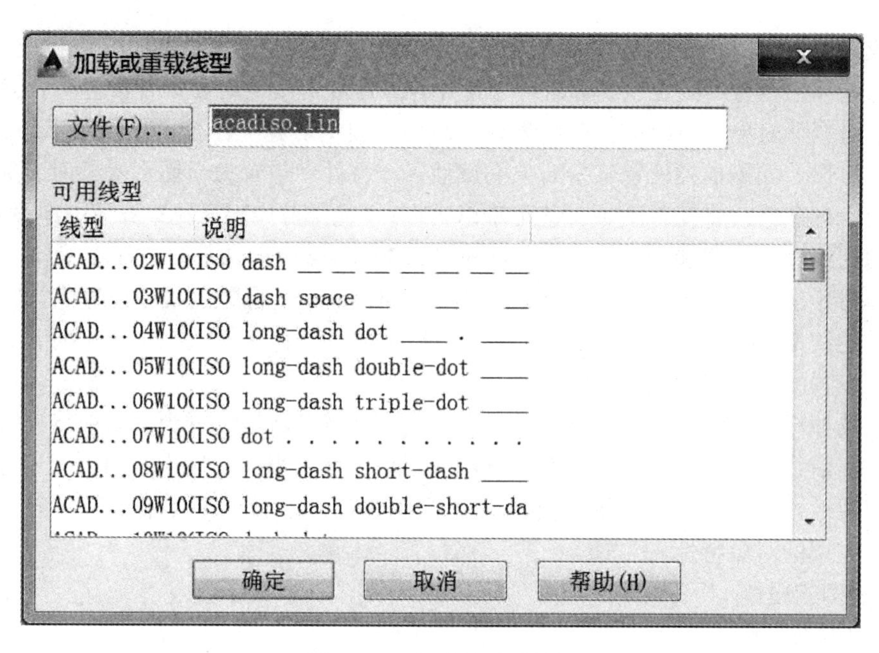

图 2－34　加载线型对话框

（2）设置当前线型

①在线型管理器中选择线型样式并单击当前按钮。

②在功能区特性面板上单击线型下拉列表，选定一线型。

（3）更改对象的线型

选择对象然后执行下面 3 种方法中的任何一种。建议使用前两种方法，即将对象线型设置为 ByLayer，并设置正确的图层线型。

①通过改变对象所在层的线型并将对象的线型特性设置为 ByLayer。

②将对象的线型特性改为 ByLayer ，并将其指定给具有目标线型的其他图层。

③为对象单独设置线型。

（4）设置线型比例

可以更改全局线型比例因子（LineTypeScale），也可以为每个线型设置默认线型比例，还可以单独更改每个对象的线型比例因子来实现线型显示和输出样式。

在线型管理器中选中线型样式，打开详细信息，设置全局线型比例因子和线型的默认比例因子。选择对象，单击鼠标右键，打开特性面板，在其中设置线型比例因子。

（5）多段线线型显示样式

通过设置 Plinegen 系统变量可以指定线型在多段线中的显示样式。Plinegen = 1 将单独设置多段线的每一条线段，如图 2－35（a）所示。Plinegen = 0 将多段线作为一整条线条使线型连续跨越多段线的各个顶点，如图 2－35（b）所示。

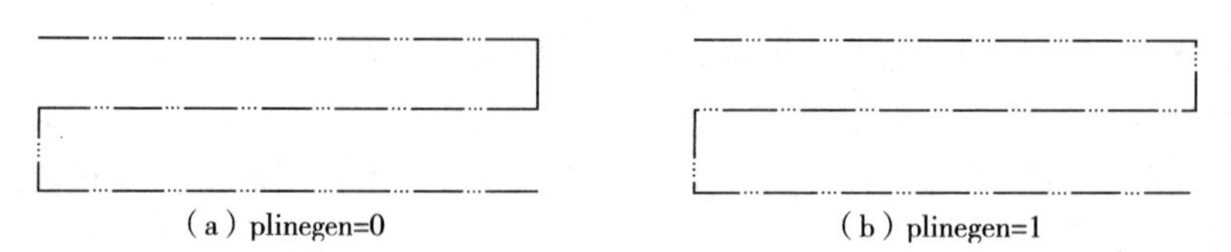

图 2－35　多段线线型显示示例图

2. **线宽的设置**

通过功能区特性面板可以快速选用线宽值，也可以打开线宽设置对话框查看线宽列表和当前线宽的设置、查看和修改线宽单位、设置默认线宽及设置线宽显示比例，如图 2－36 所示。

线宽显示比例是指在模型空间中线宽显示的像素宽度。在模型空间中显示的线宽不随图形的缩放比例而变化。例如，无论如何放大，以 4 个像素的宽度显示的线宽值总是用 4 个像素显示。如果要使线宽在模型空间中显示更粗或更细，需要设置线宽的显示比例（调整显示比例不影响线宽的打印值）。

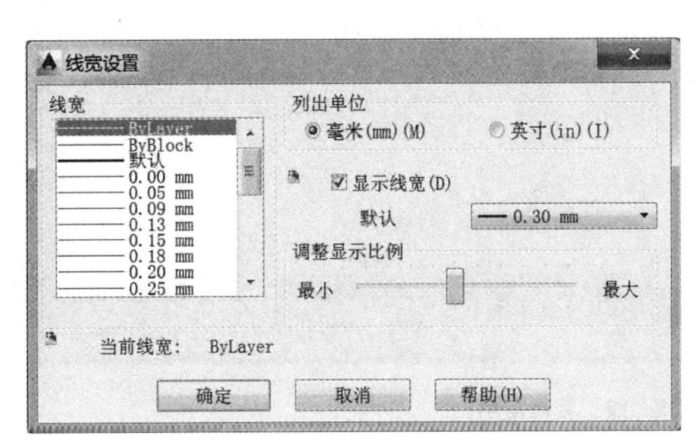

图 2－36　线宽设置对话框

图 2－37　特性面板快速选用着色对话框

3. **颜色的设置**

通过功能区特性面板可以快速选用常用颜色，如图 2－37 所示，也可以打开颜色设置对话框，从中可以选择索引色或真彩色作为当前颜色，也可以通过配色系统配色。

三、典型实例

实例 2－5：打开文件 Sample 2－4. dwg，使用设置图形对象特性的方法完成如图 2－38 所示的图形绘制

（注：在练习时可使用功能区特性面板通过单独设置图形对象的线型、线宽和颜色的方法来完成，请尽量不要在实际绘图中使用这种方法，建议使用通过设置图层对象属性的方法来实现。）

绘图示例：

Step01▶打开 Sample 2－4. dwg 文件。

Step02▶加载线型。通过特性面板打开线型管理器，加载虚线、点划线、双点划线和点虚线。完成的线型管理器如图 2－39 所示。

Step03▶设置对象线型。选择图形对象，使用功能区特性面板设置其线型。

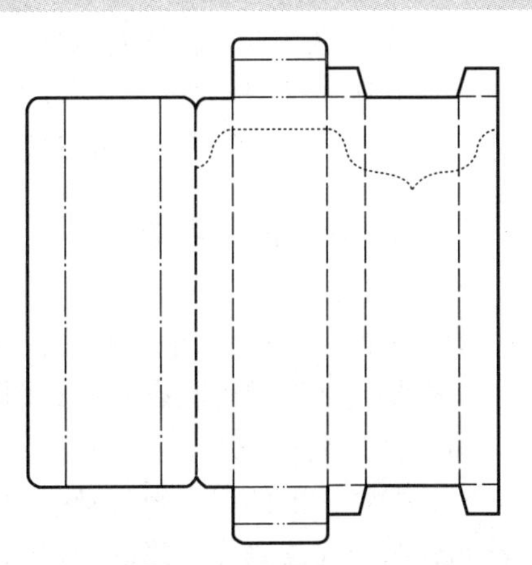

图 2－38　设置对象特性图形示例

Step04▶设置边框裁切线的线宽为0.3mm。

Step05▶设置点虚线为绿色。

Step06▶完成图形绘制，将文件另存为Sample 2－5.dwg。

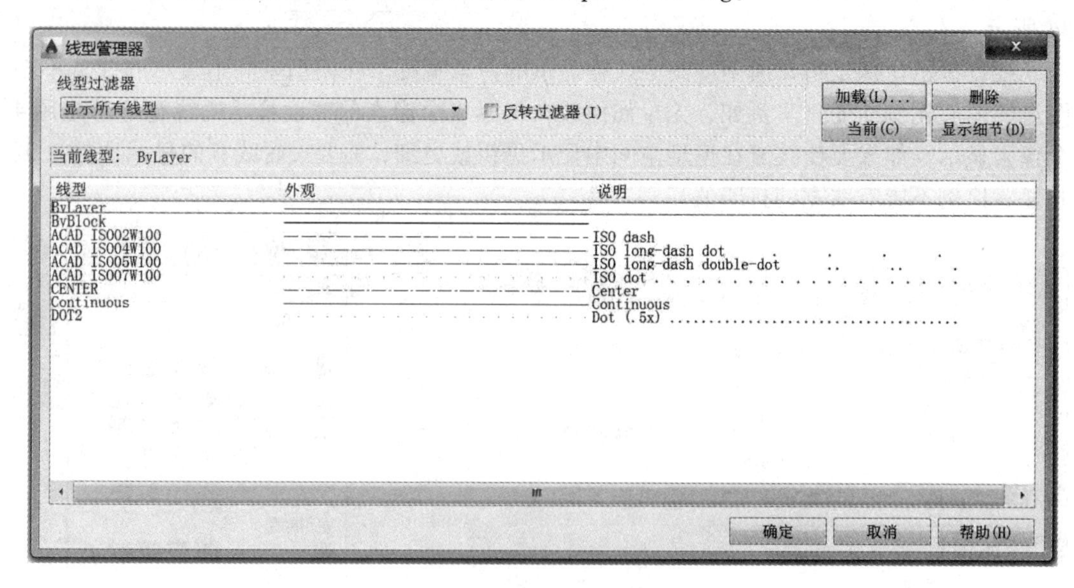

图2－39 线型管理器示例

第五节 图层设置

图层是AutoCAD绘图过程中最主要的图形组织管理工具。本节主要介绍图层的基本概念、图层特性、图层设置方法和图层工具。

一、图层的基本概念

图层是AutoCAD绘图过程中最主要的图形组织管理工具。图层可以理解成透明的图纸，将具有某些共同属性（如同一线型、同一颜色或归属同一零件、具有同一功能特性等）的对象放在一起，便于对这些对象进行统一管理或对这些对象的属性进行统一修改。如图2－40所示的图形文件中，零件、尺寸、引线和文字信息分别放置在了4个不同的图层中。通过图层开/关功能，可以选择只查看和编辑某些图层上的图形对象。

二、图层特性及其设置

1. 图层特性

图层特性包括图层属性和图形对象属性。图层属性有图层的名称和开关、冻结、锁定、是否是当前图层等状态属性；图形对象属性有颜色、线型和线宽。

(1) 图层名称

AutoCAD中的图层必须有唯一的名称，新建文件会包含一个名称为0的图层，该图层无法重命名也无法删除。建议用户创建更多新的图层来绘制图形和组织管理文件内容，而不是仅在图层0上创建所有图形。

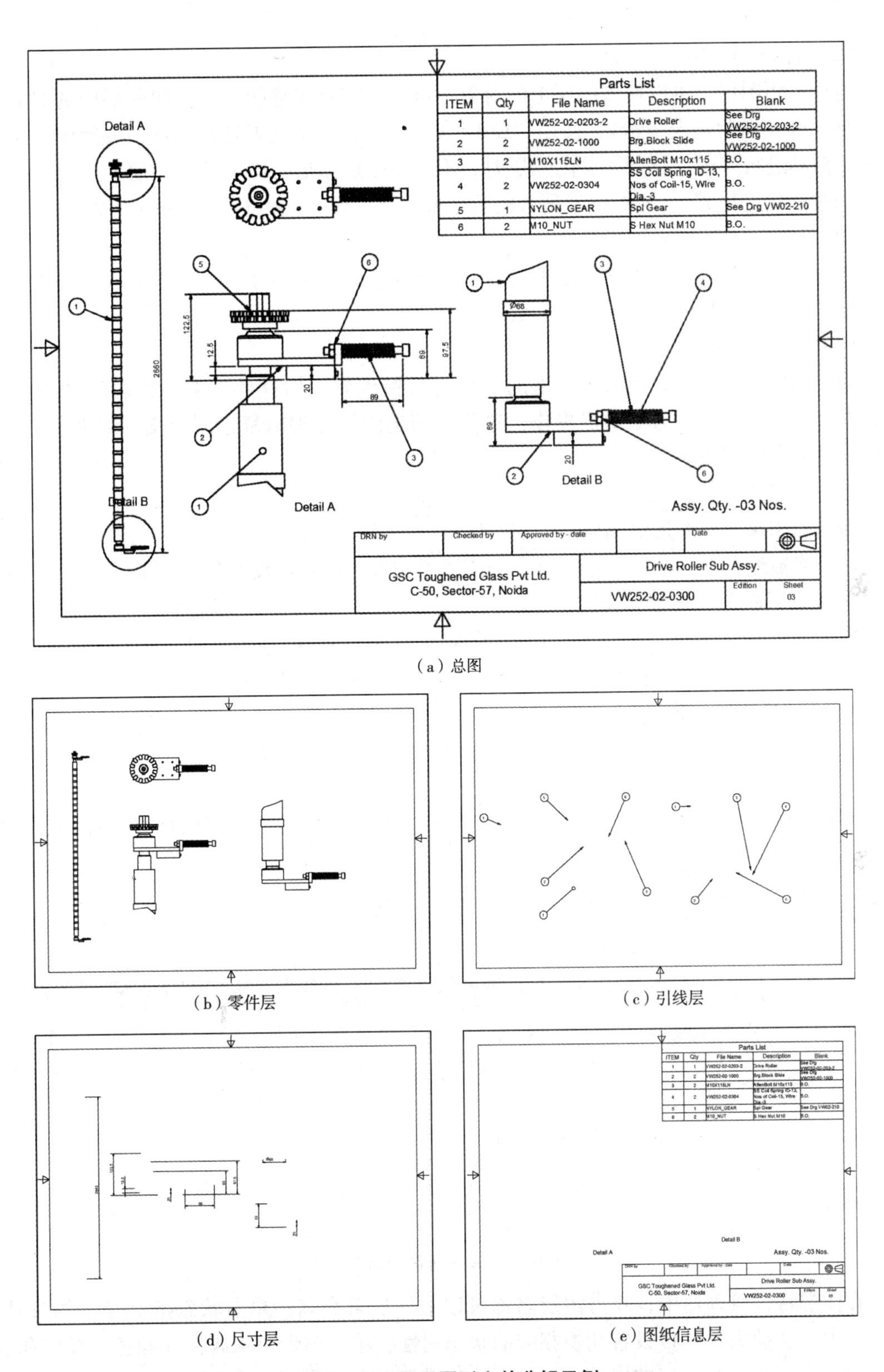

（a）总图

（b）零件层

（c）引线层

（d）尺寸层

（e）图纸信息层

图 2－40　图层图形文件分解示例

（2）打开/关闭图层

通过关闭图层，可以使该图层上的对象不可见。需要注意的是被关闭图层中的对象有可能被编辑（通常是误编辑），使用“Ctrl + A”快捷键等全选工具时会选中关闭图层中的对象并对其进行编辑。打开和关闭图层时，不会重生成图形，即关闭的图层在图形重生成时会同时进行重生成。（相关内容请查阅重生成 REGENerate 和重画 REDRAW 命令）

（3）冻结/解冻图层

通过冻结图层，可以使该图层上的对象不可见，而且不能被修改和重生成。因此冻结不需要的图层将加快图形显示和重生成的操作速度。

（4）锁定/解锁图层

通过锁定图层，可以使该图层上的对象无法被编辑，但这些对象会以较淡的颜色显示，并且可以用来进行对象捕捉操作，这使得锁定图层在编辑复杂图形文件时非常有用，能极大地提高绘图效率。

（5）当前图层

指当前用来绘制图形的图层。当前图层可以被关闭和锁定，但不能冻结。除了当前绘制的对象将被绘制在当前图层上以外，当前图层和非当前图层没有其他区别。

（6）图层颜色、线型和线宽

图层上所有具有 ByLayer 属性的图形对象将全部采用其所在图层的颜色、线型和线宽。通过改变图层的颜色、线型和线宽可以改变图层上这些对象的对应属性。

2. **图层特性的设置**

对图层特性的设置通过图层特性管理器和功能区图层面板来完成。

（1）使用图层特性管理器设置图层特性

单击功能区图层特性图标（Layer）打开图层特性管理器，其对话框界面如图 2－41 所示。

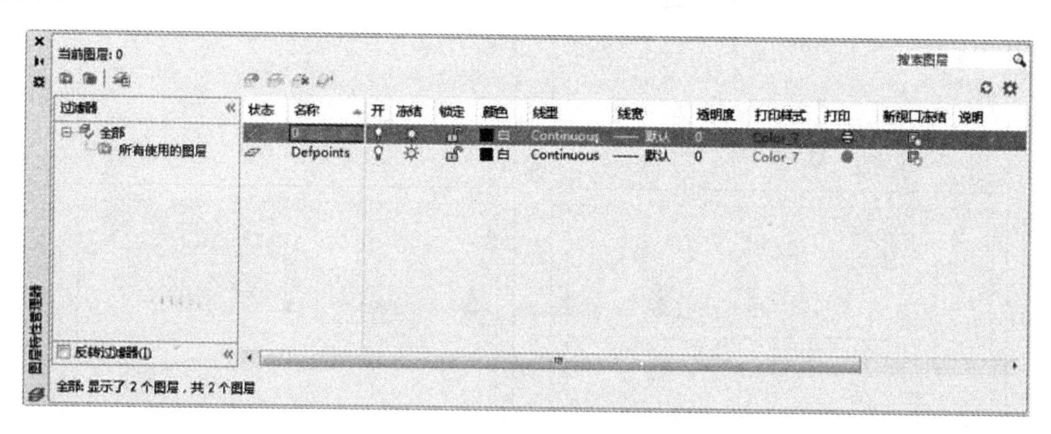

图 2－41　图层特性管理器对话框

在图层特性管理器中，双击图层名称可以对图层重命名；单击状态指示灯（如对号、灯泡、太阳、锁头）可以设置切换相应的状态属性；单击图形对象属性（颜色、线型和线宽）可以设置图层相对应的属性，设置方法与设置对象的属性方法相同。

（2）使用图层面板设置图层特性

通过单击功能区图层面板上的图标可以快速设置图层特性。图层面板如图 2－42 所示，单击其下方的向下箭头可以展开。

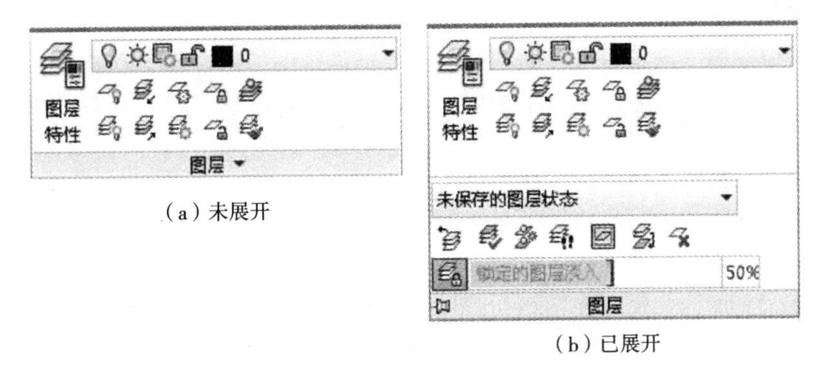

（a）未展开

（b）已展开

图 2－42 功能区图层面板

通过图层面板除了可以实现图层特性管理器中的部分功能外，还有多项功能可以对图层的进行操作，其中最常用的是匹配图层和图层漫游功能。

①匹配图层：将所选对象从其所在图层移动到目标图层。执行匹配图层命令（LayMch），选择图形对象，然后选择目标图层中的图形对象，所选图形将会移动到目标图层。如果在错误的图层上创建了对象，可以通过匹配图层功能将这些对象移动到目标图层上。类似的功能可以通过操作当前图层来完成，先选择图形对象，再切换当前图层为目标图层即可将对象移动到目标图层。

②图层漫游：处理复杂图形文件时，有时需要逐层对图形对象进行查看和修改。执行图层漫游功能（LayWalk），出现图层漫游对话框，通过选择该对话框中的一个或多个图层，可以在绘图区快速只显示所选图层的内容，而隐藏其他图层的内容。图 2－43 所示为一化工布置图的图层漫游对话框，当前状态下只显示所有 89 个图层中的“管道”和“管道标注”两个图层的内容。

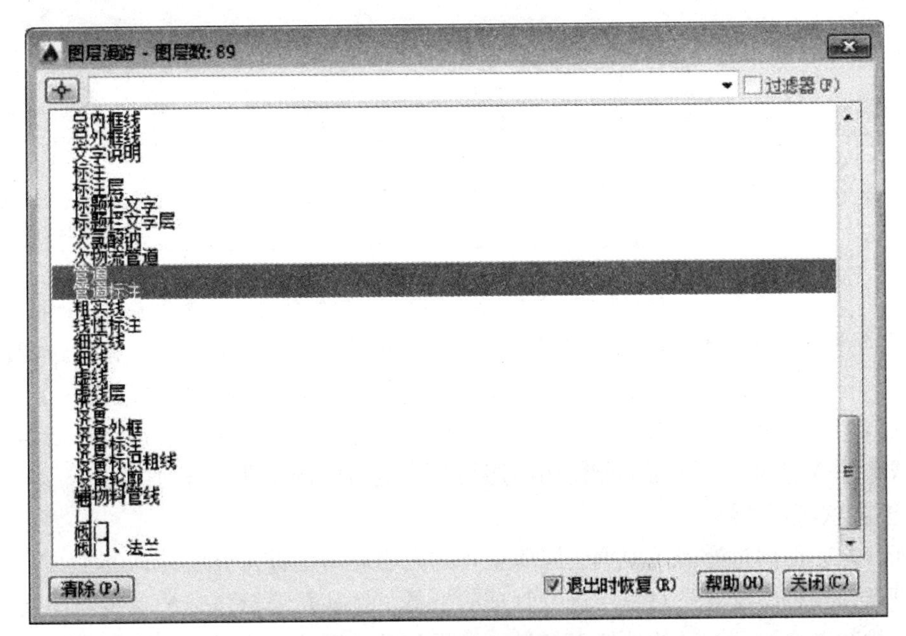

图 2－43 图层漫游对话框

三、图层工具

AutoCAD 提供的图层工具可以对图层进行更加详细的控制操作，在查看和编辑具有多个图层的大型文件时非常方便。这里主要介绍一下图层过滤器和图层状态管理器。

1. **图层过滤器**

使用图层过滤器可以使用图层特性作为过滤选项（如图层名称、开关状态和颜色等）对文件中的所有图层进行过滤筛选得到包含某些共性的图层集，然后再对图层集进行操作，方便图层管理。以包装产品的装配图为例，整个图形会包括产品结构图、缓冲包装图和包装盒图等几大部分，每个部分会包含多个图层，如粗实线层、细实线层、尺寸线层、中心线层等。在查看和编辑过程中，有时需要单独查看某个部分的内容，此时可以使用图层过滤器，以图层名称为过滤项，用名称中包含“产品”二字的图层建立产品图层集，此时将会过滤出产品有关的所有图层；用名称中包含“粗实线”三个字的图层建立粗实线图层集，此时将过滤出所有零件中的粗实线。

图层过滤器位于图层特性管理器的左边栏。图 2－44 所示为包装产品装配图图层设置及产品过滤器设置对话框。

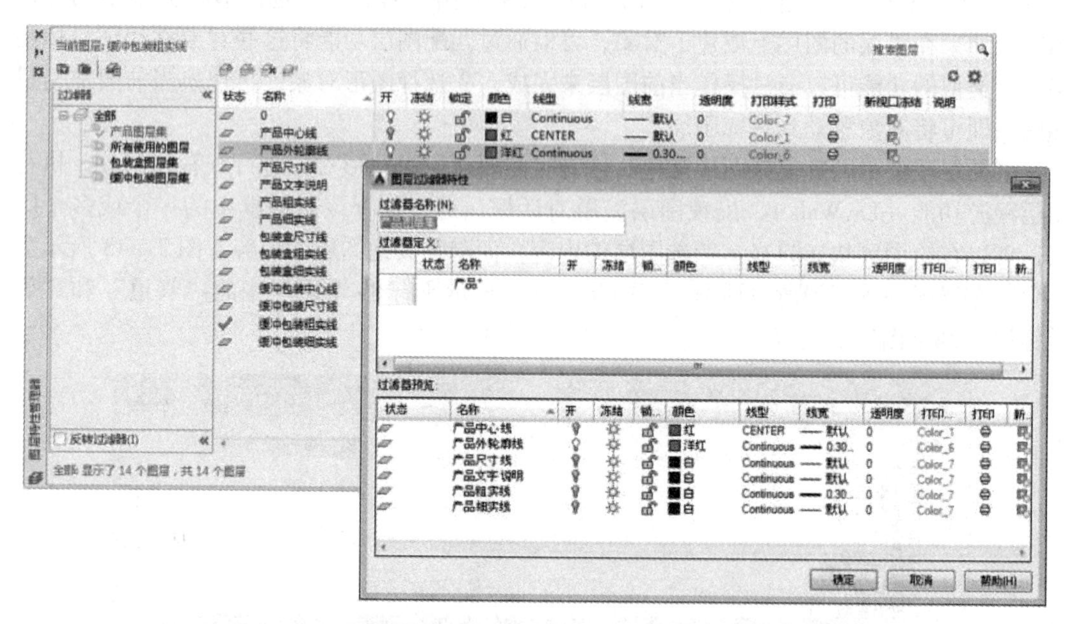

图 2－44　包装产品装配图图层设置及产品过滤器设置对话框

图层过滤器包含两类过滤器：图层特性过滤器和图层组过滤器。图层特性过滤器可以使用图层名称和其他特性（如颜色，线型等）作为过滤选项。例如可以定义一个过滤器，其中包括颜色为红色，并且图层名包含“中心线”三字的所有图层。图层组过滤器只能手动添加或删除选定的图层，而不能使用图层名或其他图层特性进行自动过滤。

2. **图层状态管理器**

简而言之，图层过滤器是根据图层所包含的内容对图层进行分组管理的工具，而图层状态管理器是根据图层状态对图层进行管理的工具。例如在编辑包装产品装配图文件的缓冲包装结构时需要用到产品的外轮廓信息，如果只显示缓冲包装图层集则产品信息无法显示，如果将产品图层集全部显示则显得信息量太大，影响绘图操作，此时可以将建立“缓冲包装创建状态”图层状态，编辑此状态使得缓冲包装图层集中的图层全部显示，而产品图层集中的图层只显示外轮廓相关的图层。

在图层状态管理器中可以新建、保存、编辑、重命名以及导入和导出图形中的图层状态。编辑图层状态对话框可以添加和移除该状态所要控制的图层，设置这些图层的特性，如图层的状态开关和图形属性等。

图 2－45 所示为图层状态管理器和图层状态编辑对话框。

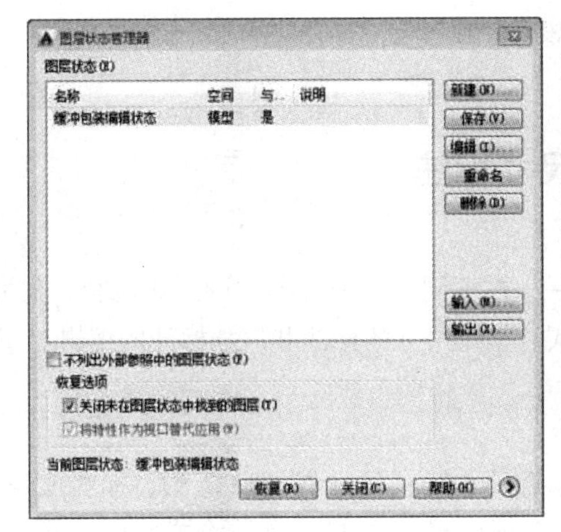

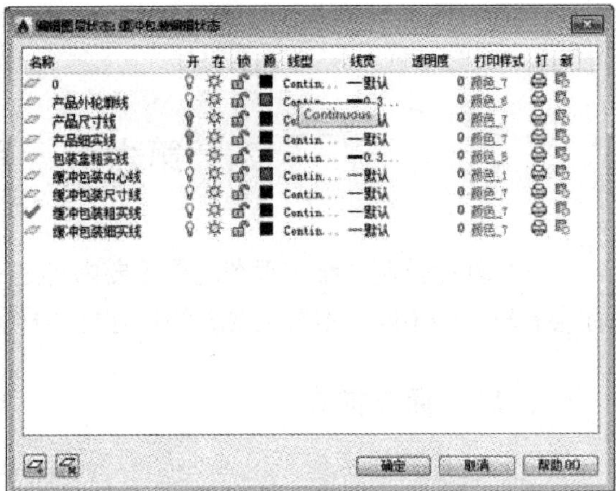

图 2－45　图层状态管理器和图层状态编辑对话框

四、典型实例

实例 2－6：打开 Sample 2－4. dwg，使用设置图层特性的方法完成如图 2－46 所示的图形绘制

（注：创建图层，设置图层属性，并将所有图形对象分别放入对应的图层，设置所有对象的特性为 ByLayer。）

绘图示例：

Step01▶打开 Sample 2－4. dwg。（未设置对象特性之前的纸盒展开图文件）

Step02▶打开功能区图层特性面板，创建新图层，并设置图层特性，设置结果如图 2－47 所示。

Step03▶全部选择纸盒图形对象，将线型、线宽和颜色设置为 ByLayer。

Step04▶将对应的图形移动到对应的图层中。

Step05▶完成图形绘制，将文件另存为 Sample 2－6. dwg。

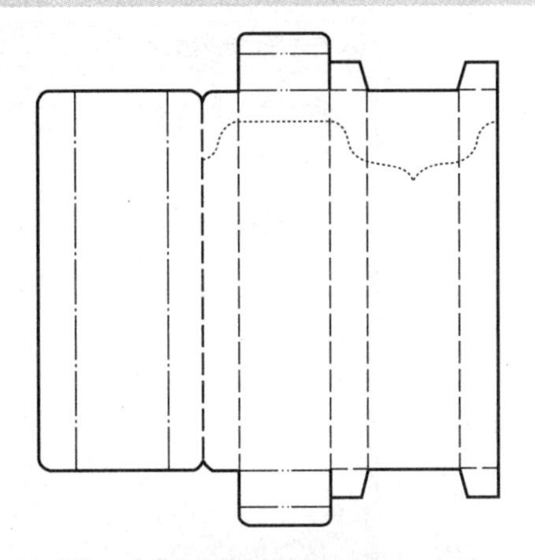

图 2－46　设置图层特性绘图示例

状态	名称	开	冻结	锁定	颜色	线型	线宽
	0				■白	Continuous	默认
	Defpoints				■白	Continuous	默认
✓	尺寸				■250	Continuous	默认
	单实线-切割线				■白	Continuous	0.50 毫米
	点划线-外折压痕线				■白	ACAD_ISO0...	0.50 毫米
	点虚线-打孔线				■250	DOT2	0.50 毫米
	两点点划线-内折切痕线				■白	ACAD_ISO0...	默认
	文字				■蓝	Continuous	默认
	虚线-内折压痕线				■白	ACAD_ISO0...	默认
	引线标号				■红	Continuous	默认
	中心线				■红	CENTER	默认

图 2-47　图层设置示例

第六节　尺寸标注

尺寸标注是绘制二维工程图的最重要内容之一，在不同的专业和不同的应用场合，尺寸标注会有较大的不同。本节主要介绍尺寸标注样式、常用尺寸的标注和尺寸标注的编辑。

一、尺寸标注样式

尺寸标注样式用来控制尺寸标注的外观，包括尺寸线、尺寸界线、箭头、标注文字、标注比例、单位精度以及公差格式等尺寸特征。在标注尺寸之前需要先设置好标注样式，并将其设置为当前标注样式。系统默认的标注样式为 Standard 样式（如果选用公制单位，则默认样式为 ISO-25），用户可以修改其样式内容，也可以创建新的标注样式。

1. 创建新标注样式

单击常用选项卡注释面板中标注样式，打开标注样式管理器（见图 2-48），在其中可以新建、修改标注样式，设置替代样式和进行样式比较。

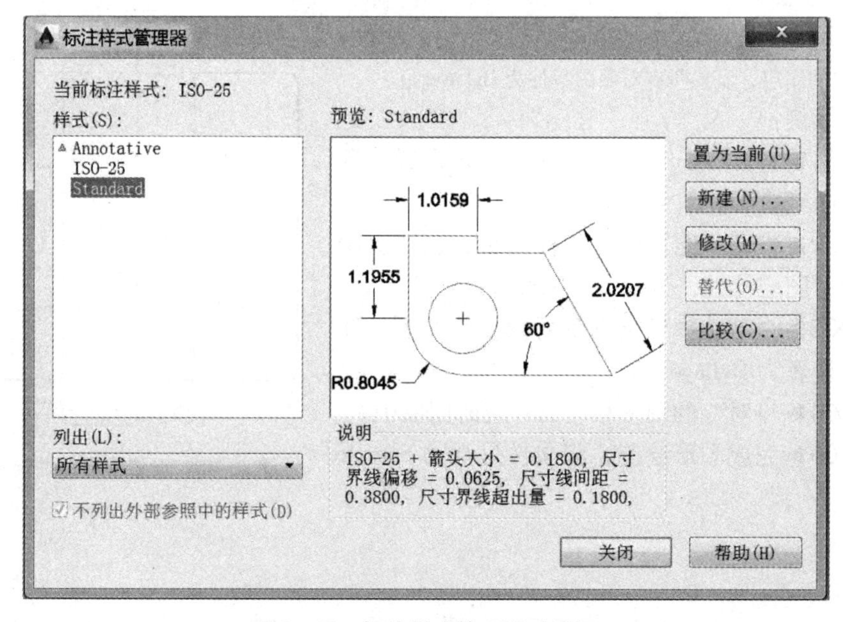

图 2-48　标注样式管理器对话框

在创建新标注样式对话框中可以设定样式名称和基础样式。基础样式是指新创建的标注样式是基础样式的副本，用户将在此基础上定制新的标注样式。单击“继续”按钮，可以进行标注样式的详细设置。如图 2－49 所示为以 Standard 样式为基础样式创建新标注样式的对话框。

创建新标注样式
新样式名(N)：
副本 Standard
继续
基础样式(S)：
Standard
取消
帮助(H)
注释性(A)
用于(U)：
所有标注

图 2－49 创建新标注样式对话框

2. 设置标注样式

新建或修改标注样式将打开如图 2－50 所示的标注样式设置对话框，通过其中的选项卡面板可以设置详细的标注样式。

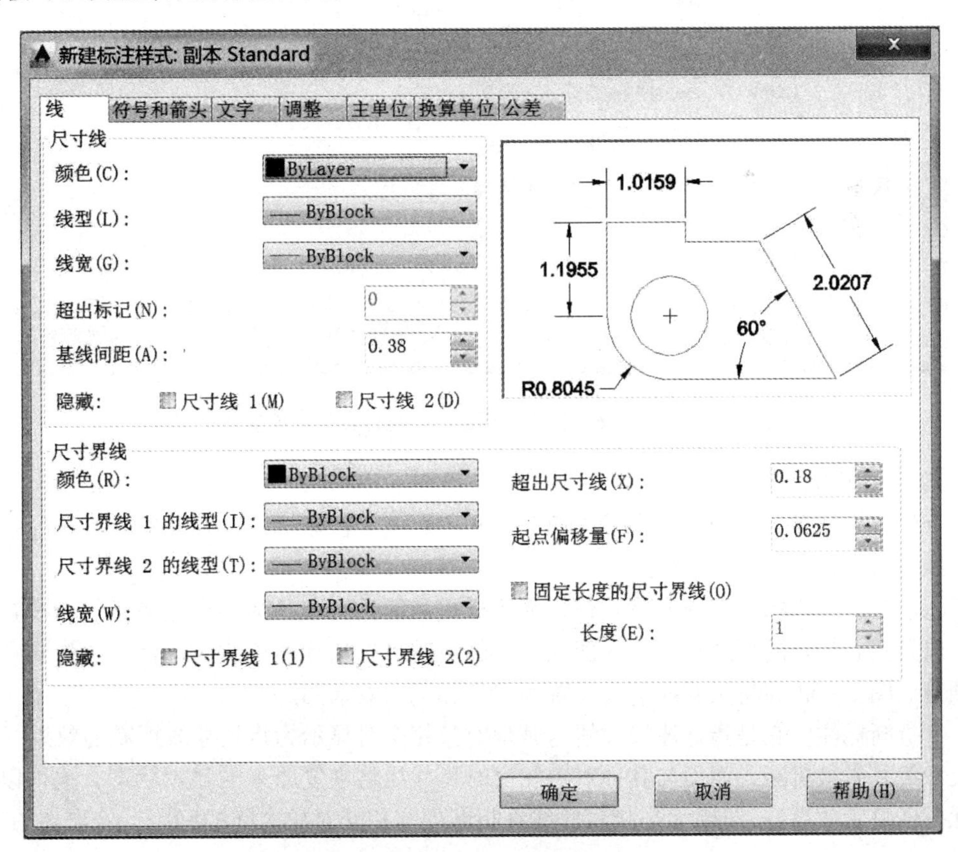

图 2－50 标注样式设置对话框

(1) 设置标注线格式

标注线选项卡用来设置尺寸线和延伸线（也称尺寸界线）的格式。尺寸线格式包括颜色、线型、线宽、超出标记、基础间距、是否隐藏尺寸线等；延伸线格式包括颜色、线型、线宽、超出尺寸线距离、起点偏移量，以及是否需要隐藏延伸线和设置固定长度延伸线等。修改后的样式将实时显示，以便用户观察实际效果。图 2－51 所示为将 Standard 样式中的尺寸线颜色改为绿色的设置效果图。

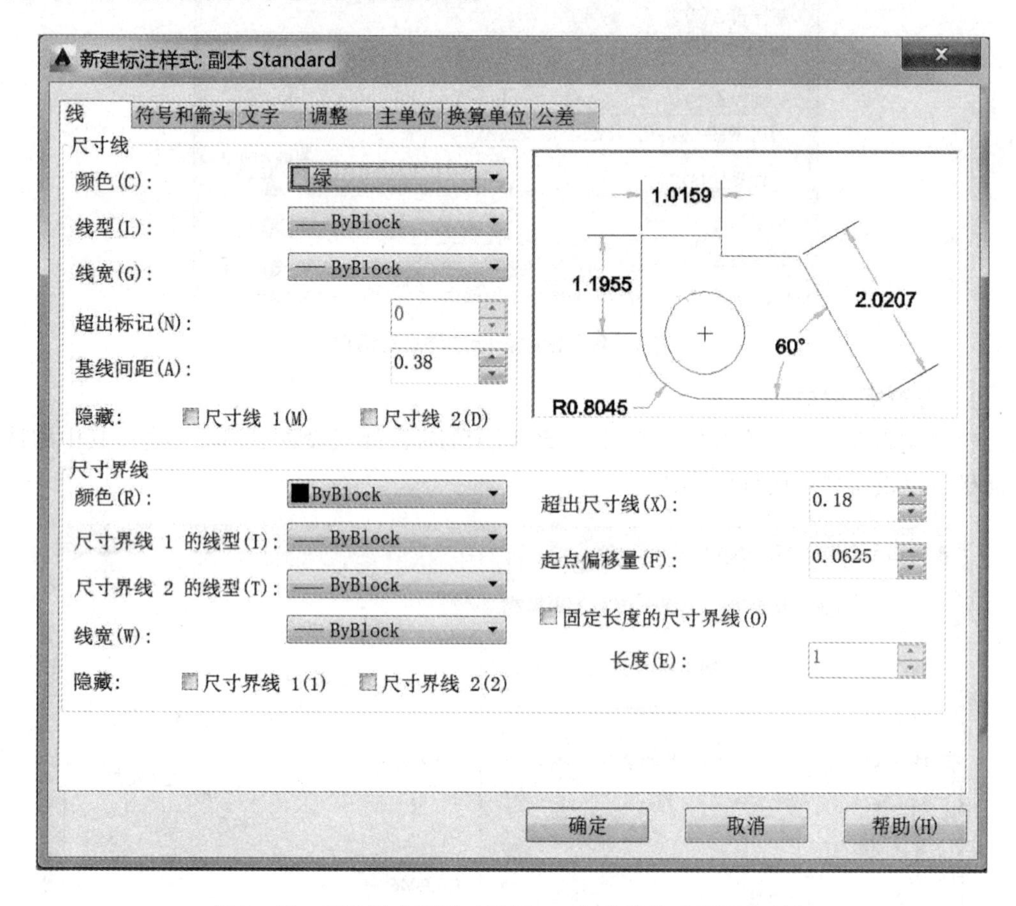

图 2－51　标注样式设置对话框——标注线格式设置选项卡

(2) 设置标注符号和箭头

标注符号和箭头选项卡用来设置箭头、圆心标记、折断标注、弧长符号、半径折弯标注及线性折弯标注等项目的格式。

①箭头、圆心标记。箭头格式包括箭头样式和箭头大小；圆心标记包括是否设置圆心标记以及圆心标记的形式；前面这两项内容的更改可以从标注样式对话框中的样式预览图中预览。图 2－52 为将尺寸线箭头设置为建筑标记的效果图。

②折断标注。它是指标注尺寸线与其他对象相交时显示为将尺寸线折断的效果（实际上尺寸线并未被折断，而不与其他对象相交时尺寸线将恢复原来的显示状态，也可以手动删除折断显示效果）。折断大小指尺寸线在折断处与相交对象之间的间距。效果如图2－53 所示。

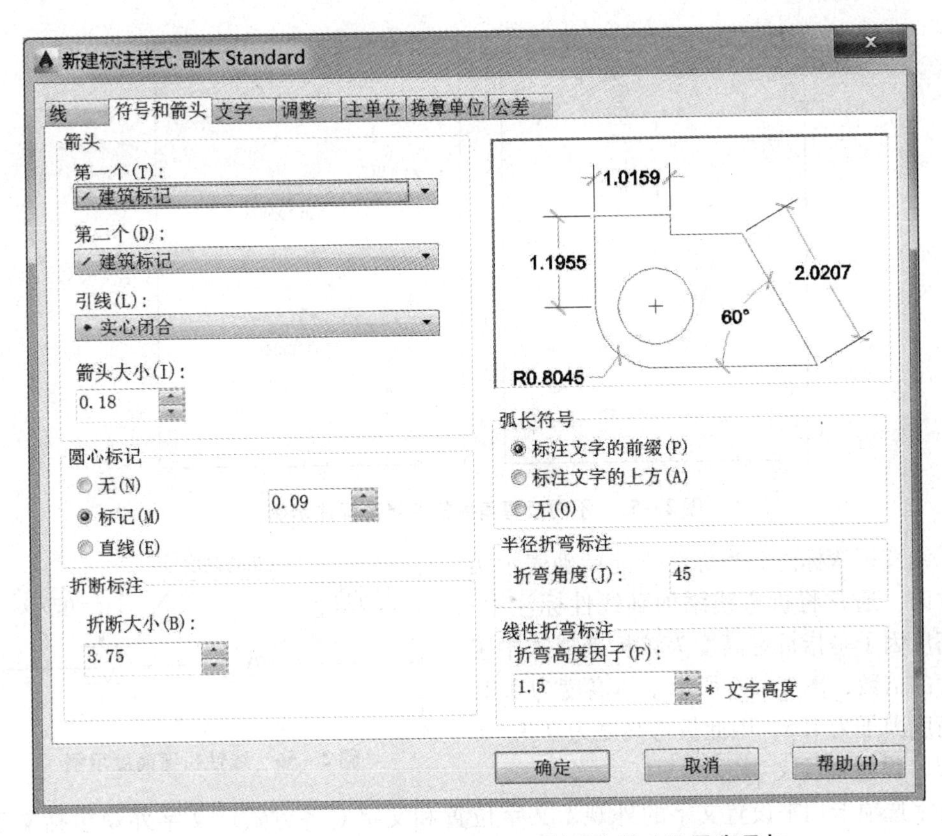

图 2-52　标注样式设置对话框——符号和箭头设置选项卡

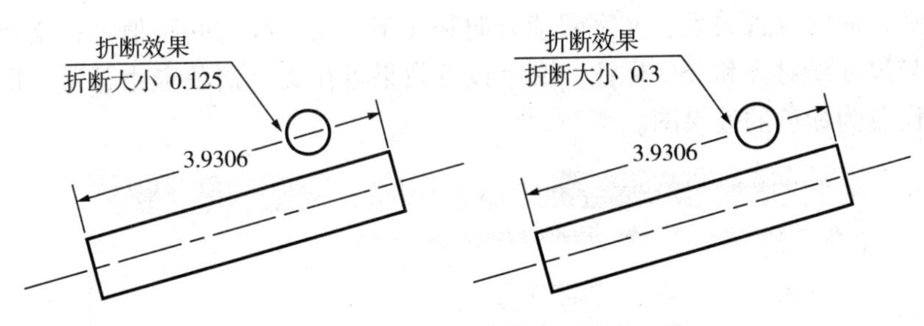

图 2-53　标注折断效果示例

③弧长符号。弧长符号位置选项效果如图 2-54 所示。

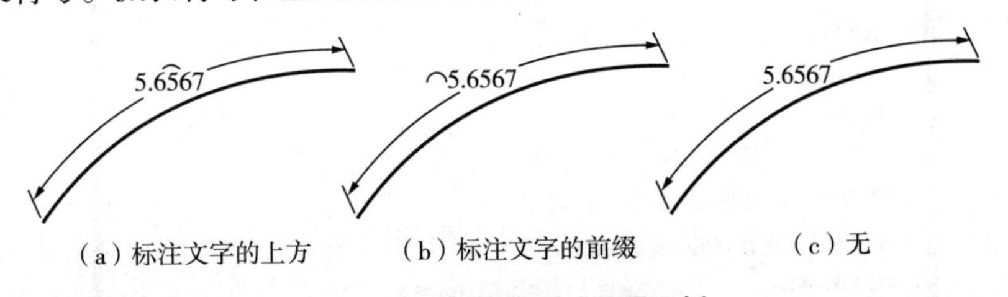

图 2-54　弧长符号的位置示例

④半径折弯标注。它通常在圆或圆弧的圆心位于页面外部时创建，半径折弯标注用于设置折弯角度的大小，效果如图 2-55 所示。

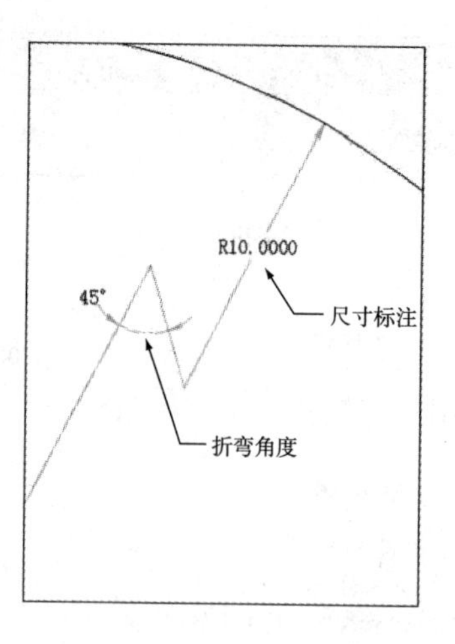

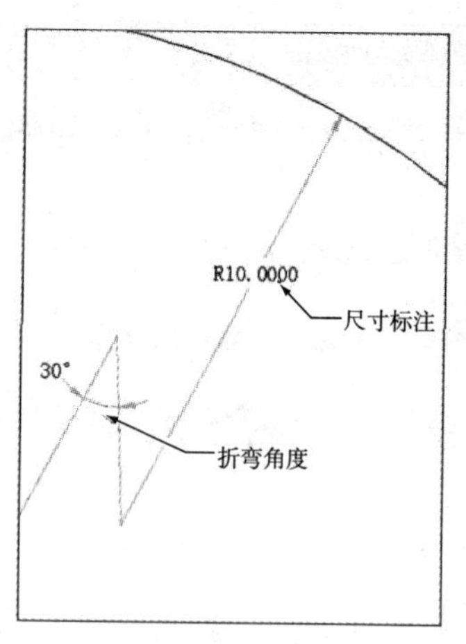

图 2－55　不同折弯角度折弯半径标注示例

⑤线性折弯标注。当标注不能精确表示实际尺寸时，通常将折弯线添加到线性标注中。折弯高度因子是指折弯高度为该标准样式中字体高度的倍数，图 2－56 所示字体高度为 0.2，折弯高度因子为 1.5，因此折弯高度为 0.3。

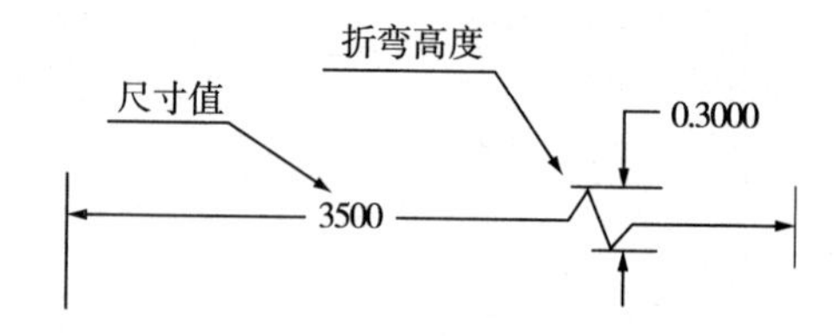

图 2－56　线性折弯高度示例

（3）设置标注文字

文字选项卡用来设置文字的外观、文字位置和文字对齐方式。文字外观包括文字样式、文字颜色、填充颜色、文字高度、是否绘制文字边框等；文字位置包括文字与尺寸线在垂直和水平方向的位置关系、文字阅读方向和文字与尺寸线的间距值等；文字对齐方式包括水平、与尺寸线对齐和 ISO 标注。文字设置效果可在文字选项卡中预览。图 2－57 为将文字颜色设置为绿色的效果图。

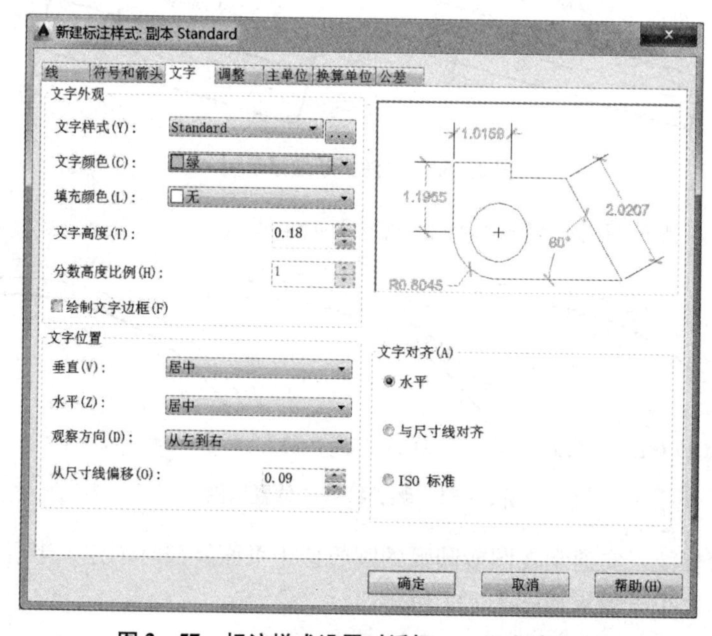

图 2－57　标注样式设置对话框——文字选项卡

（4）设置调整选项

调整选项卡用来调整标注文字、箭头、引线和尺寸的位置以及标注比例等。其中调整选项用来设置尺寸延伸线之间空间不足时文字和箭头的位置。图 2－58 为对文字位置进行调整的效果图。

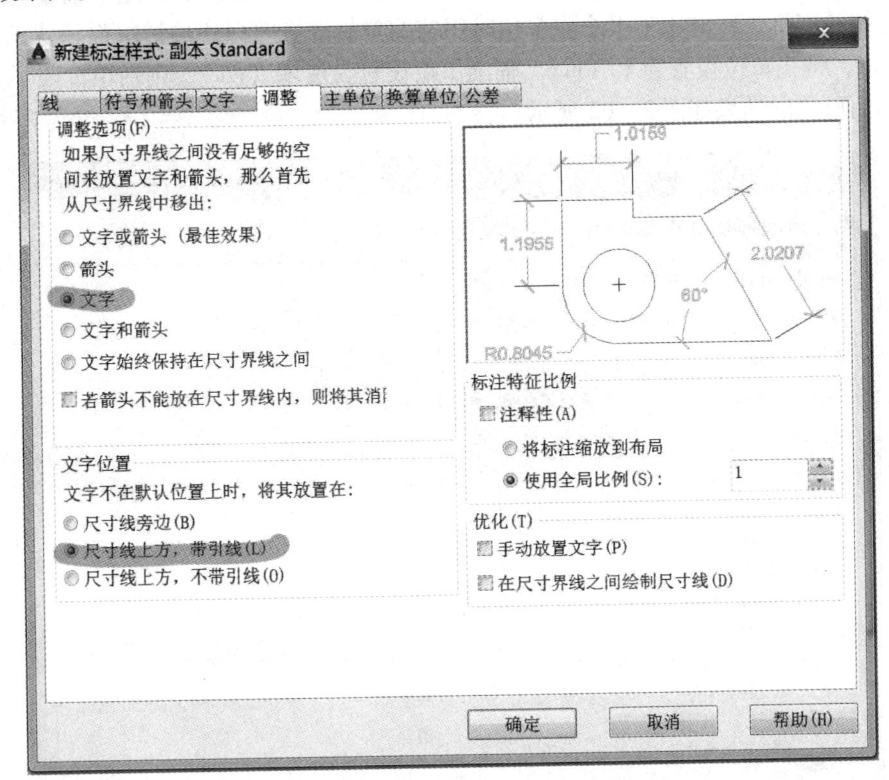

图 2－58　标注样式设置对话框——调整选项卡

文字位置是指在移动标注文字时，其与尺寸线之间的相对位置。其中尺寸线旁边是指文字和尺寸线始终保持在一条水平线上，不同调整效果如图 2－59 所示。

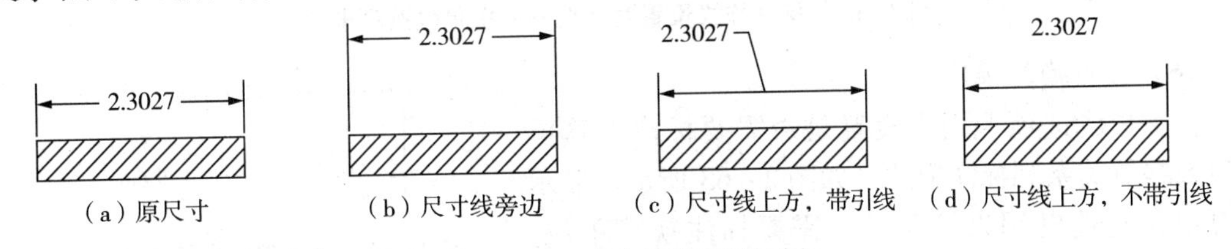

（a）原尺寸　（b）尺寸线旁边　（c）尺寸线上方，带引线　（d）尺寸线上方，不带引线

图 2－59　文字位置调整示例

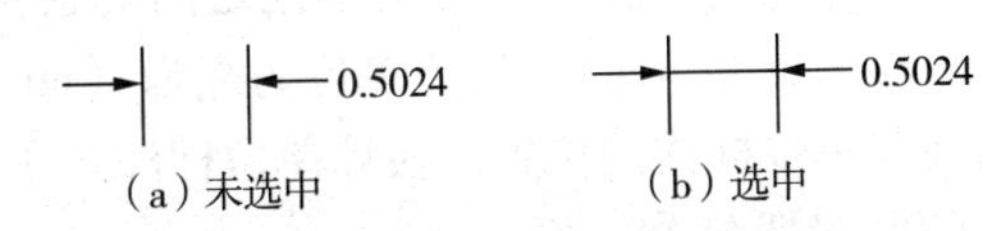

（a）未选中　（b）选中

图 2－60　选中始终在延伸线之间绘制尺寸线复选框前后效果示例

标注特征比例用于设置全局标注比例或图纸空间比例。优化选项中选中是否需要手动放置文字复选框，则标注尺寸时可以在放置尺寸线的同时调整文字的位置，否则文字将按样式放置；优化选项卡中选中是否始终在延伸线之间绘制尺寸线复选框，则即使延伸线间距较小也在延伸线之间绘制尺寸线，如图 2－60 所示。

（5）设置主单位

主单位选项卡用来设置尺寸标注的数值格式。包括线性标注和角度标注。其中的消零是指是否需要消除小数末尾和小数点前面的零。如选中“前导消零”选项则 0.1500 将变为 .1500，如选中“后续消零”选项则 0.1500 变为 0.15；线性尺寸标注中辅单位因子和辅单位后缀是当标注尺寸小于 1 个主单位时用辅助单位测量并标注的情况而设置的，如图 2－61 所示，将主单位设置为米（m），辅助单位设置为厘米（cm），则辅单位因子为 100。使用其标注尺寸的结果如图 2－62 所示。

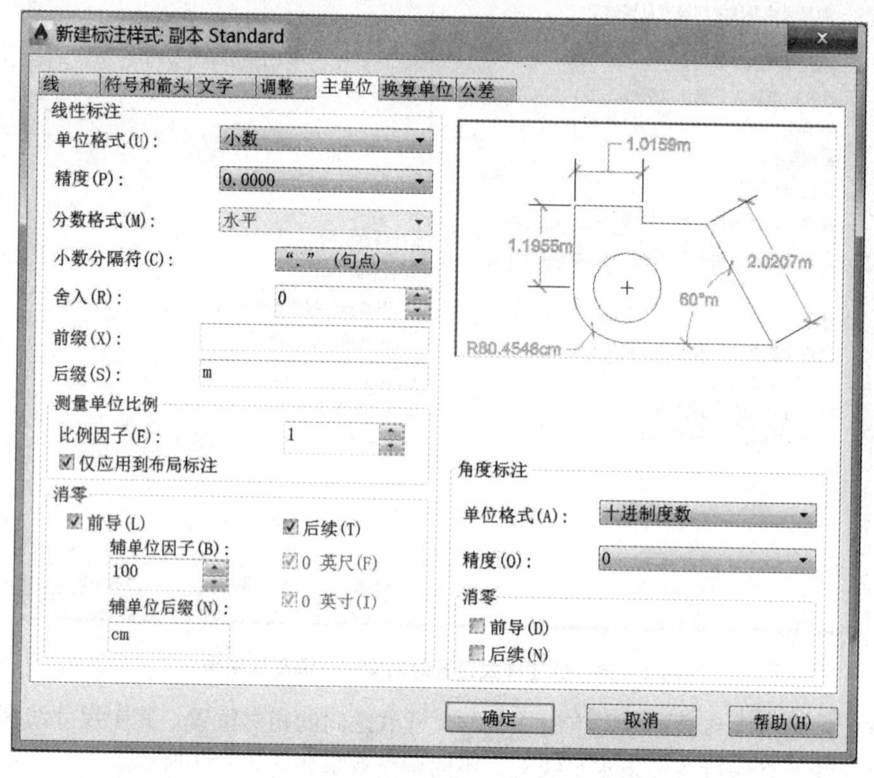

图 2－61　标注样式设置对话框——主单位选项卡

（6）设置换算单位

换算单位选项卡用来设置是否需要标注换算单位以及换算关系和标注形式，如图 2－63 所示。显示换算单位复选框用来控制是否需要标注换算单位，换算单位倍数指换算单位与主单位之间的换算关系，如主单位为英寸（in），换算单位为毫米（mm），则换算单位倍数为 25.4；位置选项用于控制换算单位标注的位置。换算单位标注效果如图 2－64 所示。

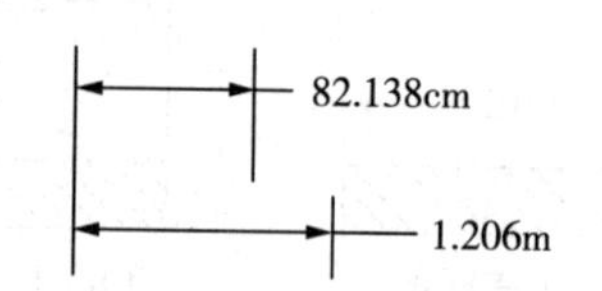

图 2－62　用辅单位标注效果示例

（7）设置公差

公差选型卡用来设置标注中的公差格式（见图 2－65），其中各选项与前面各选项卡类似，此处不再累述。

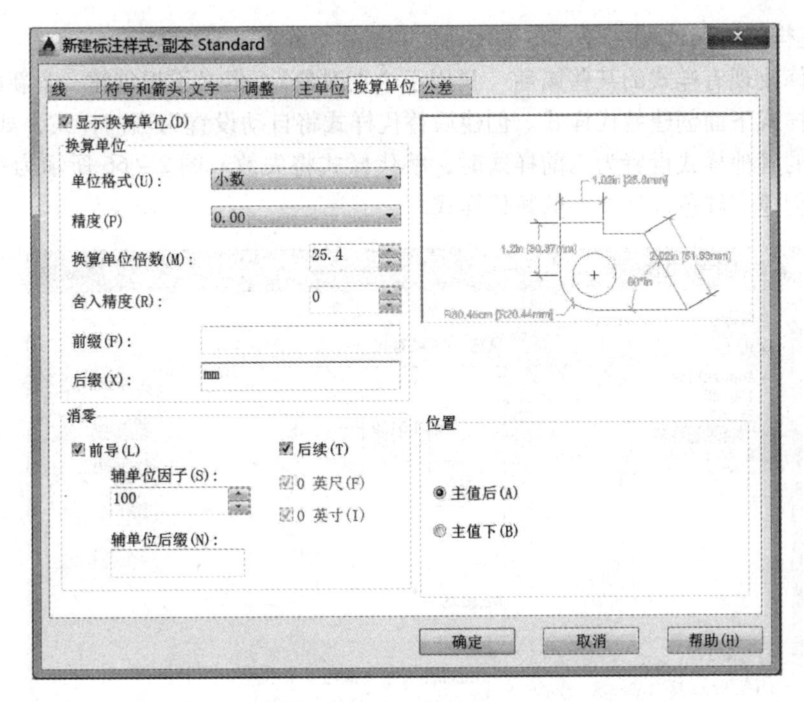

图 2－63 标注样式设置对话框——换算单位选项卡

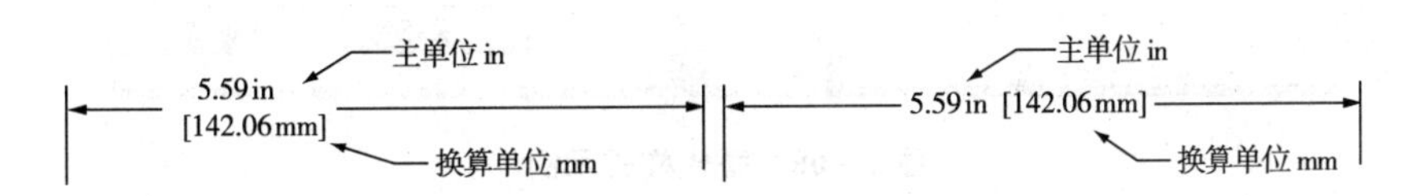

图 2－64 换算单位标注示例

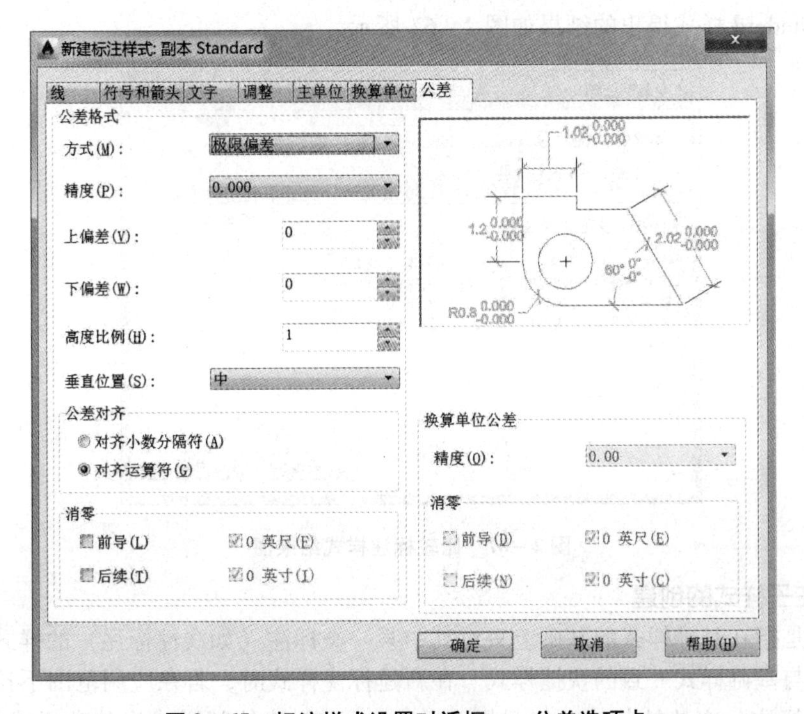

图 2－65 标注样式设置对话框——公差选项卡

3. 标注样式的替代和比较

想临时修改现有样式的某些属性（只用于个别对象），但又不想创建一个新的样式时，可以在现有样式下面创建替代样式。创建后替代样式将自动设置为当前样式，如果将除替代样式以外的其他样式设置为当前样式时，替代样式将失效。图 2－66 所示为在 Standard 样式下临时创建了红色标注文字的替代样式。

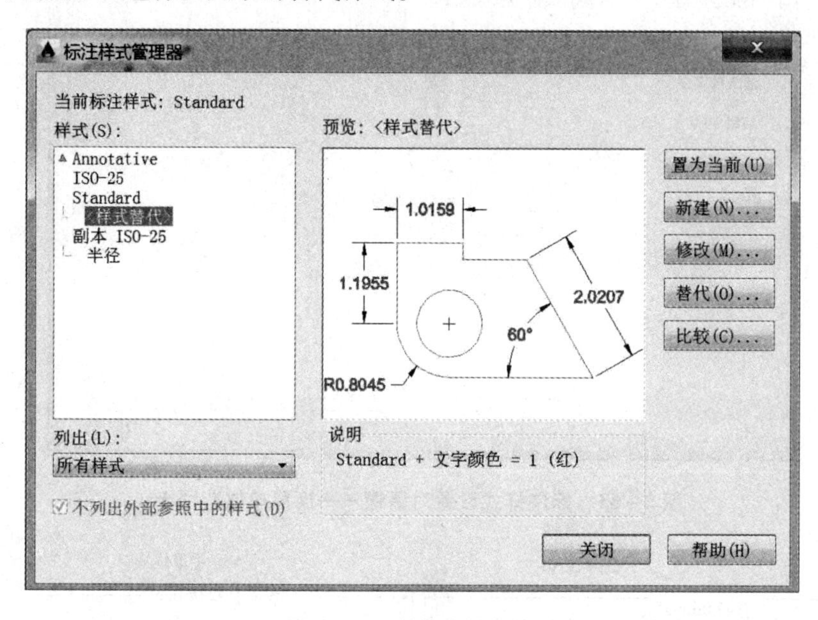

图 2－66　替代样式示例

比较样式可以得出不同样式之间的不同，例如对比 Standard 样式和以其为基础样式新建的副本 Standard 样式得出的结果如图 2－67 所示。

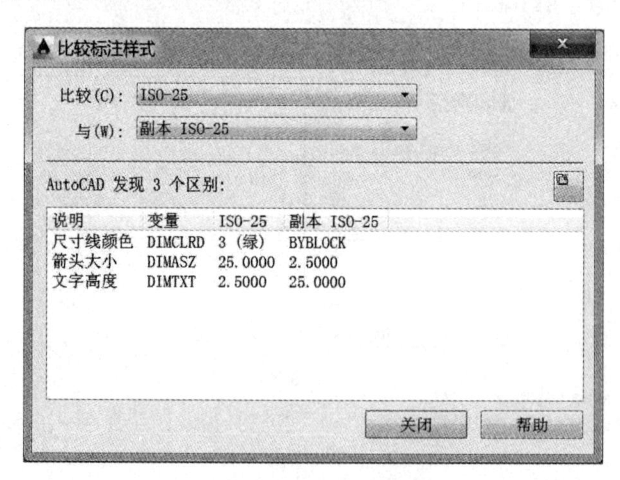

图 2－67　比较标注样式结果图

4. 标注子样式的创建

子样式是指在基础样式的基础上只对其中某一类标注（如线性标注）的样式进行修改而其他样式与基础样式一致的快捷样式。在新建标注样式时，若在应用范围下拉列表中选择除“所有标注”之外的其他项（见图 2－68），则创建的新样式为基础样式的子样式。

标注尺寸时样式名称依然为基础样式，但对于子样式对应的标注则使用子样式外观。

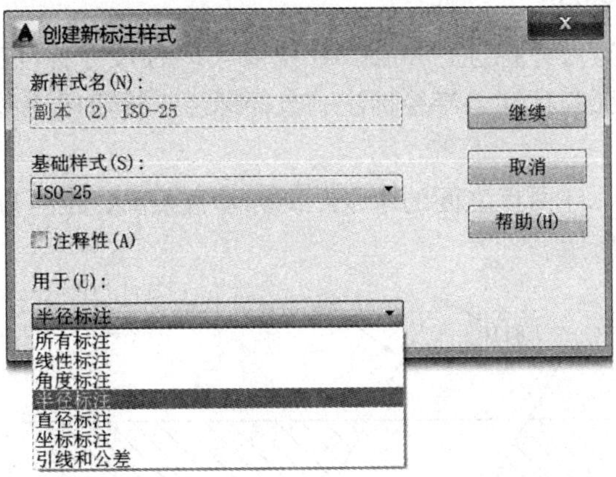

图 2－68　创建子样式——选择应用范围对话框

如新建 Standard 样式的线性标注子样式（见图 2－69），并将其标注线颜色设置为绿色，则标注效果如图 2－70 所示。使用 Standard 样式的其他标注依然采用 Standard 格式，但对于标注的线性样式将采用其下子样式的格式。

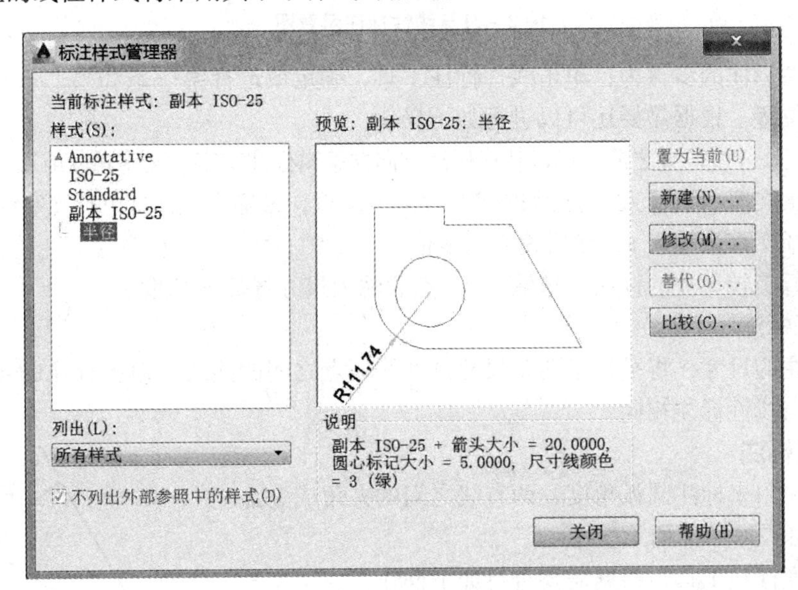

图 2－69　Standard 样式的线性标注子样式

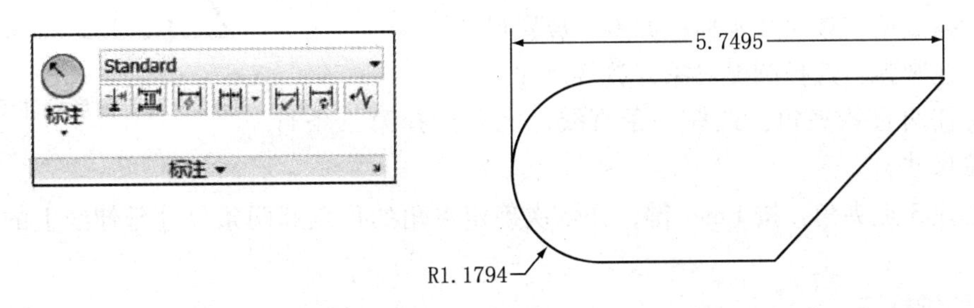

图 2－70　用带有线性子样式的 Standard 样式标注的效果图

二、常用尺寸的标注

为了方便快速地进行尺寸标注，AutoCAD 提供了多种尺寸标注工具，包括线性标注、对齐标注、角度标注、弧长标注、半径标注、直径标注、折弯标注和坐标标注。

1. 线性标注

线性标注主要用于标注两点之间的水平距离和垂直距离，也可以标注具有一定旋转角度的尺寸，如图 2－71 所示。

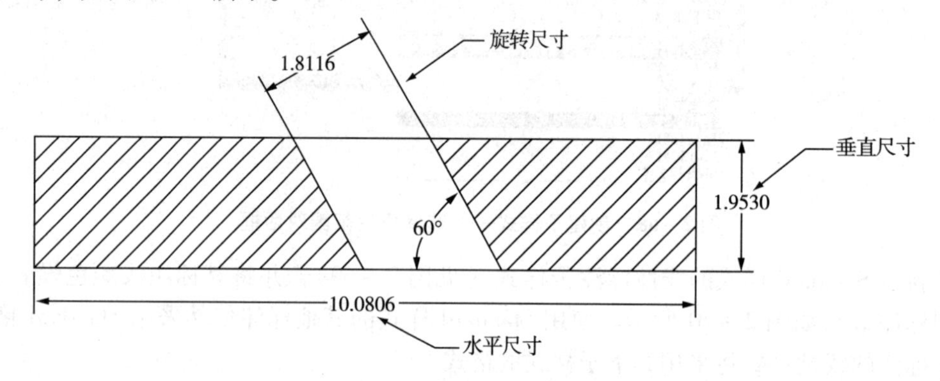

图 2－71　线性标注示意图

创建线性标注的步骤为：单击线性标注工具，确定或选择第一条和第二条延伸线，指定尺寸线的位置。根据需要还可以进行如下操作。

①在指定尺寸线位置之前，可以替代标注方向并编辑标注文字、文字角度或尺寸线角度。

②要编辑文字，请输入 m 之后进行多行文字编辑，或输入 t 进行单行文字编辑。

③要选择文字请输入 a，然后输入角度值。

④要进行旋转尺寸的标注，请输入 r，然后输入尺寸线旋转角度。

2. 对齐标注

对齐标注的尺寸线将平行于两条尺寸延伸线原点之间的连线。对齐标注的步骤和需要设置的参数与线性标注相同。

3. 角度标注

角度标注用来标注圆弧角度、两直线之间的夹角或三点之间的夹角，如图 2－72 所示。

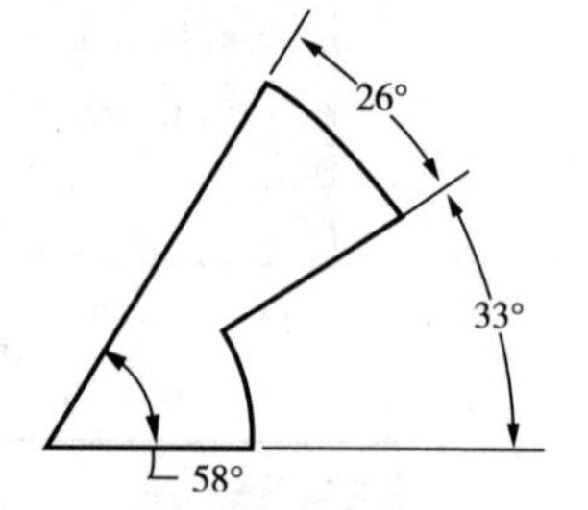

图 2－72　角度标注示意图

单击角度标注工具，根据需要进行如下操作：

①标注圆：请在欲放置第一尺寸延伸线原点处选择圆对象，之后指定第二条尺寸延伸线原点，放置尺寸。

②标注圆弧：选择圆弧对象，放置尺寸。

③标注两直线夹角：选择一条直线，之后选择第二条直线，放置尺寸。

④标注 3 点夹角：按 Enter 键，并依次确定夹角的顶点和两条尺寸延伸线上的点，放置尺寸。

4. 弧长标注

弧长标注主要用来标注圆弧弧线的长度。

5. 半径标注、直径标注和圆心标注

半径标注和直径标注用于标注圆弧或圆的半径和直径；圆心标注用于标注圆弧或半径的圆心，如图 2－73 所示。

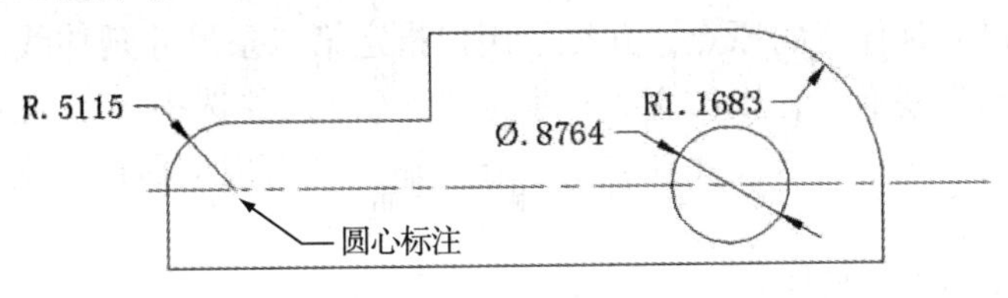

图 2－73　半径标注、直径标注和圆心标注示意图

6. 折弯标注

折弯标注用来标注其圆心不在绘图范围内时的圆弧半径，如图 2－74 所示。

创建折弯标注步骤：单击折弯标注工具，选择要标注的圆弧，指定标注中心点，放置标注尺寸。

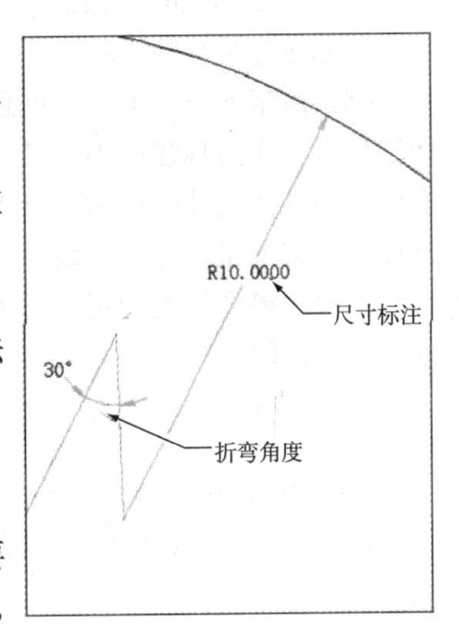

图 2－74　折弯标注示意图

7. 坐标标注

坐标标注用来标注某一点相对当前坐标原点的坐标值，包括 X 坐标值和 Y 坐标值。

8. 快速标注

快速标注可以一次标注多个尺寸。

创建快速标注的步骤：单击快速标注工具，选择需要标注的多个对象，按照需要输入标注类型（见图 2－75），指定尺寸放置位置。

关联标注优先级 = 端
选择要标注的几何图形：指定对角点：找到 4
选择要标注的几何图
QDIM 指定尺寸线位置或 [连续(C) 并列(S) 基线(B) 坐标(O) 半径(R)
直径(D) 基准点(P) 编辑(E) 设置(T)] <连续

图 2－75　快速标注工具输入选项

9. 基线标注与连续标注

基线标注是自同一基线处标注多个尺寸，连续标注是首尾相连的多个标注，如图 2－76 所示。基线标注必须在现有的线性、对齐或角度标注之上创建。

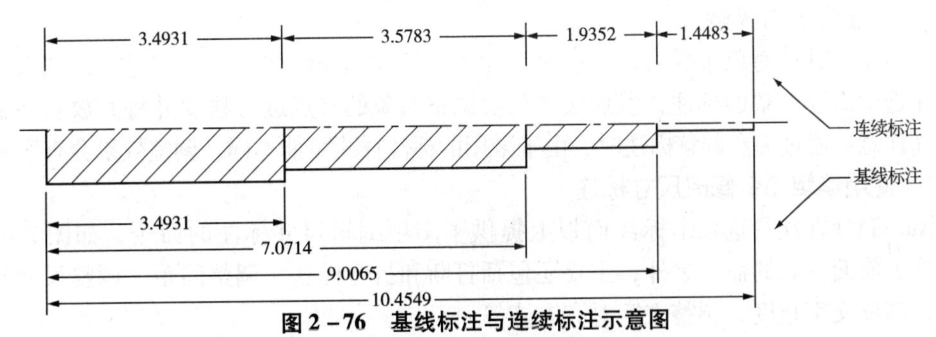

图 2－76　基线标注与连续标注示意图

创建基线标注的步骤：

①单击基线标注工具。

②默认情况下，上一个创建的线性标注（或角度标注、或对齐标注）的原点将作为新基线标注的第一尺寸延伸线的原点，并提示用户指定第二条尺寸延伸线。如果用户想选择别的尺寸延伸线作为基准线，则按 Enter 键（或 S 键），并选择一条尺寸延伸线作为基准线；根据需要依次指定下一个尺寸延伸线原点（输入 U 可取消最近一次延伸线的选取或延伸原点的输入）。

③按两次 Enter 键结束命令。

创建连续标注的步骤：

①单击连续标注工具。

②默认情况下，上一个创建的线性标注（或角度标注、或对齐标注）的第二条尺寸延伸线原点将作为标注的第一尺寸延伸线原点，并提示用户指定第二条尺寸延伸线。如果用户想选择别的尺寸线作为基准线，则按 Enter 键（或 S 键），并选择一条尺寸延伸线作为该标注的第一条尺寸延伸线。

③根据需要依次指定下一个尺寸延伸线原点（输入 U 可取消最近一次延伸线的选取或延伸原点的输入）。

④按两次 Enter 键结束命令。

三、尺寸标注的编辑

尺寸标注的编辑主要是指对尺寸样式的修改或替换、标注位置的调整以及其他特殊外观格式的修改等。

1. 修改或应用新标注样式

如果要对使用某一样式的多处尺寸标注进行外观格式修改，就需要对该标注样式进行修改或将新样式应用到这些标注。

修改标注样式与创建新样式内容相似，此处以将新样式应用到尺寸标注为例进行简述。

将新样式应用到尺寸标注的步骤如下：

①将新样式设置为当前样式（在样式对话框中单击“置为当前”按钮，或在标注样式下拉列表框中选中该样式）。

②单击“注释”选项卡，标注面板更新工具。

③选择要更新为当前样式的标注尺寸。

④按 Enter 键。

2. 标注位置的调整

当标注与其他对象重叠时，可以对尺寸线、尺寸延伸线或标注文字进行位置调整。方法是先选中需要调整的标注，然后按住需要调整对象的夹点进行移动并将其放置在适当的位置（注意：通过夹点调整标注时，由于采用的标注样式可能不同，调整效果会有所差异）。

3. 使用编辑命令修改尺寸标注

AutoCAD 在注释选项卡标注面板上提供了多项编辑尺寸标注的命令，如图 2－77 所示。除了前面提到的命令之外，主要还包括打断和折弯标注、调整间距、调整尺寸延伸线角度、调整文字角度、调整文字对齐方式等。

打断标注用来在线性标注和对齐标注尺寸上添加或删除打断效果；折弯标注用来在线性标注和对齐标注尺寸上添加或删除折弯线；调整间距用来设置基准标注尺寸线之间的间距；调整标注尺寸延伸线角度可以设置带有一定倾斜角度的尺寸界线；调整文字角度可以设置标注文字倾角；文字对齐方式也可通过相应工具调整。倾斜尺寸界线，带角度文字以及文字对齐方式效果如图 2－78 所示。

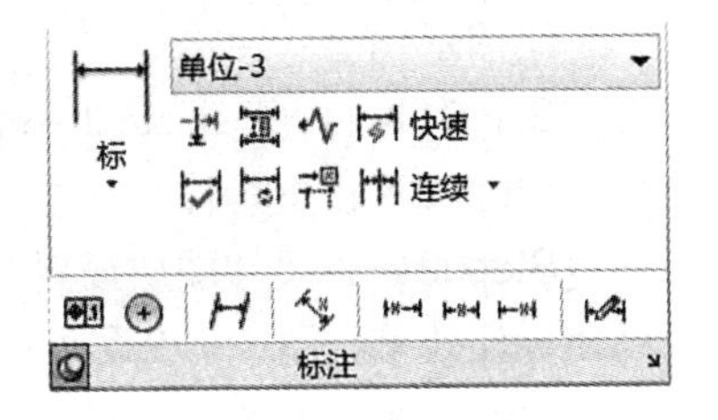

图 2－77　尺寸标注面板

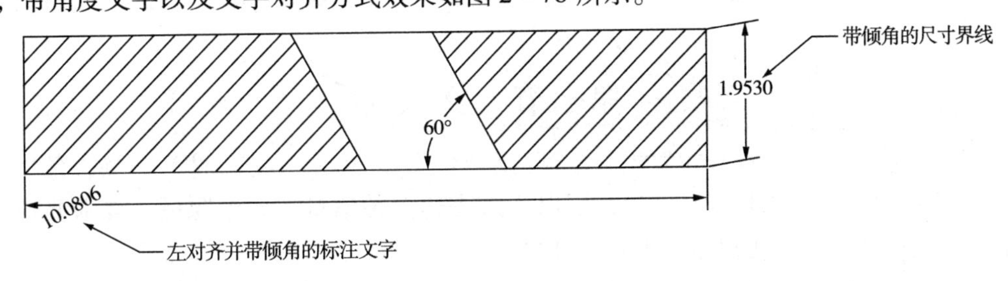

图 2－78　尺寸延伸线倾角及文字倾角和对齐效果图

四、典型实例

实例 2－7：标注 Sample2－6. dwg 文件中的图形，完成后的效果如图 2－79 所示

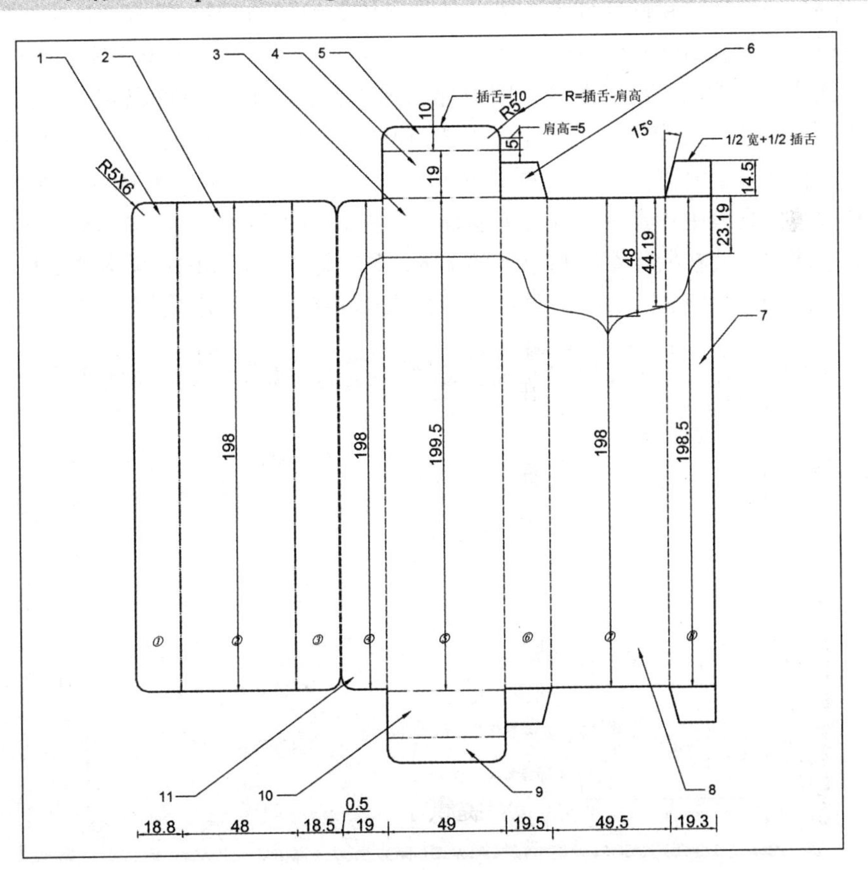

图 2－79　标注后的纸盒展开图示例

绘图示例：

Step01▶打开 Sample 2－6. dwg。

Step02▶设置标注样式。

Step03▶将尺寸图层设置为当前图层，标注尺寸，并反复修改标注样式及标注的尺寸以使标注效果与图 2－79 尽量一致（如果使用同一标注样式，需要使用替代样式）。

Step04▶将引线图层设置为当前图层，标注引线和标号。

Step05▶完成图形标注，将文件另存为 Sample 2－7. dwg。

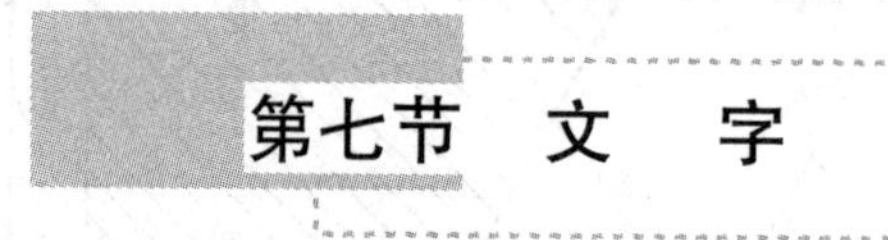

第七节　文　字

文字在二维工程图中必不可少，可以用来表达多种信息，如标题栏，技术要求、标签、注释说明等，甚至可以是图形的一部分。

本节主要介绍文字的基本概念、文字样式和文字的创建与修改方法。

一、字体概念与文字样式

1. 字体概念

AutoCAD 中可以选用的字体有两类。一类字体为编译的 SHX 字体（也称形字体），其后缀为 . shx，存放在 AutoCAD 安装目录下的 Fonts 文件夹中，这一类字体是 AutoCAD 的专有字库，其特点是占用系统资源少，图形显示速度快，而且用户可以定制，因此用 AutoCAD 绘图时常采用此类字体。但形字体对于英文字母和汉字使用的是不同的形文件，因此当文字内容包含汉字时需要在文字样式对话框中勾选使用大字体复选框，如图 2－80 所示，并在大字体列表中指定一种汉字形字体。另一类字体为 TrueType 字体，即操作系统字体库中的字体，存放在操作系统目录下的 Fonts 文件夹中，字体的后缀名为 . ttf，这一类字体是操作系统的通用字体，其他软件如 Word、Excel 等也都采用，使用方法也基本相同。

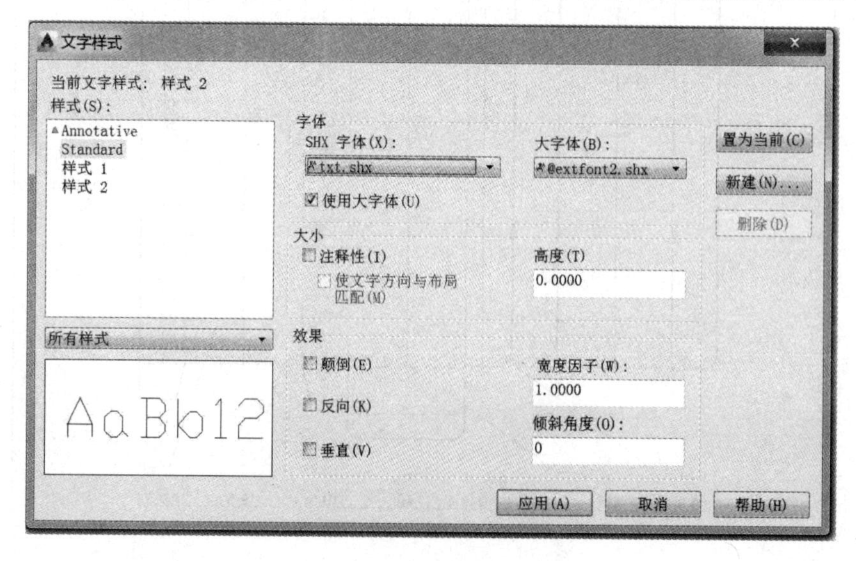

图 2－80　文字样式对话框

2. 文字样式

文字样式用来控制文字的外观，包括字体、字号、角度、方向、宽度系数等字体特征。在输入文字之前需要先设置好字体样式，并将其设置为当前文字样式。系统默认的文字样式为 Standard 样式，用户可以修改其样式内容，也可以创建并定制新的字体样式。

设置文字样式时需要注意的是，文字高度是以图形单位来度量的字号，如果将其设置为 0，则在文字输入时需要设置文字的高度，若在文字样式中指定了文字高度则在文字输入时不提示输入文字高度。

二、单行文字与多行文字

1. 基本概念

使用单行文字可以创建一行或多行文字，但多行文字的每行文字都是独立的对象，可对其进行重定位、调整格式和修改。对于简短的文字内容，可以通过单行文字来创建，例如标签项等。

使用多行文字可以创建由任意数目的文字行或段落组成的文字内容，类似于文字处理软件中的段落。对于内容较多，格式复杂的文字，可以通过多行文字来创建。多行文字输入之前，应指定文字输入框的对角点，定义多行文字对象的宽度。多行文字对象的长度取决于文字量，而不是边框的长度。可以用夹点移动或旋转多行文字对象。

创建文字时，通过在“输入样式名”提示下输入样式名来指定现有样式。用于单行文字的文字样式与用于多行文字的文字样式相同。如果需要将格式应用到独立的词语和字符，则使用多行文字而不是单行文字。

2. 创建方法

（1）创建单行文字

单击单行文字工具。

如果要指定对齐方式和文字样式，按 J 后根据提示选择对齐方式，按 S 后根据提示输入文字样式名称。

指定第一个字符的插入点。

指定文字的高度。此提示只有文字高度在当前文字样式中设置为 0 时才显示。可以使用鼠标创建一条拖引线来输入文字高度，方法是：单击文字输入点，拖动光标引出一条拖引线，单击以将拖引线的长度定义为文字高度。

指定文字的旋转角度。可以输入角度值来定义旋转角。也可以通过鼠标将拖引线的方向设置为旋转角。

输入文字。在每一行结尾按 Enter 键。按照需要输入更多文字，每行文字为独立的对象（注意 AutoCAD 将以适当的大小在水平方向显示文字，以便用户可以轻松地阅读和编辑文字，结束创建命令后创建的文字将以设置的文字样式显示）。

如果在此命令中指定了另一个点，光标将移到该点上，可以继续输入。

在空行处按 Enter 键结束命令。

（2）创建多行文字

单击常用选项卡注释面板中的多行文字工具。

指定两个对角点以定义多行文字对象的输入框，此时将激活“文字编辑器”选项卡，并出现动态文字标尺，如图 2－81 所示。

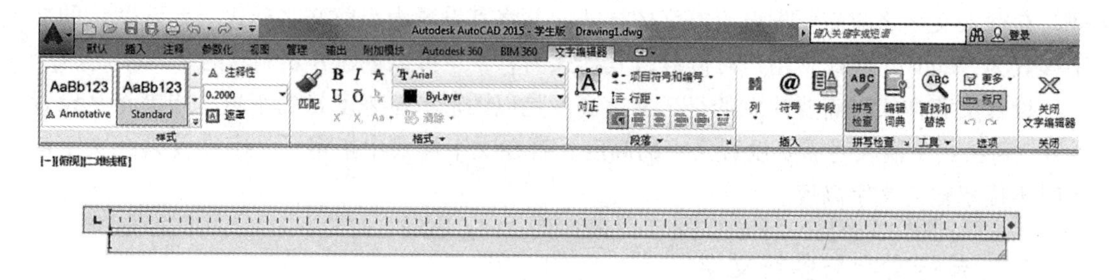

图 2－81　多行文字编辑器面板及动态文字标尺

要对每个段落的首行缩进，拖动标尺上的第一行缩进滑块。要对每个段落的其他行缩进，拖动第二行段落滑块。

要设置制表符，单击标尺设置制表位。

如果要使用文字样式而非默认样式，请在功能区上文字样式下拉列表中选择文字样式。

输入文字（注意 AutoCAD 将以适当的大小在水平方向显示文字，以便用户可以轻松地阅读和编辑文字，结束创建命令后创建的文字将以设置的样式显示）。

要替代当前文字样式，请按以下方式选择文字：

①要选择一个或多个文字，请在字符上单击并拖动鼠标。

②要选择词语，请双击该词语。

③要选择段落，请三击该段落。

在功能区上，按以下方式修改格式：

①要修改选定文字的字体，请从列表格中选择一种字体。

②要修改选定文字的高度，请在文字高度框中输入新值。（注意：如果在创建过程中未修改多行文字的默认高度，则多行文字高度值将重置为 0）。

③要使用粗体或斜体设置 TrueType 字体的文字的格式，或者为任意字体创建下划线文字或上划线文字，请单击功能区上的相应按钮。SHX 字体不支持粗体或斜体。

要向选定文字应用颜色，请从颜色列表格中选择一种颜色。单击选择颜色选项，可显示选择颜色对话框。

其他文字编辑选项与常规文字编辑软件使用方法相似，此处不再累述。

要保存修改并退出编辑器，请使用以下方法：

①在多行文字编辑器功能区的关闭面板中，单击关闭文字编辑器。

②单击编辑器外部的图形。

③按 Ctrl + Enter 组合键。

3. 单行文字的对齐

单行文字通常需要对齐到其他对象（或者对齐到自身的起点），常用的对齐选项如图 2－82 所示，默认的对齐方式为左对齐。

图 2-82　文字对齐方式

4. 单行文字和多行文字的编辑

通过双击需要修改的文本进入单行文字或多行文字的编辑状态，选定需要修改的文字内容对其进行修改。对单行文字只能进行文字内容的增删，而对多行文字可以用文字编辑器选项卡中的工具进行各种段落格式的编辑。

三、典型实例

实例 2-8：在 Sample 2-6. dwg 文件中添加文字，完成效果如图 2-83 所示

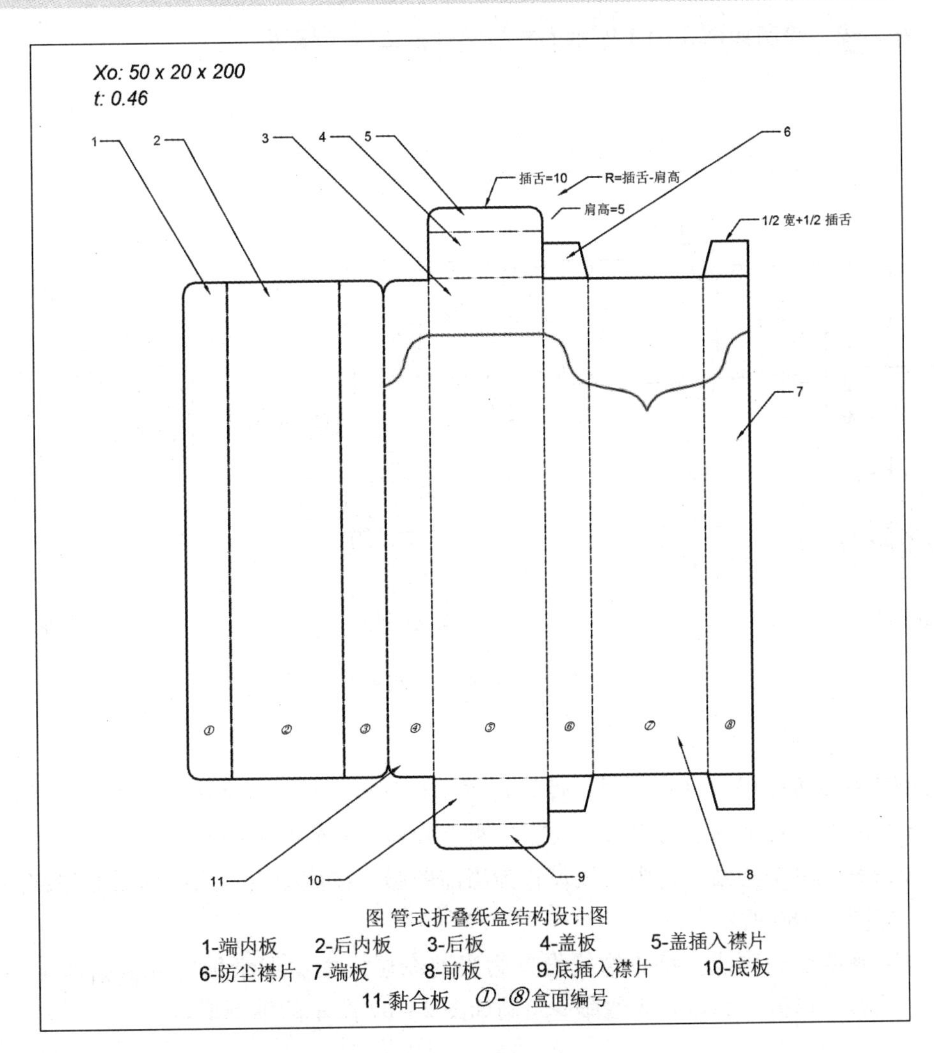

图 2-83　添加文字后的纸盒展开图示例

绘图示例：

Step01▶打开 Sample 2－6. dwg 文件。

Step02▶操作图层面板，隐藏尺寸图层的显示。

Step03▶设置文字样式。

Step04▶使用单行文字工具添加左上角的两行文字。

Step05▶使用多行文字工具添加说明文字，并调整文字选项，使其尽量与图 2－83 效果一致。

Step06▶完成文字绘制，将文件另存为 Sample 2－8. dwg。

第八节　综合实例

实例 2－9：绘制如图 2－84 所示的机械零件的二维工程图

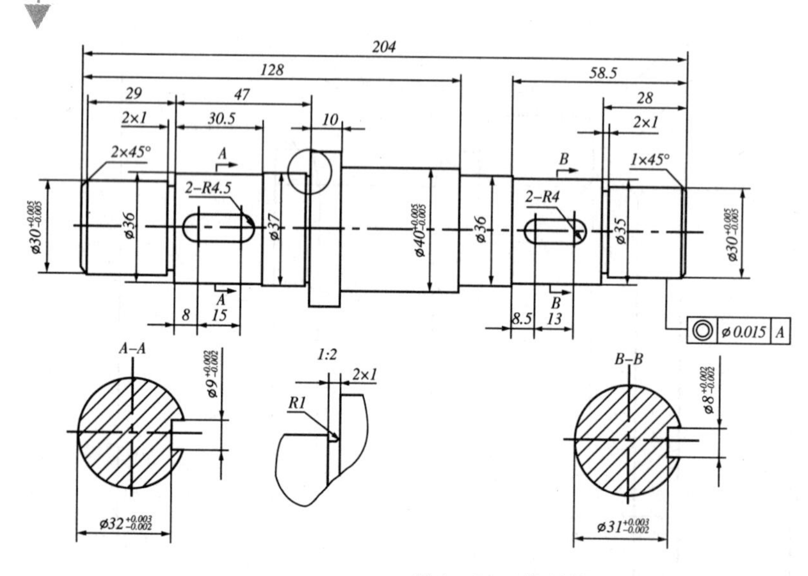

技术要求

1. 热处理，调质；
2. 加工完成后表面镀锌处理；
3. 未标注倒角为R0.5。

图层	颜色	线宽(mm)
轮廓线	黑	0.3
标注层	蓝	0.25
剖面线	绿	0.25
中心线	红	0.25
细实线	黑	0.25

图 2－84　绘制练习题示例

绘图要点示例：

Step01▶设置图层。打开图层特性管理器，创建轮廓线、中心线、细实线、剖面线、标注线 5 个图层，每个图层的线型、线宽与颜色分别设置如图 2－85 所示。

Step02▶绘制中心线。将中心线设置为当前图层，在该图层上绘制轴图形和剖图形的中心线，如图 2－86 所示。

Step03▶绘制轮廓线。将轮廓线设置为当前图层，根据图纸依次视情况而定启动直线、圆、偏移、修剪、倒角等普通命令绘制如图 2－87 所示的轴图形。

状态	名称	开	冻结	锁定	颜色	线型	线宽
	0				■白	Continuous	默认
	Defpoints				■白	Continuous	默认
	标注线				■250	Continuous	默认
	轮廓线				■白	Continuous	0.30 毫米
	剖面线				■250	Continuous	默认
	细实线				■白	Continuous	默认
	中心线				■250	CENTER	默认

图 2-85　图层设置示例

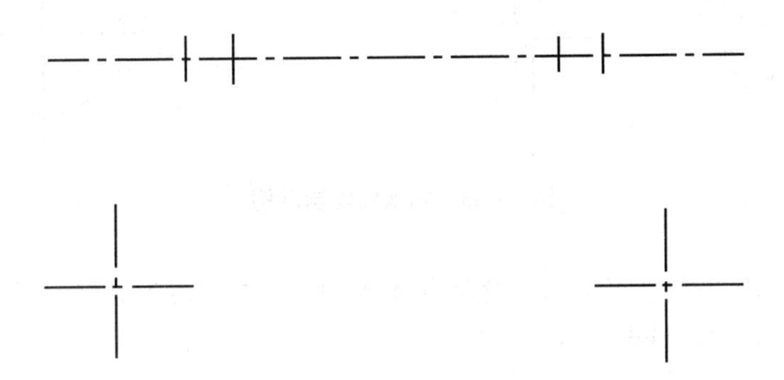

图 2-86　中心线绘制示例

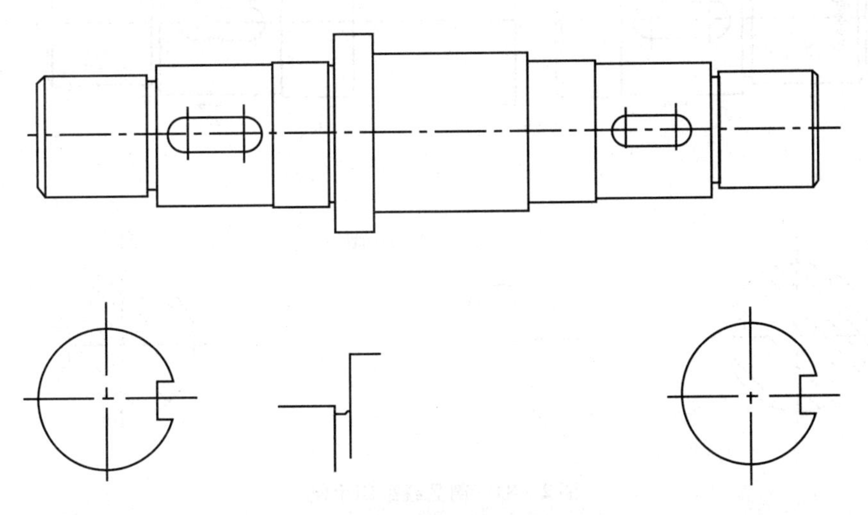

图 2-87　轮廓线绘制示例

Step04▶绘制细实线。将细实线设置为当前图层，在轴图形要剖面的地方绘制箭头（启动多段线命令进行绘制），再创建单行文字字母 A、B、A—A、B—B、1∶2。如图 2-88所示。

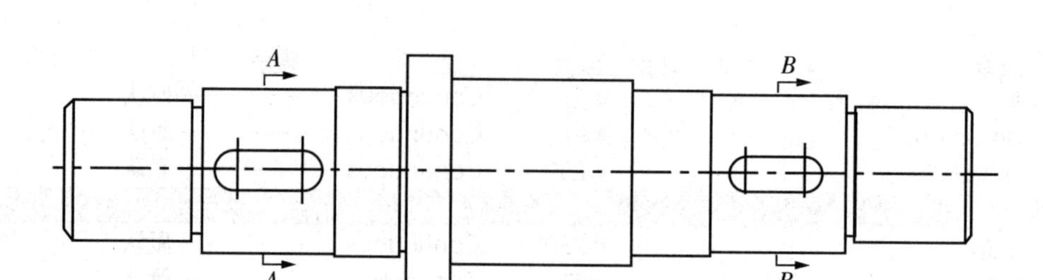

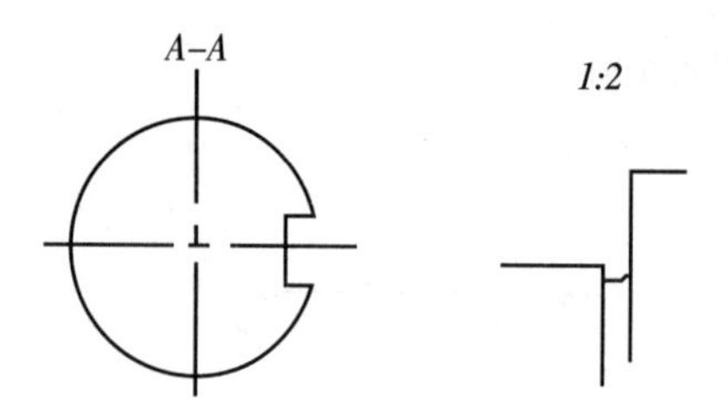

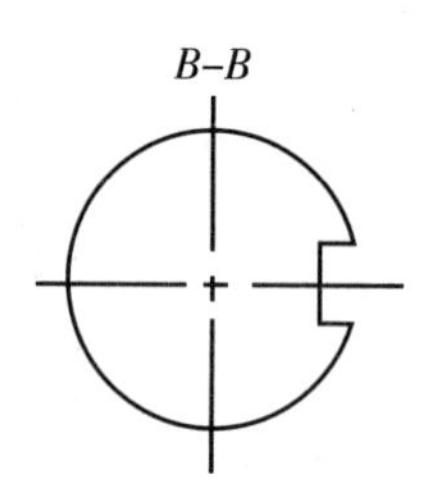

图 2－88 细实线绘制示例

Step05▶绘制剖面线。将剖面线设置为当前图层，在图中圆形区域用图案填充工具填充 ANSI31 图案。如图 2－89 所示。

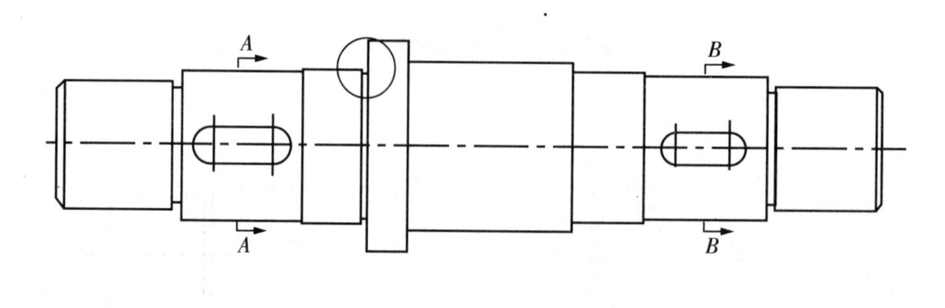

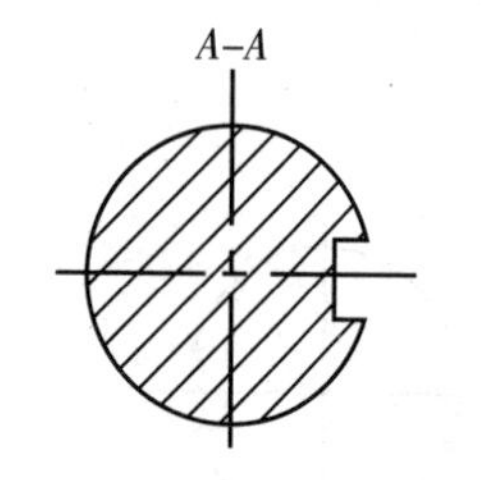

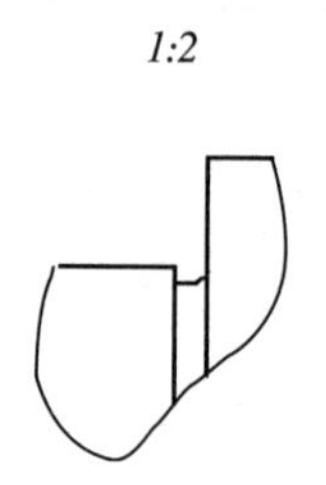

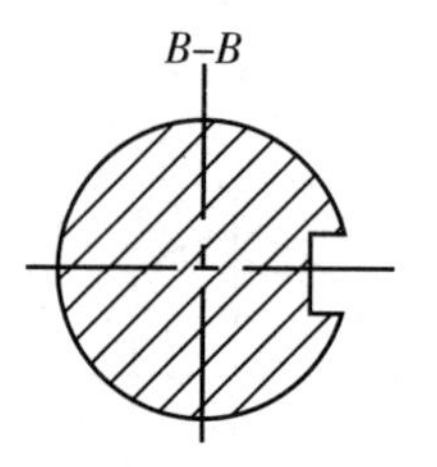

图 2－89 剖面线绘制示例

Step06▶标注尺寸。将标注线层设置为当前图层，设置标注样式如图 2－90 所示。启动线性标注、连续标注与角度标注标注图形尺寸，在有些需要公差的地方修改尺寸标注，输入偏差值，标注公差。效果如图 2－91 所示。

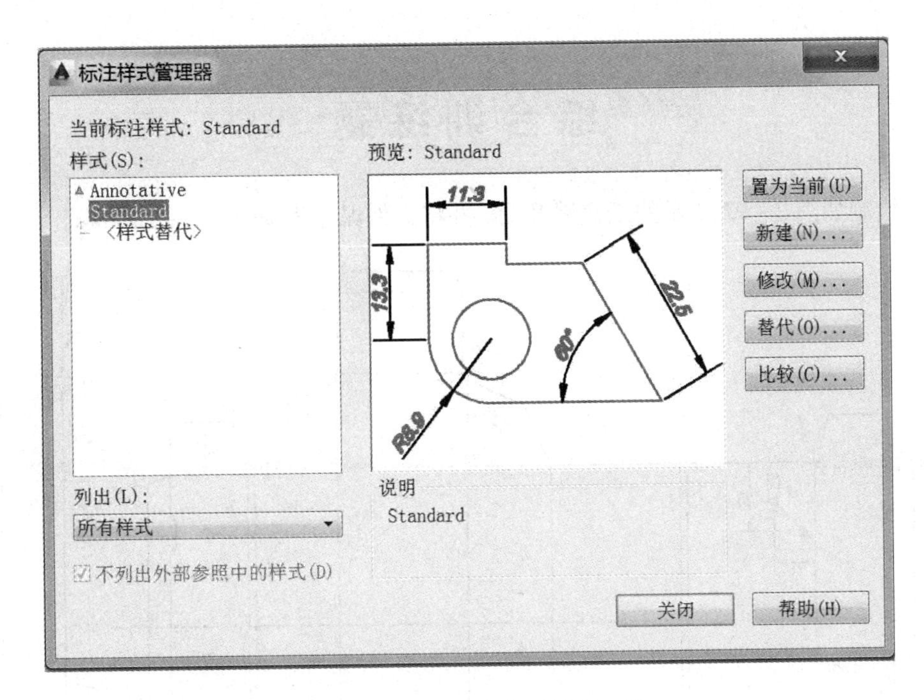

图2-90　尺寸标注样式设置示例

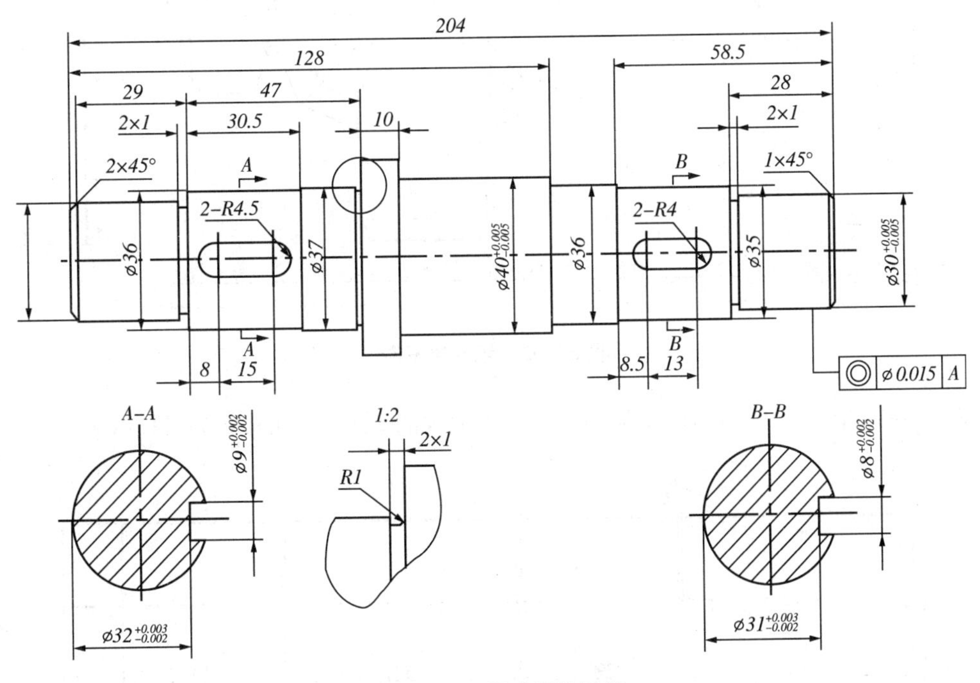

图2-91　尺寸标注示例

Step07▶添加文字。在轮廓线图层创建多行文字，输入 mt，按空格键，指定段落的宽度，弹出文字格式对话框，输入文本，单击“确定”按钮。

Step08▶完成图形绘制，将文件保存为 Sample 2-9. dwg。

综合训练题

1．绘制如图 2－92 所示的纸盒展开图，并将文件保存为Sample 2－10. dwg。

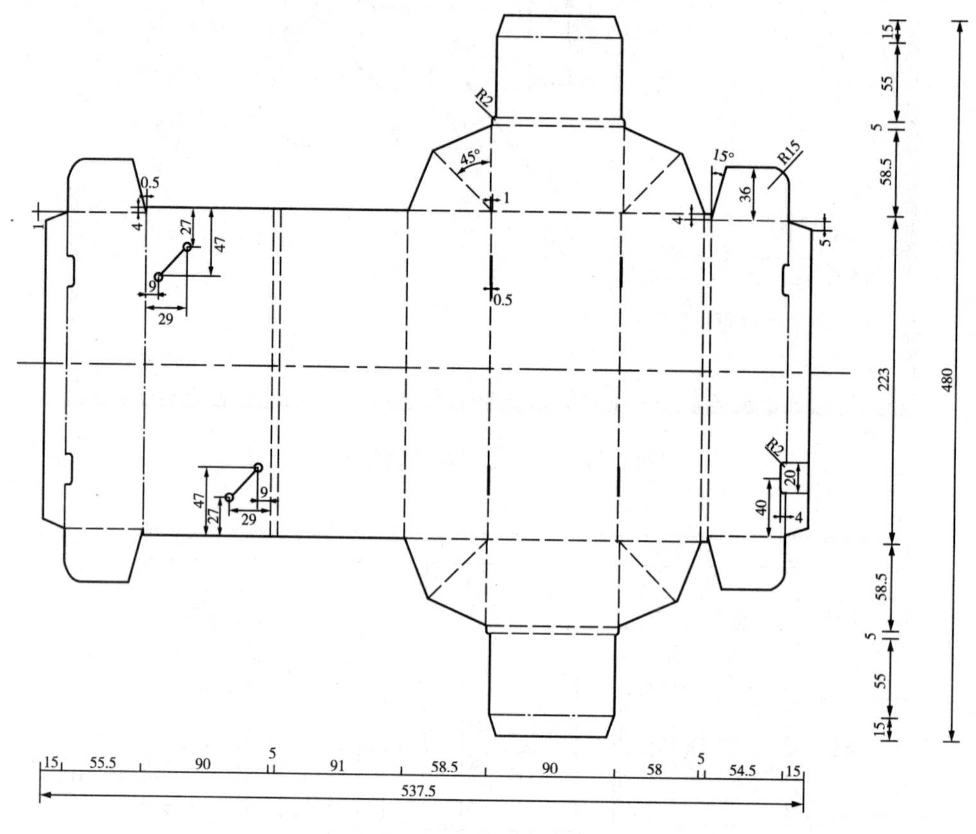

图 2－92　纸盒展开图

2．绘制如图 2－93 所示的纸箱展开图，并将文件保存为 Sample 2－11. dwg。

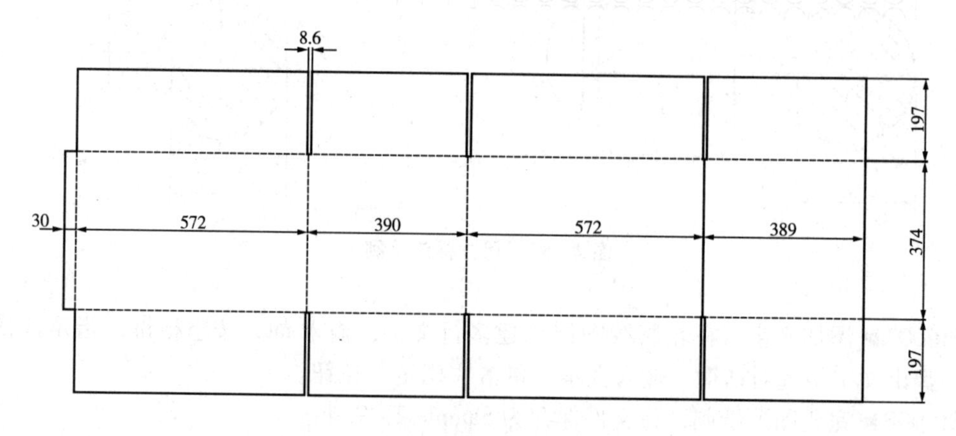

图 2－93　0201 型瓦楞纸箱制造尺寸示意图

3. 绘制如图2－94所示的玻璃瓶瓶口剖面图，并将文件保存为Sample 2－12. dwg。

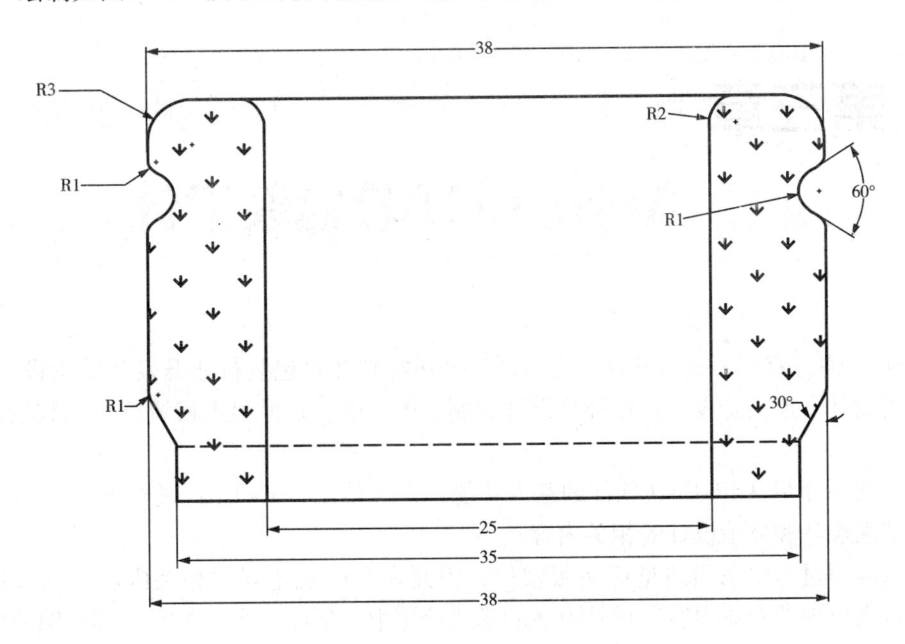

图2－94　某型号玻璃瓶瓶口尺寸设计图

4. 绘制如图2－95所示的塑料周转箱结构图（三视图），并将文件保存为Sample 2－13. dwg。

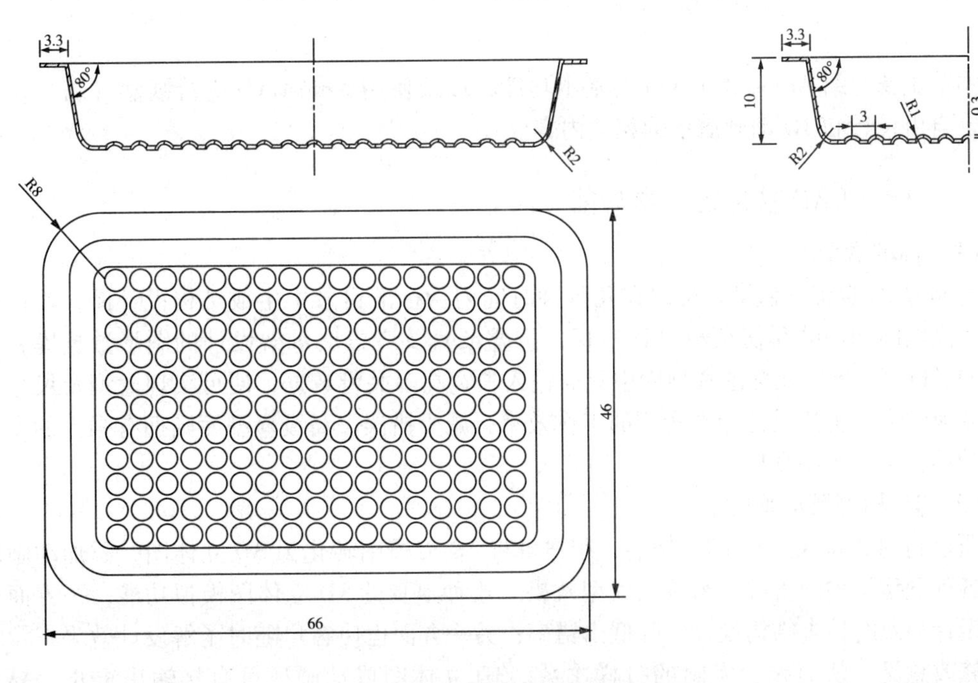

图2－95　塑料周转箱结构三视图

第三章 ArtiosCAD包装设计

ArtiosCAD（雅图）是 ESKO（艾司科）公司特别针对包装行业开发的结构设计软件，提供结构设计、产品开发、虚拟样品设计和制造等功能，是世界上最流行的包装结构设计软件。

本章简要介绍 ArtiosCAD 软件的基本功能，以及使用 ArtiosCAD 进行纸盒（箱）结构设计、装潢设计和展示设计的相关内容。

本章编写过程中采用的是英文版软件，因此在文中表述软件相关内容时均以英文出现，对首次出现的专业内容以括号附注的形式给出中文翻译，常用英文内容及图片中的英文未能全部翻译，还请读者见谅。

第一节 纸盒（箱）结构设计

本节主要介绍 ArtiosCAD 软件的基本功能，以及使用 ArtiosCAD 进行纸盒（箱）标准设计、自由设计和3D 动画演示的相关内容。

一、ArtiosCAD 软件的基本功能

（1）标准盒型库

ArtiosCAD 自带的盒型库可以在几秒钟时间内从标准目录中生成结构设计图，其模板包含各类国际通用的瓦楞纸箱设计模板，折叠纸盒及广告展示架设计的图形数据库，如 FEFCO、ECMA 等。在标准盒型库中只需输入长宽高等关键数据，便可实现盒型及尺寸的自由变换，大大提高设计标准盒型的工作效率，减少错误。高级盒型库则拥有强大的变量函数功能，可以定制盒型。

（2）3D 模型及动画展示

通过利用 ArtiosCAD 的 3D 功能，用户可将 2D 刀模图转化为 3D 立体图，添加动画以模拟各种盒型结构的折叠、组装及成型效果。这种逼真的 3D 立体图模拟功能，一方面可帮助设计师及时检查结构设计，降低出错率；另一方面也使客户随时了解设计效果，及时提出修改意见，从而减少实际的打样次数。3D 立体图或动画还可直接输出 PDF、AVI、Quicktime 等格式的文件，方便客户在没有专业软件的情况下观看。

（3）包装虚拟产品

随着数字技术的成熟，如今许多产品的设计都能应用3D 软件，ArtiosCAD 结构设计软

件可导入各种常见的3D建模文件格式，包括IGES、Step、SolidWork、CATIA、Creo Parametric、Inventor、SAT和VRML。在没有实物的情况下，只需要3D模型文件便可实现对其包装的结构设计，同时丰富的材料库提供各种选择，满足内包装材质从卡纸、瓦楞纸，到各种泡沫缓冲材料的设计要求。3D设计完成时，软件自动生成2D刀模图及外盒图纸，方便下一步的打样及实际生产。

（4）数据库和报告单

ArtiosCAD（雅图）结构设计软件系统使用关联数据库，数据库浏览器帮助设计人员迅速定位文件并共享设计文件信息。ArtiosCAD（雅图）具有强大的报告单编辑功能，报告单中可以设定多个窗口，同时显示平面图及3D立体图，方便其他人查找设计图纸；用户还可自定义各项参数，创建适合他们自己的报告单格式。

（5）自动加工设计

加工设计会对生产设备的效率带来巨大影响。ArtiosCAD结构设计软件提供的强大综合功能涵盖了刀模、压线底模板、清废和旋转刀模。全自动和灵活的加工功能以快捷的设计工具设定和内置，优化驱动器，以实现产量的最大化。用刀模制作器和清废模块能设计刀模板和清废以进行激光裁切。转轮刀模制作器能够建立旋转刀模，包括刀模分离、规则路径和桥位，这些加工马上可以通过激光和刀模锯输出。智能底模板工具可以自动生成即可用于生产的复杂底模板。

二、标准纸盒（箱）结构设计

ArtiosCAD标准设计库里面包含了绝大多数的包装常用箱型，通常只需要运行标准设计或在标准设计的基础上进行简单修改即可完成纸盒（箱）的设计。标准纸盒（箱）结构设计过程如下：

①ArtiosCAD程序打开后，从“文件”菜单选择“运行标准设计”选项（File > Run a standard）。

②在弹出的Standards Catalog（标准种类）窗口（如图3－1所示）中选择Corrugated（瓦楞纸箱）或Folding carton（折叠纸盒），并从展开的目录中选择某个类型下的具体箱型，单击“OK”按钮。

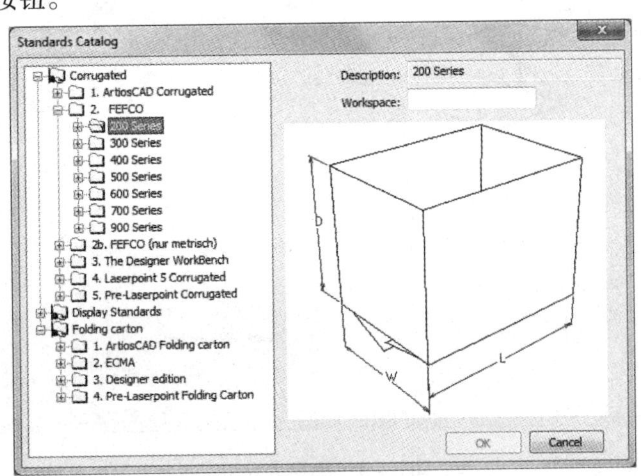

图3－1 标准设计图库对话框

③在弹出的 Single Design Settings（设计选项）对话框（如图 3－2 所示）中选择尺寸单位、选择纸板材料。对话框左边是“Parameter Set（参数集）”选项卡，选择“Corrugated”或“Folding Carton”选项，单位采用 Inch（英制）或 Metric（公制）；对话框右边是“Board（纸板材料）”选项卡，选择“Corrugated”或“Folding Carton”选项中的相应材料，单击“OK”按钮。

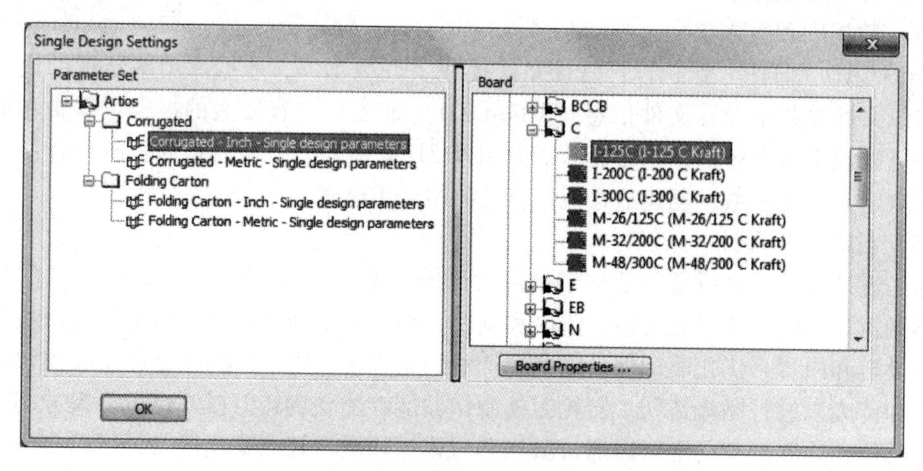

图 3－2　设计参数和纸板材料选择对话框

④在弹出的“尺寸”对话框（见图 3－3）中确定尺寸参数。输入内部尺寸，通常为 L（长度），W（宽度），D（深度），有时会出现其他类型的尺寸。单击“Next”按钮，后面几页的参数设定主要针对所选箱型的设计细节，通常情况下采用默认值即可，单击“OK”按钮完成设计。一个标准纸盒的平面设计展开图将呈现在 ArtiosCAD 主界面中，如图 3－4 所示。

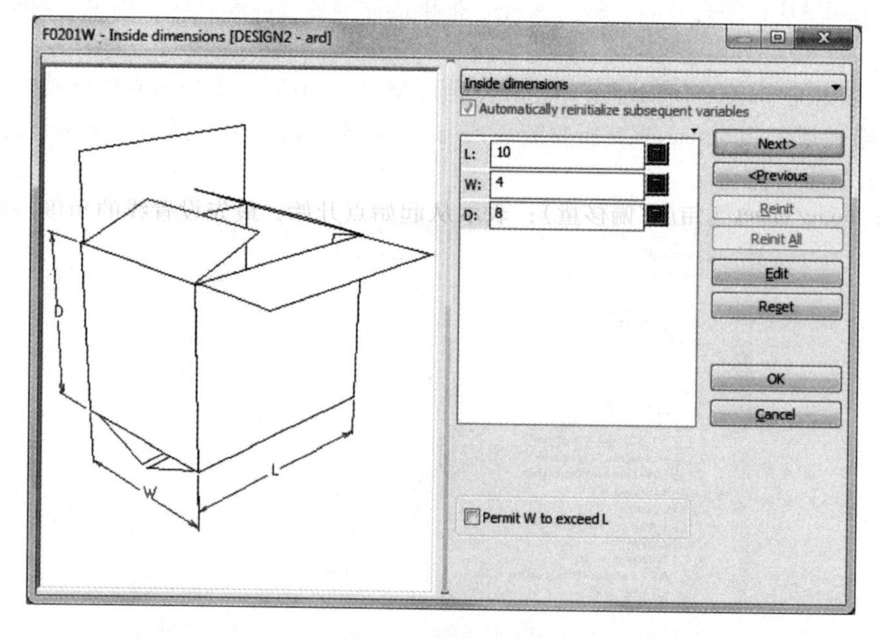

图 3－3　确定内尺寸

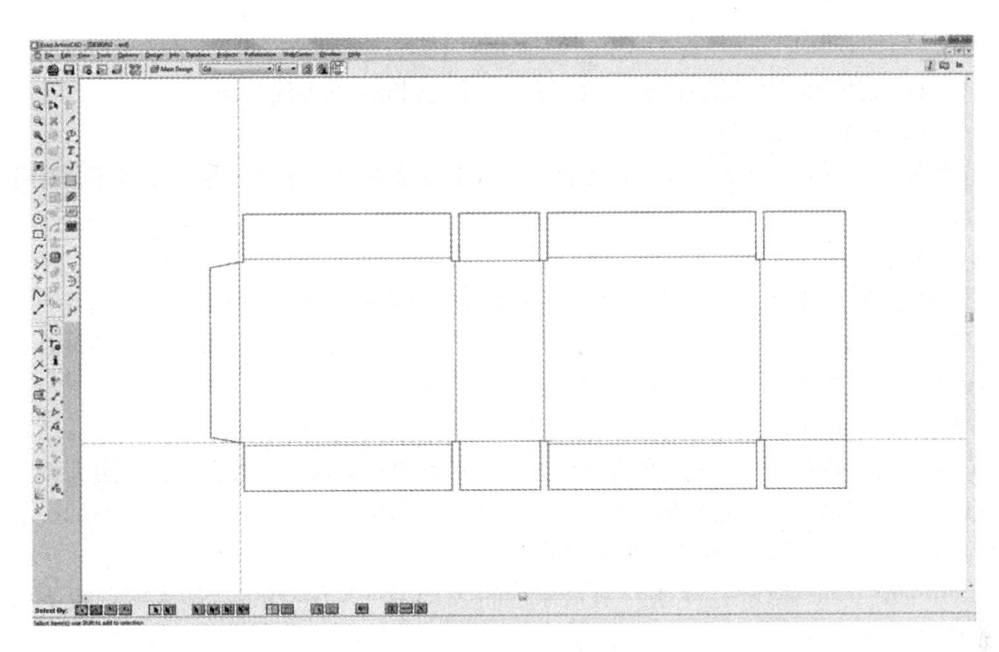

图 3-4　标准 0201 型纸箱展开图

三、自由绘图与图形编辑

1. 常用几何图形的绘制

数据输入的 3 种方法：单击鼠标左键来确认设置（光标旁显示的角度度数和长度将作为数据输入）；直接在窗口左下方输入角度度数和长度；使用软键盘输入（按下空格键以打开键盘，由此输入数值）。

“起始点”的概念：“起始点”是 ArtiosCAD 特有的一个概念，在进行自由绘图的时候经常会用到，系统默认上次绘图的结束位置为“起始点”。若要创建新的起始点，使用“Ctrl + W”组合键并单击鼠标确认，若要选择任何一个已经存在的点作为起始点，使用“Ctrl + Q”组合键并用鼠标点选。

（1）Lines（线）

Line：angle/offset（角度/偏移量）：表示从起始点开始，最先设置线的角度，再设置长度（与 X、Y 轴的距离或线条本身的长度）。

（2）Rectangles（长方形）

长方形绘制有 3 种方法。

①Rectangle from line：选择一条线并且移动鼠标，被选中的线将会成为长方形的新的一边。

②Rectangle from center：选择长方形的中心点，然后确定两个边长。

③Rectangle horizontal/vertical：从起始点向右移动鼠标，点击设置 X 轴方向的边长，再向上移动鼠标，单击设置垂直方向的边长。

（3）Circles（圆）

以起始点为圆心，设置半径或者以圆上的某点为起始点，设置距离该点的角度以及半径。

(4) Construction lines (构造线)

构造线是绘图辅助，无法输出。绘制方法与绘制 lines 的方法相同。

(5) Trim lines (修剪)

左侧工具栏里面的剪刀标识，用于将一条线分开成两段或多段。修剪工具不能用于构造线。

(6) Line type (线型)

操作页面的顶部有一个下拉列表，就是 Line Type Set 线型组设置。默认设置一般为 Cut 切割线和 Crease 折叠线，可以增加或更改线型。若要更改线型，选中要改的线，再使用 Line Type Set 线型组下拉列表选择希望更改的目标线型。

(7) Arcs (弧线)

常用的弧线的创建有以下 3 种方法，每种方法都要求输入 3 项数值，以便定义弧线。

①Arc start angle 弧线起始角：输入 Start Angle (起始角)，输入 radius (半径)，输入弧线端点的 X or Y offset (X 或 Y 偏移值)。

②Arc end point 弧线端点：输入弧线末端的 X offset (X 偏移值)，输入端点的 Y offset (Y 偏移值)，输入 radius (半径)。

③Arc through point 点生成弧线：由 start point (起始点)，through point (穿过点)，end point (结束点) 三点组成的弧线。

(8) Blend (倒圆角)

倒圆角，输入圆角半径，选择需要倒圆角的两条边。

(9) Line join (线连接)

线连接可将一个圆与另外一个圆用一条线连接起来，且线保持与圆相切。选择 line join，单击第一个圆，靠近第二个圆来生成切线。

(10) Arc join (弧线连接)

弧线连接可将一条线或圆与另一条线或圆用一条弧线连接起来，可通过不同的拖动方式来调控弧线。

(11) Bezier (贝塞尔曲线)

Bezier 曲线由 4 个点定义而成。Start point 起点，end point 终点和两个 control points (控制点)。单击选中起点和终点并调节两个控制点来完成 Bezier 曲线的绘制。

2. 图形编辑

先在绘图界面选择要编辑的内容，再从菜单栏选择编辑工具 (Edit > Edit Tools)。

在 Edit Tools 栏目下面再选择所需要的编辑工具，主要有 Move、Copy、Scale、Group、Copy Mirror Tools 等。其中 Copy Mirror about Vertical 是指垂直复制镜像，Copy Mirror about Horizontal 是指水平复制镜像。

3. 几何宏

运用几何宏可以参数化设计纸盒的一部分。通过菜单打开几何宏对话框 (Tools > Geometry Macros)，其中可设计的内容包括 Folding carton tools (折叠纸盒工具)、Hangers (挂环)、Laser position holes (激光定位孔)、Manufacturing tools (制造工具) 等在内的多项子目录。

使用几何宏设计 Glue Flap (黏合襟片) 的操作示例：

①执行“Tools” > “Geometry Macros”命令，在弹出的对话框中选择“Glue Flap”选项。如图3－5所示。

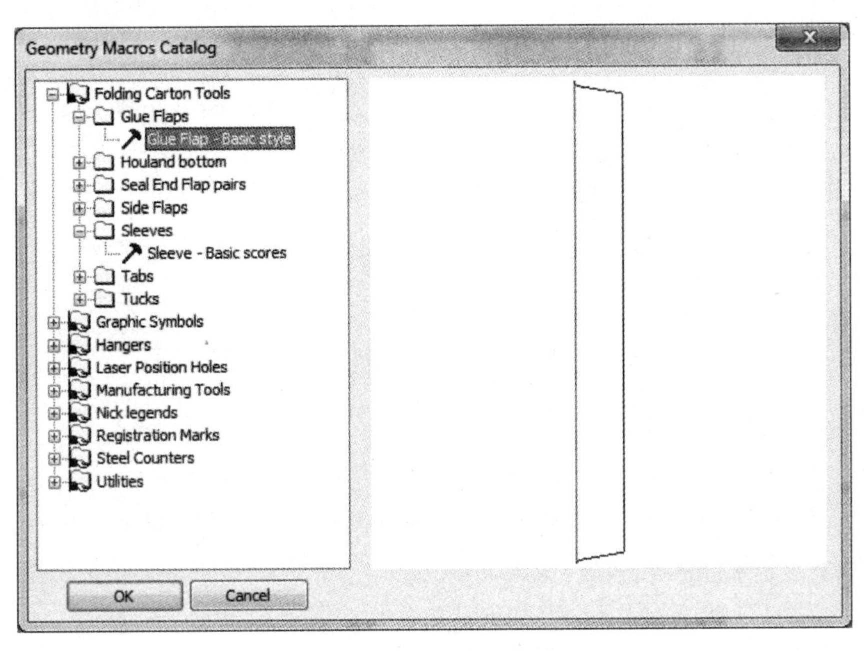

图3－5 几何宏设计对话框

②单击“OK”按钮进入下一步设置。根据几何宏所绘制内容的不同，进行设置的具体内容会有所不同。对于Glue flap来说，首先将会进行Depth设置（见图3－6），单击“Next”按钮进行下一步设置Width及其他相关尺寸，如图3－7所示。

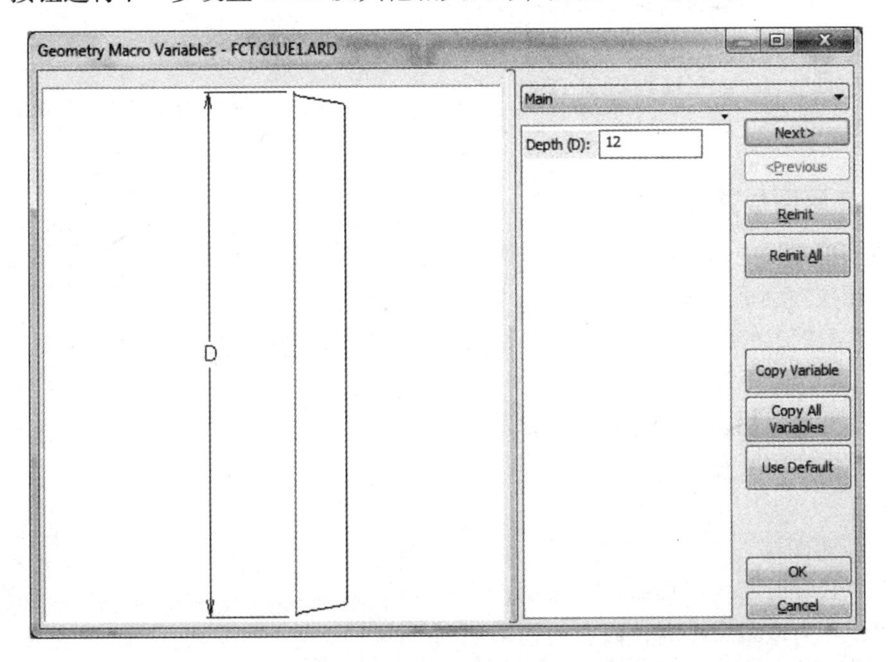

图3－6 几何宏变量设计对话框－粘贴纸盒襟片高度尺寸设计

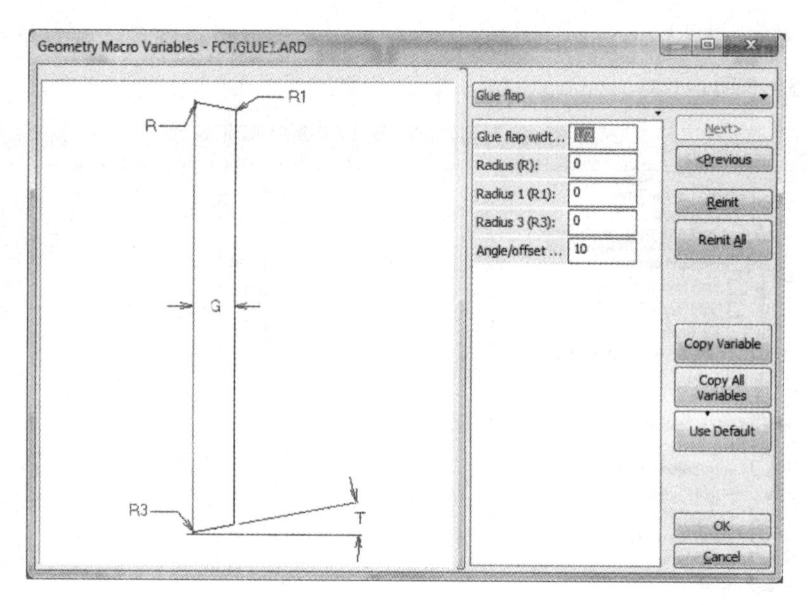

图3－7　几何宏变量设计对话框－粘贴纸盒襟片细节尺寸设计

③当所有参数都设置好以后，单击“OK”按钮。通常情况下，将会进入到将几何宏“放置到现有草图”的阶段。如图3－8所示，放置几何宏的方式除了用鼠标拖动，还可以用“Centered on a point（中心点对齐）”的方式。

对于上述glue flap，当我们放置完成以后，为了防止Double lines的出现，可以删除掉其中一条线。另外一个处理Double line的方式，可以使用Design check来检查有无Double line.（Design > Design check）

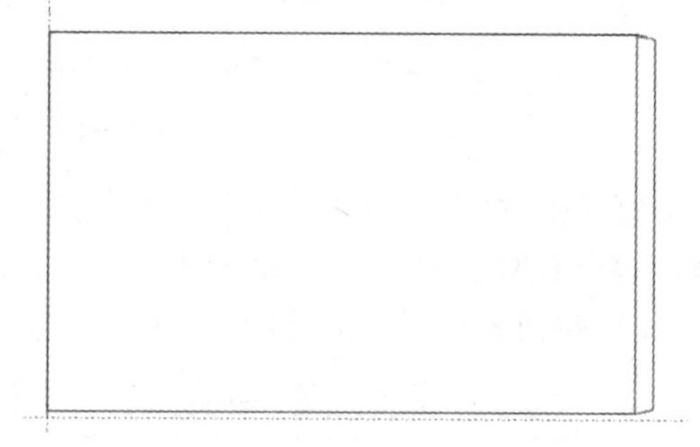

图3－8　将几何宏放入现有草图

四、使用图层并保存文件

1. 使用图层

（1）图层对话框

单击界面上方的Layers打开图层界面（见图3－9），选择所要修改的图层，选中图层的名字后方会出现“铅笔”图标，表示该图层已被激活，工作区的所有编辑修改都将作用于已激活的图层。

（2）新建图层

执行“Layers” > “Create”命令，选择图层类型，并为该图层命名，或者使用默认名称。编辑新图层的时候请确认是否选中该图层（铅笔图标）。

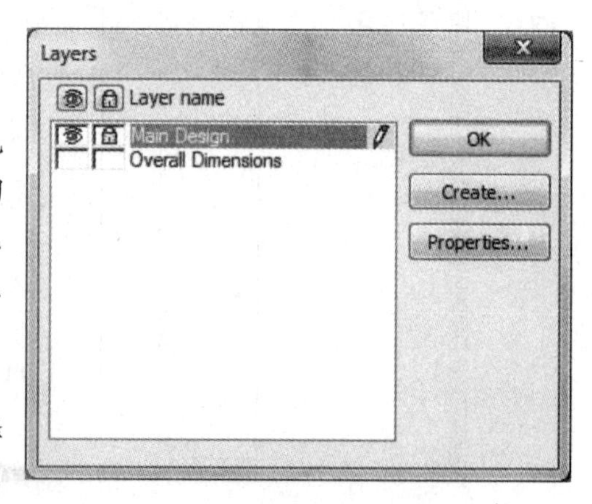

图3－9　图层编辑对话框

（3）图层编辑

对于不想修改的图层，可将其锁定，即打开对应的“锁”图标。也可单击“眼睛”图标将其关闭，则所对应的图层将不会在编辑界面中出现。

2. **保存文件**

文件可以被保存为多种格式，一般为系统默认的本地 ArtiosCAD 格式，后缀为 . ard。

除此外，还有很多格式可以导出。比如 PDF 格式和 ACM 文件格式，ACM 格式可用于纸板切割台。

五、纸盒（箱）结构三维展示

1. **将 2D 平面图转换为 3D 立体图**

打开 2D 平面图，从菜单中选择转为 3D 图命令（File > Convert to 3D），选择“Base（折叠基本面）”选项并设置“Fold angles（折叠角度）”，完成转换过程。折叠过程中折叠基本面将保持不动，其他面将以选择的折叠线为轴进行旋转成型。图 3 – 10 所示为转换后的 0201 型纸箱的 3D 演示图。

如果想单独控制某些体板的旋转方向和旋转角度可以通过点选折叠线（线型为 Crease）并设置折叠角度（Fold angles）来完成。

在折叠襟片的时候，有时候会出现左右两边襟片重叠，导致显示出重叠襟片的 3D 效果图，此时可使用 Flap Priority 工具消除此现象。

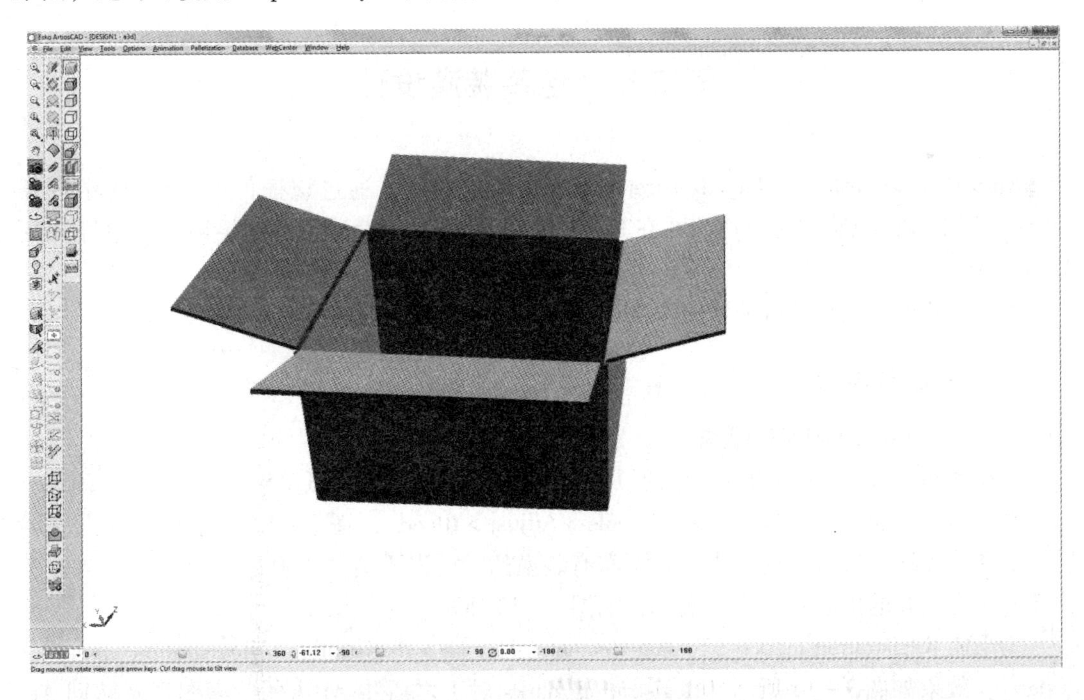

图 3 – 10　0201 型纸箱 3D 立体图

2. **纸盒（箱）结构图的 3D 动态演示**

使用 3D Animation 可以实现纸盒（箱）结构图的 3D 动态演示。该功能将录制软件操作过程中盒型结构的变化过程，包括 2D 向 3D 的转换过程，局部放大缩小，视图旋转等。

下面简单描述进行纸盒（箱）3D 动态演示（纸盒封箱、移动和旋转）的操作过程：

①打开一个 2D 纸盒图并将其转换为 3D 图（File > Convert to 3D）。如果盒盖没有打开可以使用“Fold angle”工具将其打开。

②使用顶部菜单或者左侧工具栏上单击“Add frame（添加视频关键帧）”按钮，并使用“Fold angle”工具折叠盒盖襟片直至封箱状态；再单击“Add frame”按钮，并使用“Fold angle”工具折叠盖板直至封箱状态。

③在“Animation”工具栏下选择“Animation playback（动画回放）”选项。在屏幕底部会出现一条控制条，如图 3－11 所示。单击左侧的绿色箭头观看纸盒封箱动画。

图 3－11　Animation 工具栏

④单击“Add frame”按钮，使用移动工具移动该包装盒；单击“Add frame”按钮，使用旋转工具旋转该包装盒一定角度。

⑤再次选择“Animation playback”选项。回看纸盒封箱、移动和旋转的动画。

⑥使用控制条最右侧的带 3 个小点的按钮来为每个 Frame 添加名字，也可以改变每个 Frame 的持续时间。

⑦动态视频完成后将其储存为标准视频格式（File > Outputs 3D > Animation AVI）。

第二节　包装装潢设计

ArtiosCAD 软件附带 Adobe Illustrator（AI）软件插件，通过该插件可以在 AI 中打开 ArtiosCAD 设计的包装结构文件，并在其上进行装潢设计，设计后的结果还可以再导入到 AritiosCAD 中。

本节主要介绍使用 ArtiosCAD 和 AI 设计纸盒装潢图和包装容器标签。

一、纸盒装潢设计

1. 在 ArtiosCAD 中设计纸盒

①在 ArtiosCAD 中画出纸盒平面展开图，也可使用其自带的纸盒模板图。

②对上述平面图创建外出血层（Tools > Adjust > Bleed）。图 3－12 为添加完外出血层后的纸盒展开图。通常情况下襟片是不需有装潢的，所以不需要出血层，因此可以单击襟片部分并将该处的出血层反选取消掉，如图 3－13 所示。

③添加 Registration marks（Tools > Geometry Macros > Registration > Registration marks for design）。效果如图 3－14 所示。Registration marks 对于之后将 AI 中的装潢图重新转回 ArtiosCAD 中起到辅助作用。

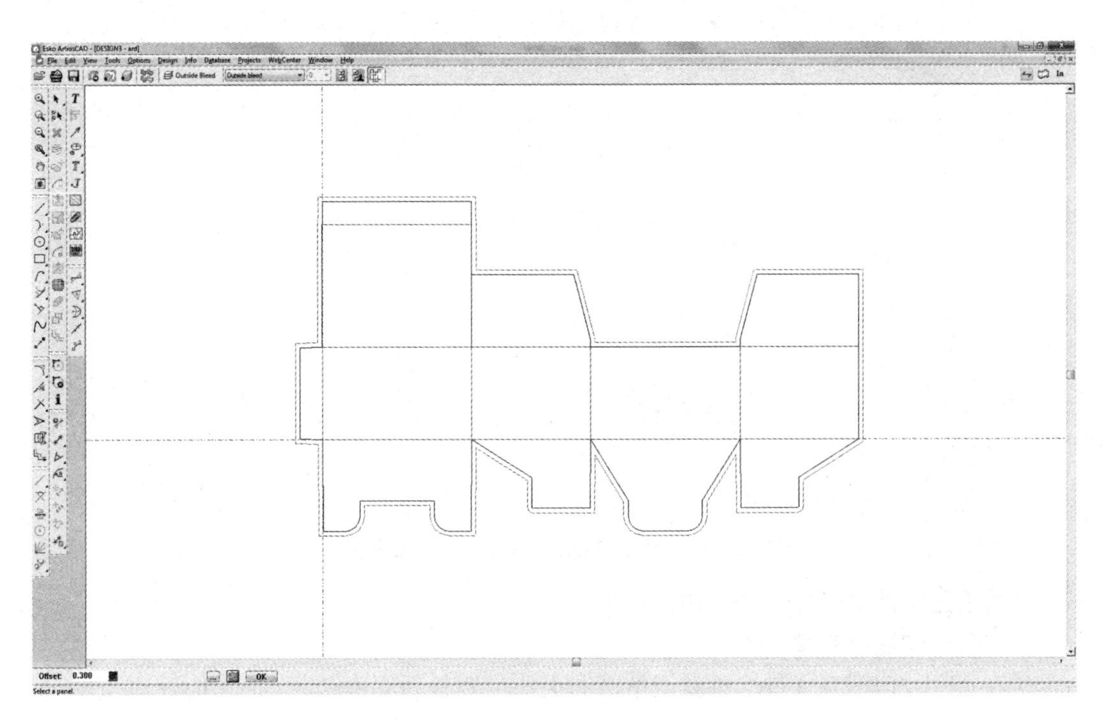

图 3 - 12　添加纸盒出血层效果图

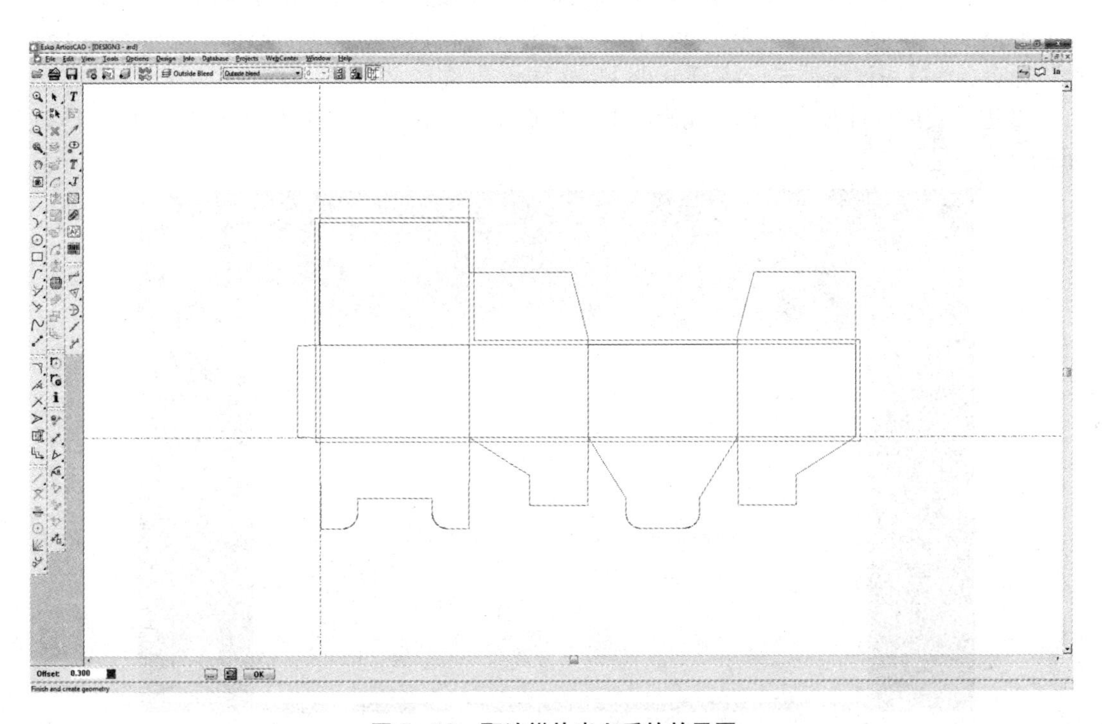

图 3 - 13　取消襟片出血后的效果图

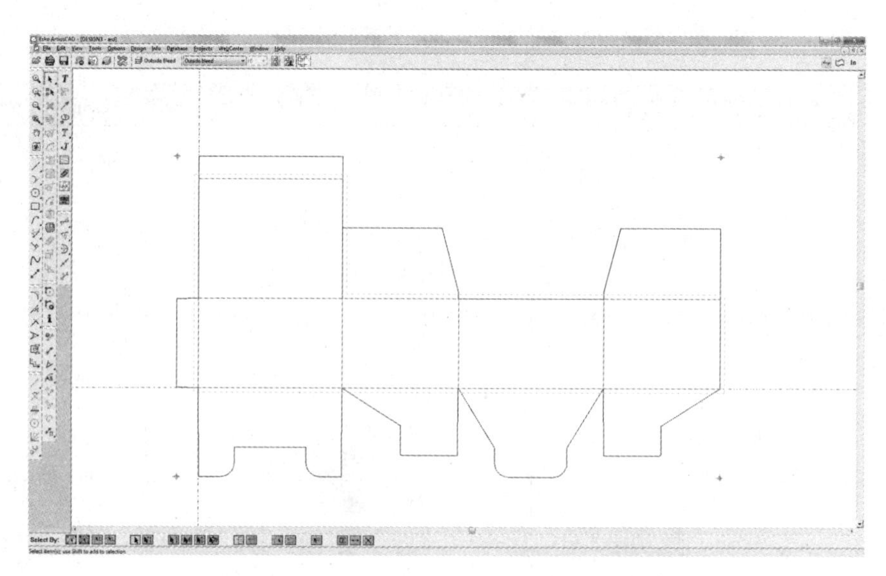

图 3－14　添加 Registration marks 效果图

④将上述文件储存为 2D 的 ARD 格式。

2. 在 AI 中进行装潢设计

①在 AI 中打开 2D 文件，重新调整画布大小，调整到刚刚包含 bleed layer 和 registration marks 就好。

②进行图层扩展。只有进行图层扩展之后才可以进行编辑或者选择图层。操作过程为：执行“Window” > “Esko Artwork” > “Structural Design” > “Expand Structural Layer”命令，然后用鼠标框选，将 Outside bleed layer 框选在内。

③进入装潢设计步骤。直接在画布上（出血层）画出想要的装潢设计（如图 3－15 所示的铺底色的图块）。

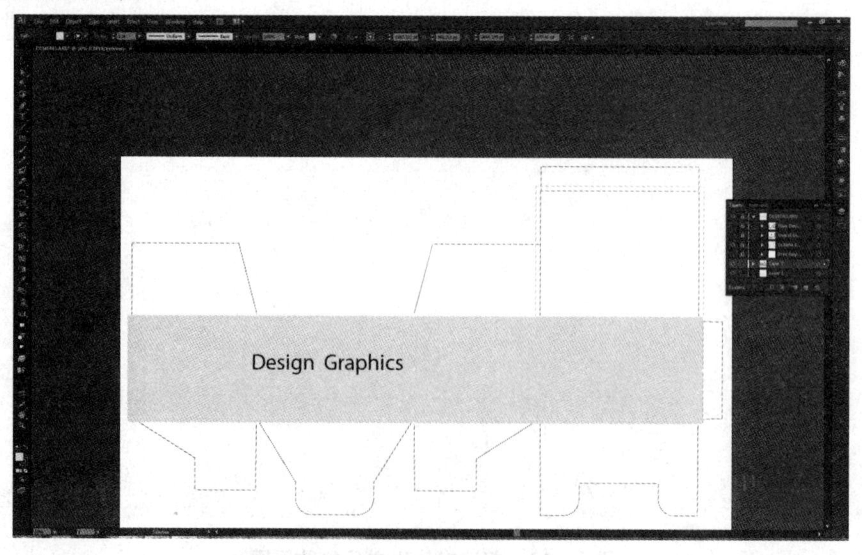

图 3－15　纸盒装潢设计图

④在 Studio 中显示 3D 图（Window > EskoArtwork > Studio Designer > Show Studio），效果图如图 3－16 所示。

图 3－16　纸盒装潢设计 3D 效果图

3．将设计好的装潢图再导入 ArtiosCAD

①在 AI 中将设计好的文件导出为 Normalized PDF 格式。在导出选项中选择Embed Image 和 Artwork Bounding Box，如图 3－17 所示。

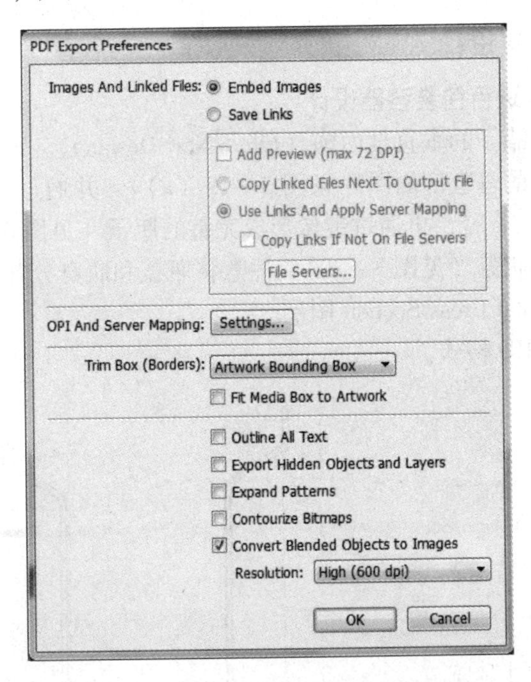

图 3－17　导出 PDF 时参数设置对话框

②将装潢图导入 ArtiosCAD 中（File > Import file > Normalized PDF > As Graphic）。然后进行位图定位（Tool > Graphics > Register Bitmap），在出现的对话框中取消“Clip and

Scale”。有可能需要手动调节导入的 PDF 的 Registration mark 与 2D 平面图的 Registration mark，以使两者重合，操作过程如图 3－18 所示。

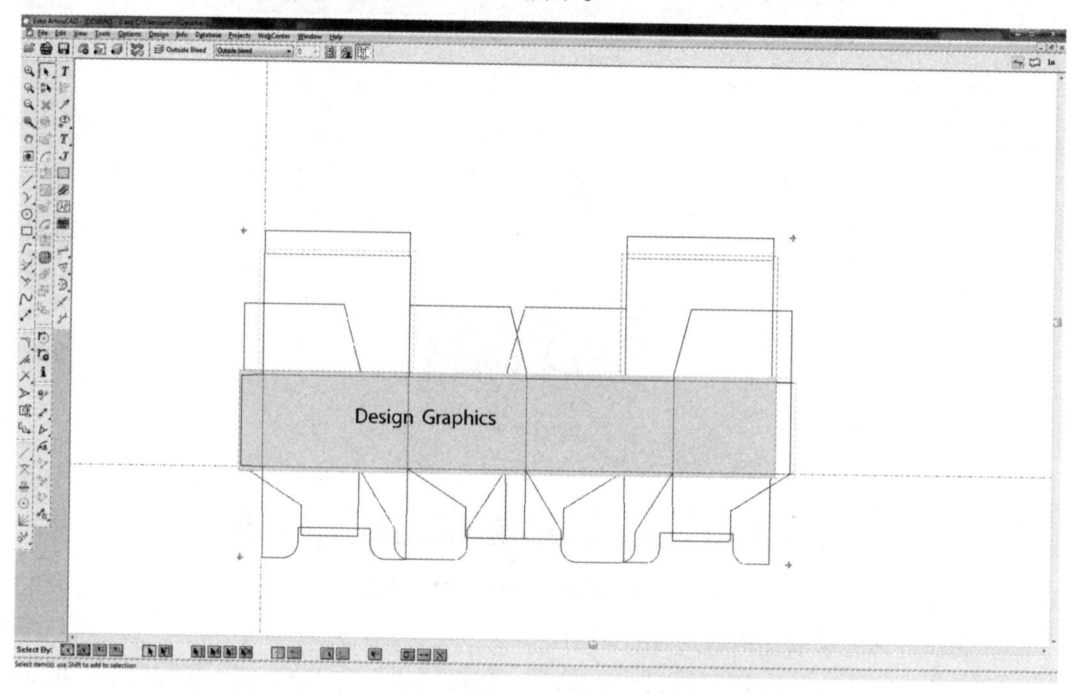

图 3－18　将装潢图导入 ArtiosCAD 时的效果图

二、包装容器标签设计

1. 在 ArtiosCAD 中进行包装容器设计

①创建一个瓶子或罐子的垂直剖面图（File > New Design）。

首先创建半个瓶子的垂直剖面图［见图 3－19（a）］，并通过 Follow 工具，给瓶壁赋予厚度值［见图 3－19（b）］，再通过镜像形成完整的瓶子［见图 3－19（c）］。

②在瓶子外面画上瓶盖（见图 3－20）。注意将瓶盖和瓶身分开。

③创建一个 Horizontal Cross Section 图层。

④将文件保存为 ARD 格式。

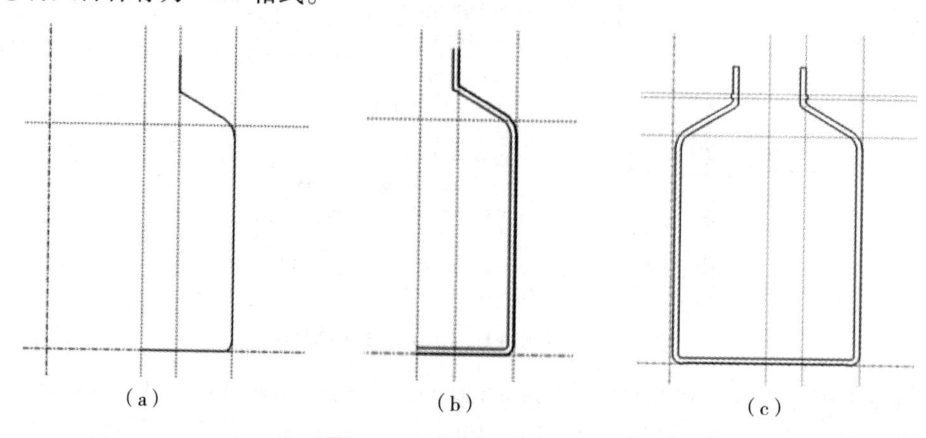

图 3－19　包装瓶瓶身设计

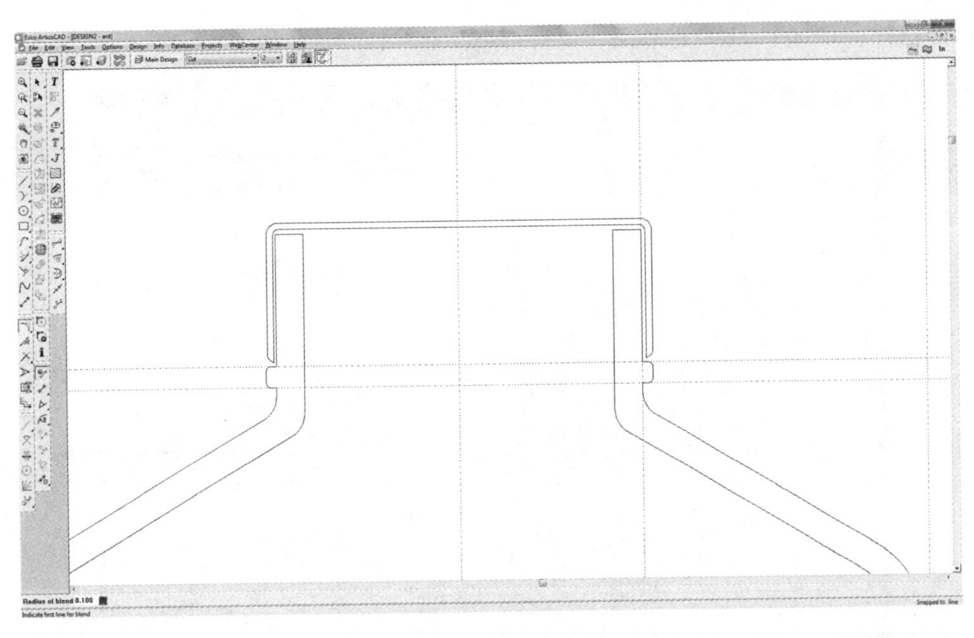

图 3-20 包装瓶瓶盖设计

2. 在 AI 中创建标签

①在 AI 中打开上面 ARD 格式的瓶子。执行图层扩展命令。

②在 AI 主视图窗口中，选中整个瓶子。执行贴标签初始化命令（Window > Esko > Studio Toolkit for labels > Connect and clean）。

③旋转并贴标签。

a. 执行“Window” > “Esko” > “Studio Toolkit for labels” > “Revolve and add label”命令，弹出如图 3-21 所示的对话框。需要选择“Revolve”选项，通常对于 ARD 格式来说选择“Center axis（中心轴旋转）”选项。

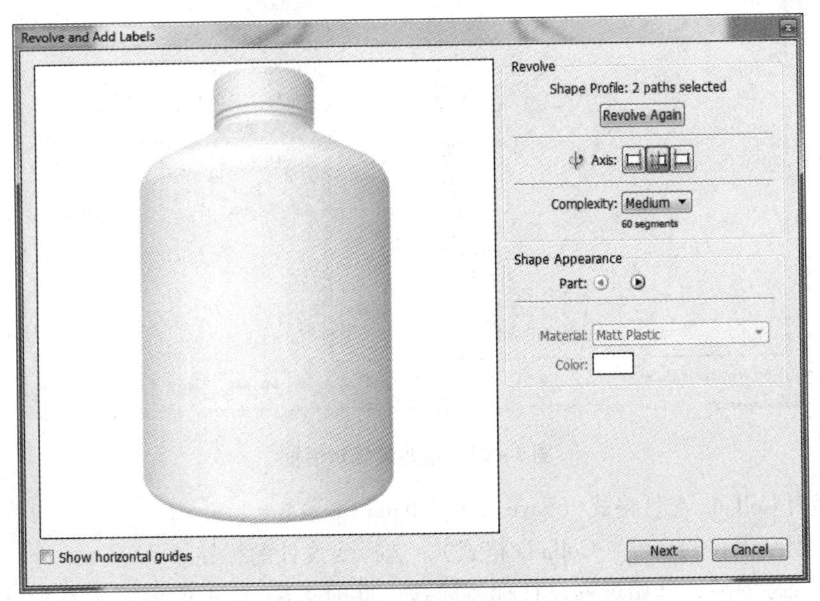

图 3-21 旋转并贴标签对话框之旋转方式确定

b. 选择“Center axis”选项后，可自行选择材料、颜色，如图 3－22 所示。

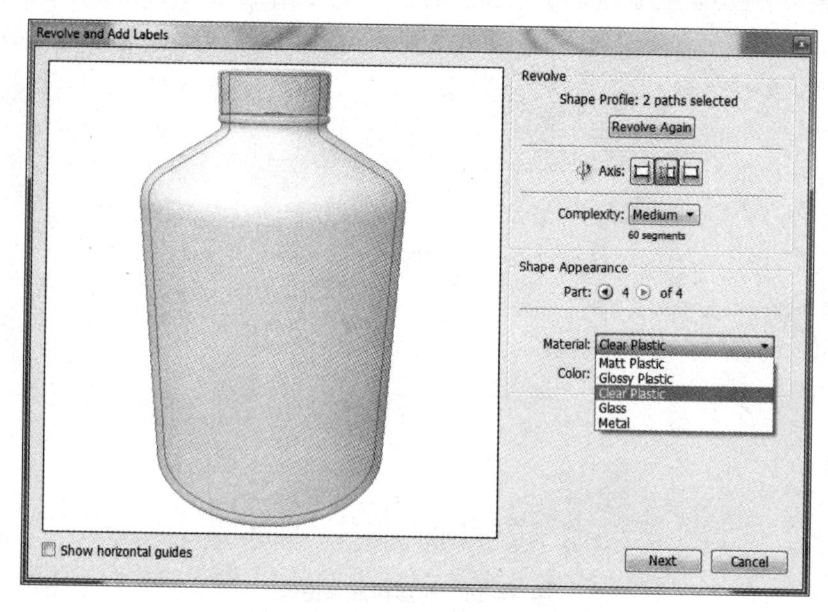

图 3－22 旋转并贴标签对话框之标签设置

④添加标签。单击“Next”按钮，进入到标签的选择。有 3 种类型的标签可以选择，分别是 Full circumference、Partial label、Top/bottom label。选择好标签类型后，调整细节部分，如标签名称、大小和位置，完成后的效果图如图 3－23 所示。

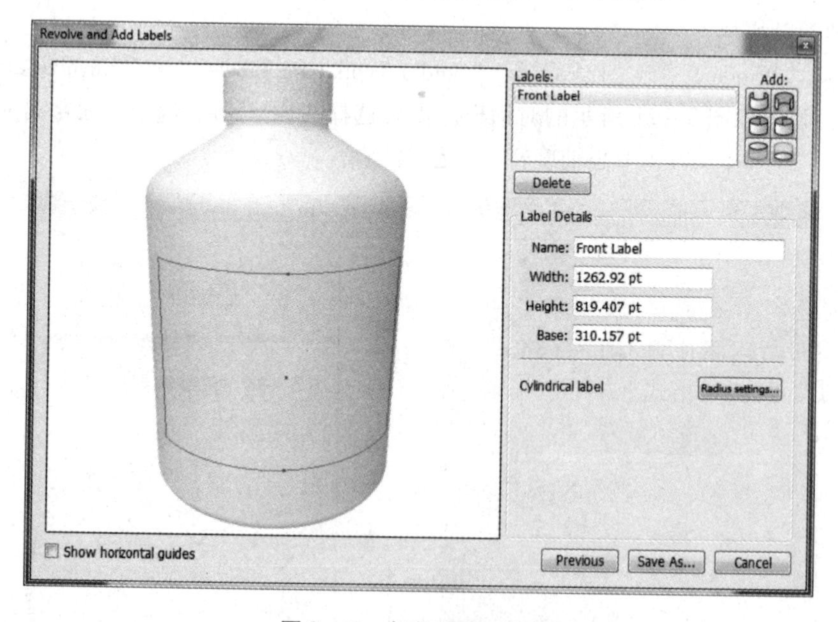

图 3－23 标签编辑对话框

⑤储存为 Collada 文件格式（Save as > Collada file > Just save）。

⑥打开刚刚保存的文件（Collada 格式），选择要设计的标签。

⑦选择完标签后，开始进入设计标签阶段。此时运用 AI 中的编辑工具设计自己想要

的标签，如图 3－24 所示。

图 3－24　在 AI 中设计标签

⑧通过 Studio 可以随时查看 3D 整体效果，如图 3－25 所示。（Window > Esko > Studio Designer > Show Studio）

⑨将完成好的标签储存为 AI 格式，并命名。如果一个瓶子有多个标签，储存后不要将文件关闭，直接在 Studio 窗口中双击将要编辑的第二个标签。此时会弹出一个窗口显示 No artwork for this part，同时让你创建一个新文件。单击“New”选项卡并重复以上设计步骤。记得为每个对应的标签命不同的名字，并保存。注意：瓶子的结构储存为 Collada 格式，标签图案设计则储存为 AI 格式。

图 3－25　包装容器标签设计效果图

⑩最后将文件导出为 Collada Archieve 格式。

第三节　包装展示设计

Studio Toolkit 是 ESKO 特别为包装设计专业人员打造的一套独一无二的 3D 包装设计工具。能帮助设计师制作更出色的设计，且方便与其他软件紧密结合（如第二节中以插件的形式与 Adobe Illustrator 结合进行包装装潢设计）。

Store Visualizer 是 Studio Toolkit 中在货架及超市等虚拟环境下展示（包装）设计的插件模块。可以真实地表现包装的颜色、模型和材料，设计虚拟商店，包括创建地板和天花板，购物通道，货架布局等。

本节主要介绍使用 Store Visualizaer 进行货架展示设计和店铺设计。

一、货架展示设计

1. 工作界面

打开 Esko Store Visualizer，选择新建或打开项目后出现软件的工作界面。如图 3 – 26 所示为打开的样例文件项目的工作界面。界面中会呈现一个真实超市的货架，货架上放置了可以编辑的虚拟的包装容器。工作界面右边是设置面板，主要包含 System（系统），Tools（工具）和 Scene（场景）等面板页，这些面板页主要用来设置系统选项和管理模库。界面底部是视图操作、设计模式和模型编辑工具栏。

图 3 – 26　Esko Store Visualizer 工作界面

2. 创建并展示单个产品

打开设置面板的 Tools 面板页，从其中的模型库中选择一个产品模型。

单击界面底部模型编辑工具中的 Create a new object（创建新对象）图标，并将光标移至货架空白区，出现如图 3 – 27 所示的放置指示框。图中黄色小框和绿色垂直箭头表示了即将被你放上货架的产品的尺寸和方向。

单击鼠标左键即可把产品放到货架上，如图 3 – 28 所示。此时可以对其进行移动和旋转等操作。

3. 创建并排列多个产品

从模型库中选择一个产品模型。

单击“Create an object array”图标，将光标移到空白货架区域，此时会出现一个带有方向箭头的蓝色长方形，按住鼠标左键并拖曳，蓝色长方形所覆盖的货架区域将排列上选择的产品模型。

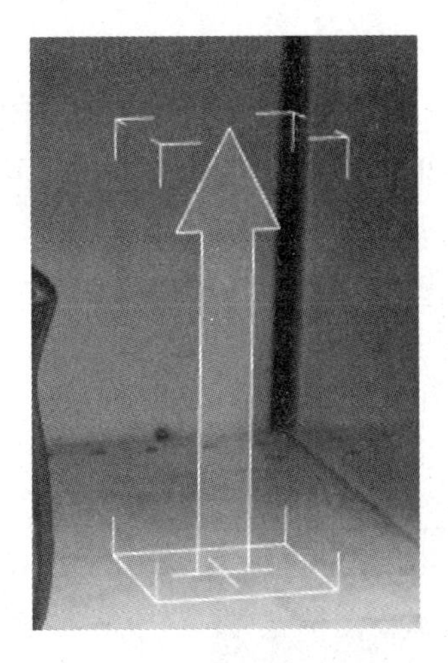

图 3－27　产品放置指示框

图 3－28　产品放置效果图

由于产品摆上货架后是非常整体的排列，全都是一个方向一个角度，与现实中的货架不符。此时可以打开 Randomizer Rotate control（随机旋转控制），通过设置一定的角度来达到与真实场景相符的效果。如图 3－29 所示。

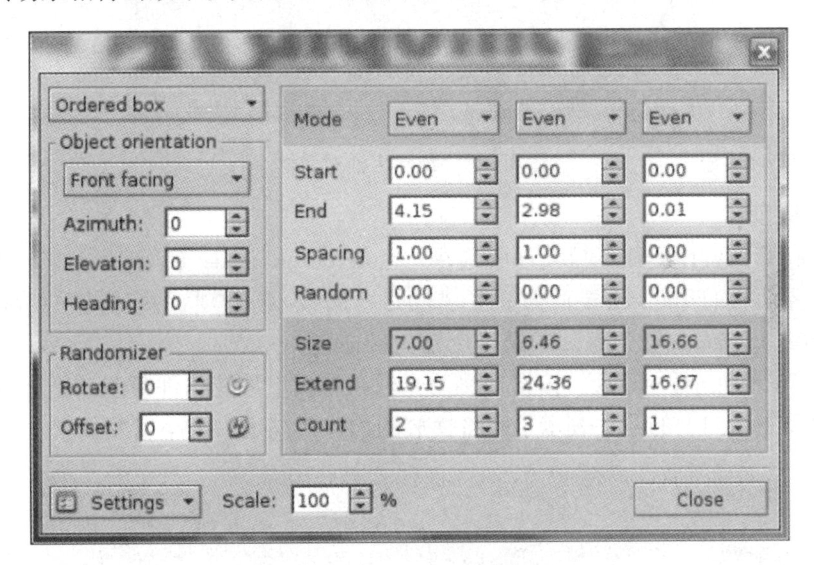

图 3－29　随机放置控制对话框

用鼠标右键单击排列的产品，单击“Break to objects（分散为对象）”按钮将排列打散。打散后便可以对单个产品进行编辑或删除。

二、店铺设计

店铺设计过程与在货架展示设计过程类似，只是被“展示”的产品换成了货架等店铺构件了。具体过程如下：

（1）新建项目

打开 Store Visualizer，选择“Create a new project from a template（从模板创建新项目）”选项，在新出现的窗口选择“Virtual 3D”标签，并单击“Create new”按钮，选择“Virtual 3D Store”选项。

此时界面会出现“New project”窗口（见图3－30），该窗口是用来选择所创建店铺结构和地板性质。单击“OK”按钮后进入新店铺编辑界面，此时的店铺是空的，可以在里面放入货架、收银台、收银员、购物车、海报、顾客等店铺里会出现的事物。

图3－30　创建店铺对话框

（2）店铺设计

在界面底部的设计模式下拉菜单中选择“Store design mode（店铺设计）”模式。

打开设置面板的Tools面板页，单击“Load（加载）”选项，并从其中的模型库（如Sample Shelves Library，货架库）中选择店铺构件模型。

单击“Create a new object”按钮，移动光标在地板上放置构件模型。光标处出现的黄色长方形以及一个向上的箭头表示了即将摆放的构件的高度、大小以及位置。

图3－31　添加货架示意图

(3) 货架布置

按第二节所介绍的方法在货架上放置展示的产品。

(4) 店铺浏览

在界面底部的设计模式下拉菜单中选择"Product manipulation mode（产品操作模式）"选项，单击"Enable free look mode（开启自由浏览模式）"按钮，进入Freelook模式，此时可以在店铺里自由移动浏览。

图3-32　在货架上放置产品示意图

(5) 文件保存

当一个新的商店第一次被保存时，系统会创建两个文件，第一个文件是.vtpr格式，此格式的文件是用来保存货架和产品等信息；第二个文件是.3dw格式，用来保存商店的场景，如天花板、地板和墙壁等信息。

综合训练题

1. 使用ArtiosCAD运行一个标准设计。

提示：选择瓦楞纸盒，公制，C楞，175#C牛皮纸。使用FEFCO分类下的任一箱型，尺寸自拟。草图生成后，打开尺寸图层（dimension layer），并新建一个注释图层（Annotation layer），在此图层上对所画草图进行注释，内容自拟。将文件保存为PDF格式。

2. 绘制如图3-33所示的纸盒展开图，并制作其盒盖开合的动态展示视频。

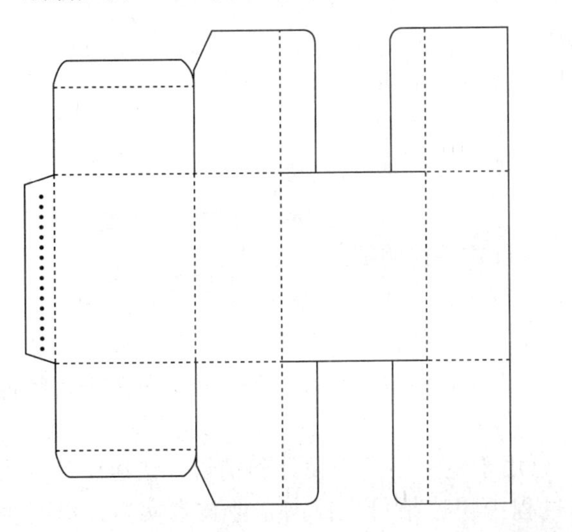

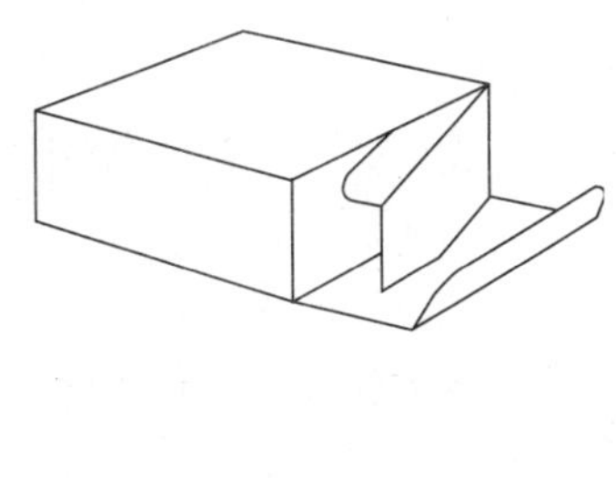

图3-33　盒盖加强型纸盒展开图及成型示意图

3. 在ArtiosCAD中创建一个包装瓶（可以自己设计或者参考现存的包装瓶），并在AI中设计其标签。最后在Studio中生成PDF/U3D格式的文件。

第四章 整体包装设计系统

整体包装设计系统（Complete Package Design System，即 CPDS）是青岛科力特信息技术有限公司推出的包装行业专业设计软件。它是国内唯一一款用于整体包装设计的高端设计平台。

第一节 整体包装设计系统简介

一、整体包装设计系统的特点

CPDS 软件全面支持整体包装解决方案（Complete Package Solution）的设计理念，支持目前包装行业国标标准和 ISO 标准。为使包装在设计阶段保证强度和降低成本，采用目前最先进技术进行设计分析和优化，并生成最佳下料方案，采用积木式包装箱设计，大幅度提高包装箱设计效率。

本软件是国内第一款用于整体包装设计分析的软件，其主要功能特点如下：

①采用目前最新的三维设计技术，自动生成包装产品模型。

②采用有限元仿真分析技术，对构件进行强度分析。

③循环使用仿真分析 - 修改模型等步骤，可以实现包装结构设计优化和从设计角度降低成本的目的。

④易于生成包装设计的总成图纸、装配构件说明等。

⑤快速准确地输出指导生产的工艺单等信息，便于下料和编制生产计划。

⑥通过包装设计的成本信息，可以方便地编制物料损耗单、产品核价单等信息。

⑦通过裁板下料优化，可以快速计算出包装箱材料定额，提高板材利用率，降低包装成本。

对包装生产企业来说，CPDS 软件可用于包装制品的设计和销售，快速设计、快速出图、帮助工程师编制包装方案，竞标过程中快速报价，提高企业技术实力，提高企业形象。也适用于机械、高科技电子、汽车、模具、日用品等行业的产品包装设计，快速生成包装方案，计算包装成本和详细报价。

二、整体包装设计系统的安装

整体包装设计系统的安装，具体操作步骤如下：

①插入整体包装设计系统的安装光盘，运行安装光盘中的“整体包装设计系统.exe”。

②安装界面打开后，单击“下一步”按钮继续安装。

③选择安装路径，可以更改此软件的安装路径，如不选择将按默认路径进行安装，单击“下一步”按钮开始复制文件。

④继续安装软件，直至结束。

软件安装完，在操作系统的桌面上有一个快捷方式图标。要启动整体包装设计系统，有以下两种方式：

①双击快捷方式图标，即可启动整体包装设计系统，进入启动界面。

②鼠标右键单击“整体包装设计系统”图标选择“打开”选项，进入整体包装设计系统启动界面。

三、软件价值

可以将包装箱生产企业的技术提高到一个新的水平。软件系统提供全新的包装设计工具，一次性解决三维设计、二维图纸、材料明细、价格计算等各个方面问题，还可以通过仿真分析优化、下料优化、装柜优化等新技术、进一步提升设计质量，减少材料用量、降低成本（木箱设计优化案例：在海尔冰箱木箱设计过程中，使用木包装自动设计系统后，经过分析优化，每件木箱节约成本 105 元）。可以对 30～120 吨的大型设备包装提供技术保障。

第二节　软件使用

一、木包装箱设计系统

木包装箱设计系统可根据箱型的不同特点选择所需箱型。软件能实现全自动三维设计，用户只需输入相关尺寸、数量等参数就可以完成设计，无须制图基础，采用目前最先进的有限元分析技术，通过不断的修改模型、分析等步骤，可实现设计优化的目的，直接生成关键总成图纸，快速生成工艺单、成本核算等信息。

1. 木包装箱设计过程

可根据 CPDS 软件界面上的工具栏对木包装箱进行设计，如图 4－1 所示。

图 4－1　工具栏

(1) 箱型选择

可通过单击“预览”按钮对箱型进行预览，并根据客户要求和物流条件选择用户所需箱型。

箱型预览方法：一是双击包装容器内的相关箱型；二是选择箱型后，单击工具栏中的“预览”按钮，即可对箱型进行预览。

通过预览可看到模型大体轮廓，可根据模型轮廓选择包装形式。

(2) 包装设计

单击“包装设计”按钮或选择箱型后右键选择包装设计，对箱型进行包装设计。如图4-2所示，“包装设计”对话框由构建信息面板、显示窗口、工具栏和常规信息区组成。箱型的包装设计操作如下：

①根据用户需求输入箱型的内尺寸，底色为白色的构建尺寸可根据需求更改，底色为淡蓝色的构建尺寸与其他尺寸存在关联关系，用户不可自行更改（有些箱型有箱档选项）。

②尺寸修改之后，单击“更新模型”按钮进行更新，更新模型的速度与所选箱型和电脑配置有关，更新时可将箱型显示区域向上拖，常规信息区即可陈列出用户的操作过程，检查输入信息的正确性。若箱型尺寸超过常规的胶合板尺寸，要对胶合板进行拼接，此处会显示一个拼接费用，即为拼接模型的费用，但模型中并未显示胶合板的拼接，但后台对其拼接费用进行了计算。

③要对信息进行输出，一是单击“内容输出”按钮，输出常规面板的信息；二是单击“信息输出”按钮，输出面板信息（此方法是在“构件管理”已对箱型做定制信息的情况下才可使用，否则不能使用!）。

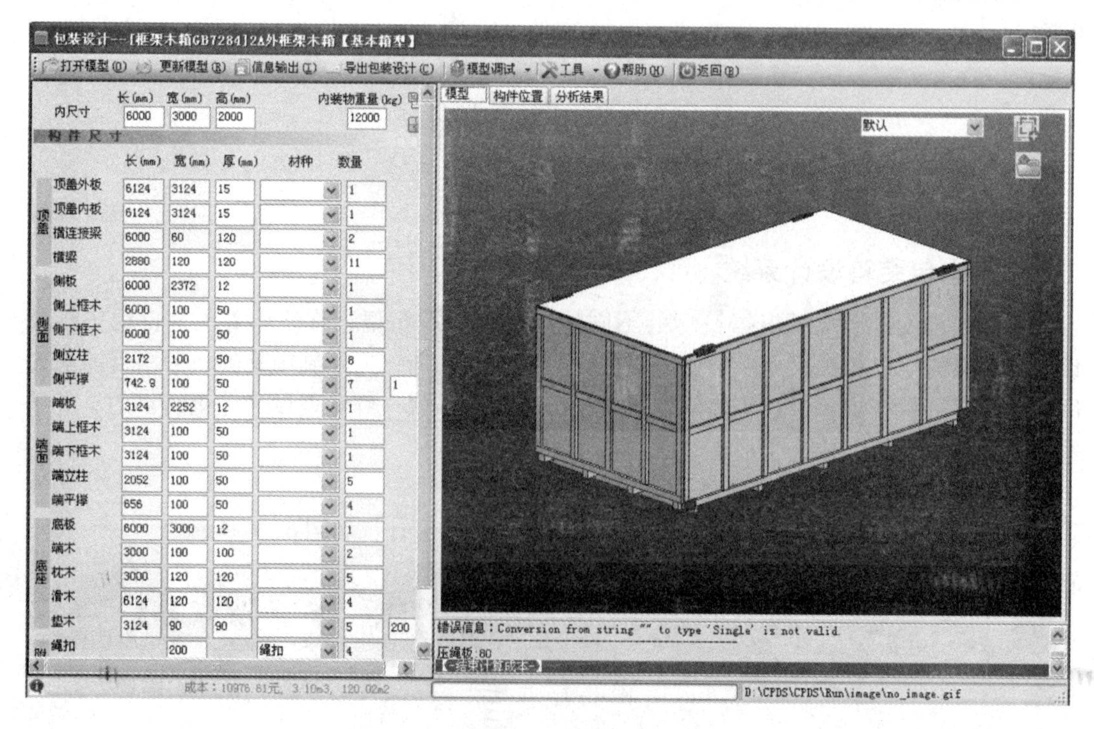

图4-2　框架木箱“包装设计”对话框

④“导出”按钮可将模型导出，导出后模型名称可根据客户需求更改，但与软件已无关联。（“更新变量”、“面板更新”和“价格估算”等在新添模型调试过程中可使用。）

⑤单击“浏览”下拉列表，可浏览其他图示，如透视图、顶盖、底座等。也可以选择模型的二维图，单击“打开模型”按钮即可将二维图打开，可对所需尺寸进行标注，作为供客户参考的示意图。也可在二维图中增加相关明细：单击“信息输出”按钮，复制相关明细，并粘贴在二维图中。

（3）设计分析

“设计分析”包括分析结果、静态分析、堆码分析、吊装分析和叉装分析。“分析结果”可看到之前做过的分析，为用户提供参考；静态分析是指单个包装箱货物载装之后的状态分析；堆码分析是指木箱多层堆垛状态分析，包装箱的顶盖受力；吊装分析是指木箱搬运过程中被吊起状态的分析，包装箱的顶盖受力较大；叉装分析是指木箱搬运过程中被叉车叉取状态的分析，包装箱的底面受力较大。

以堆码分析为例，单击“设计分析”按钮，选择堆码分析后，模型会通过 solidedge 软件打开，且出现如图 4－3 所示的对话框，选择“现在更新，且下一次给出提示”选项，进入 solidedge 软件。

对零件执行的简化分析流程如下：

①定义分析类型（应力或模态）和分析设置。

②定义零件的材料。

③定义作用于零件的力（仅应力分析）。

④定义对零件的约束。

⑤对模型进行网格划分。

⑥单击“求解”按钮进行求解。

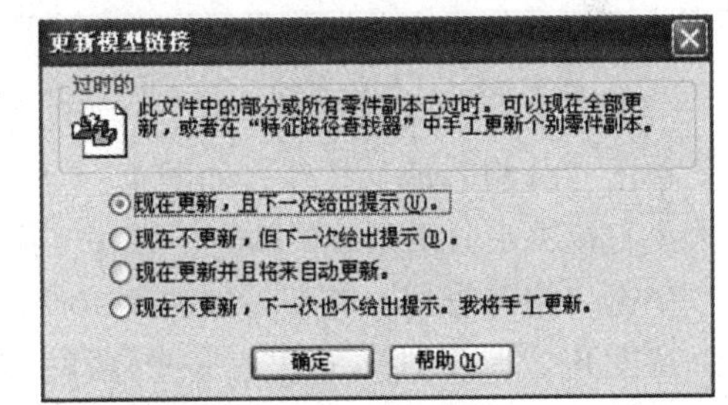

图 4－3 “更新模型链接”对话框

分析结果的判断：

①应力断定法：按照木材的需用应力，对受力有一个大概估值。

②变形量判定法：按照木箱的变形量（位移量）判定。

③安全系数判定法：按照安全系数判定。

通过 3 种方法进行综合判定（注：木材的极限强度为 50MPa）。

若无法对模型进行分析，可能因为模型中的细小边角无法划分网格，要将单元格更加细化。若模型结构发生重大变动时，要重新施加力和约束。分析之后可创建分析报告，给客户提供参考，CPDS 软件完全符合国标要求。

2. 模型导入

木包装箱设计系统可通过模型管理、分组管理和构件管理将模型添加到包装模型库中。

以 2A 外框架木箱为例，首先要将所需添加的箱型复制到安装目录 D：\ CPDS \ CPDS \ Mold 下，为方便管理最好把同一类型箱型放于同一目录下。单击“模型管理”按钮，出现如图 4－4 所示的对话框，填写类别名称（与 Mold 文档下的箱型名称一致）和类别描述，添加正确的路径（对话框中的路径默认 Mold 之前的路径，所以添加路径时只添加 Mold 之后的路径即可），装配路径的选择：选择 Mold 下的 . psm 和 . asm 文件，长度单位只支持 mm 和 cm，顺序号在 0 ~ 100 之间，信息添加以后单击“添加”按钮，不是“修改”按钮，否则会把原来的箱型替换掉！

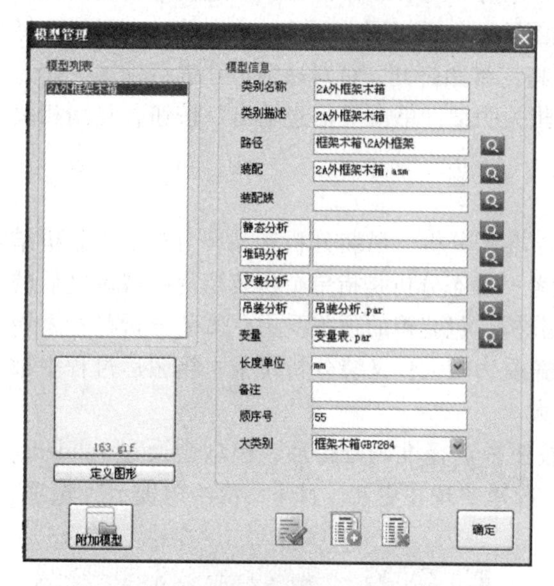

图 4－4　“模型管理”对话框

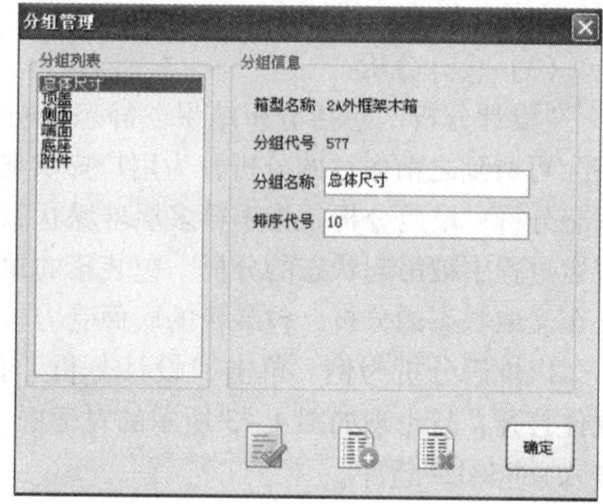

图 4－5　“分组管理”对话框

单击“分组管理”按钮，如图 4－5 所示，对分组名称和排序代号进行添加，排列序号大小直接决定分组列表中的上下顺序，排列序号大的在后面，排列序号小的在前面。

单击“构件管理”按钮，如图 4－6 所示，总体尺寸的构件名称为内尺寸，变量长度 L_0、宽度 B_0、厚度 H_0，这里有一个规律：若将构件名称及长度、宽度、厚度等变量输入“构件管理”对话框中，就意味着要对变量进行更新；若不输入相关变量的话，软件默认模

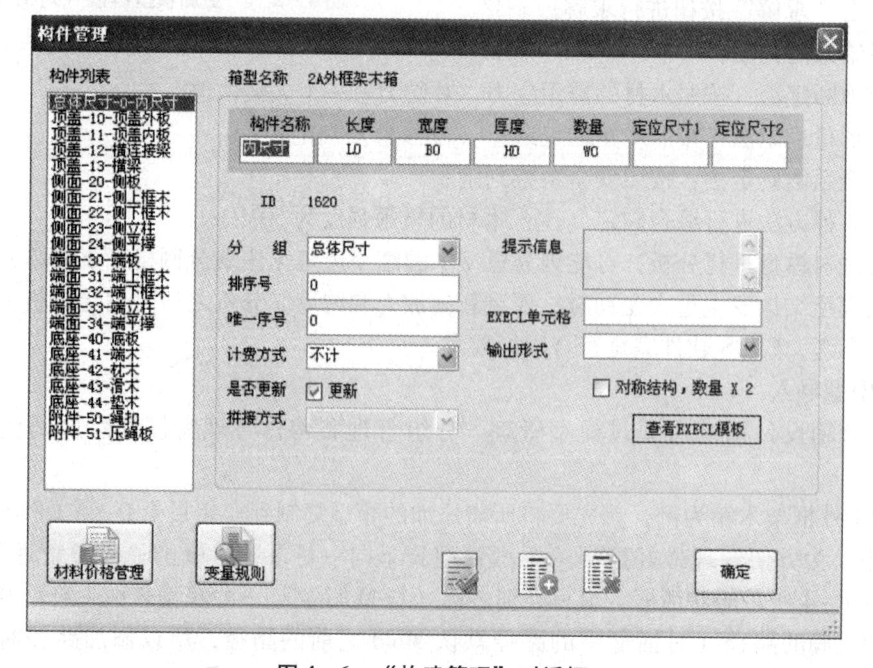

图 4－6　“构建管理”对话框

型原来的变量值。选择分组，分组中的内容与“分组管理”中分组列表中的名称对应，输入排列代号、顺序号，选择计费方式，勾选“更新”选项，单击“添加”按钮进行添加。按相同的方法将组成顶盖、侧面等的对应零件添加到“构件管理”中。

全部设置完后单击“包装设计”按钮，对添加模型进行调试，如图4－7所示。首先，单击“面板更新”按钮，将模型中的数据读入软件中，对木箱材种进行选择，并单击“更新模型”按钮，第一次更新时一般会查看常规信息区，如有错误会给予提示。之后通过更改内装物的尺寸，单击“更新模型”按钮对箱型进行调试。另外，可在所选箱型处用鼠标右键选择“附加模型管理”选项，将模型的其他视图添加到软件中。

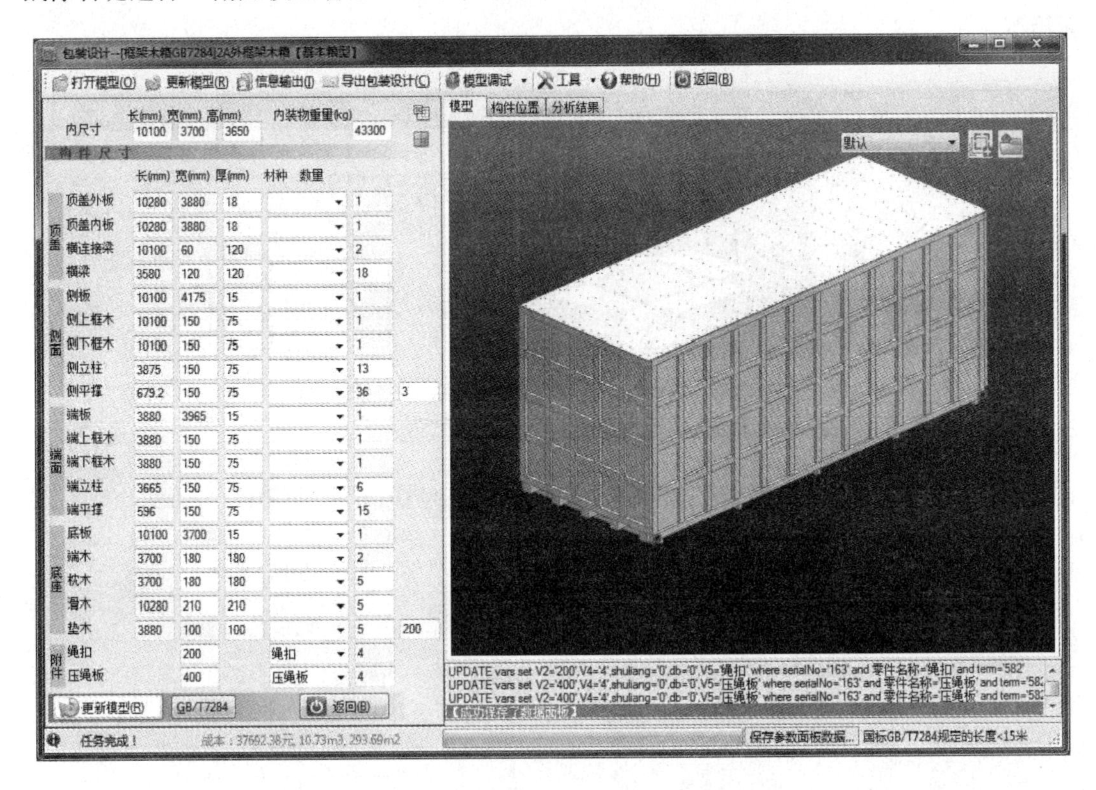

图4－7 新添模型“包装设计”对话框

此系统用于木包装生产企业的设计和销售及木包装制品的制造类企业。也可用于使用大型设备运输包装、出口产品运输包装、机电产品运输包装、航天设备运输包装、军用设备运输包装、汽车零部件包装、光伏产品运输包装、医疗设备运输包装和缓冲包装。

二、瓦楞纸箱设计系统

瓦楞纸箱设计系统包括纸箱设计模块和强度校核模块，能生成详细展示产品－内包装－瓦楞纸箱构成的瓦楞包装系统的三维爆炸图和符合GB/T 12986—1991《纸箱制图》规定的工程图。基于瓦楞纸箱堆码强度设计模块，具有成本优化功能，可以在缩短瓦楞纸板制品研发周期的同时，提升方案设计的成功率，并能极其逼真地为客户展示设计的产品，大大拉近了理论设计与市场需求的距离。

1．纸箱设计过程

纸箱设计过程与木包装箱设计过程类似：“预览”模型—包装设计—设计分析。“包装设计”部分跟木包装箱设计过程有区别。下面简单介绍一下纸箱设计模块和强度校核模块。

纸箱设计模块：内置大量纸制品数据，包括国标数据，根据选择的瓦型自动查找瓦楞纸板的厚度，按需选择瓦楞纸板等级与瓦楞纸板代号，自动计算所选箱型的制造尺寸和展开尺寸，自动生成纸箱工程图。如图 4－8 所示，界面中有一个三维图和一个工程图，可对内装物的尺寸、瓦楞纸箱楞型、类型代号、内衬形式等进行选择，单击“更新”按钮更新箱型。

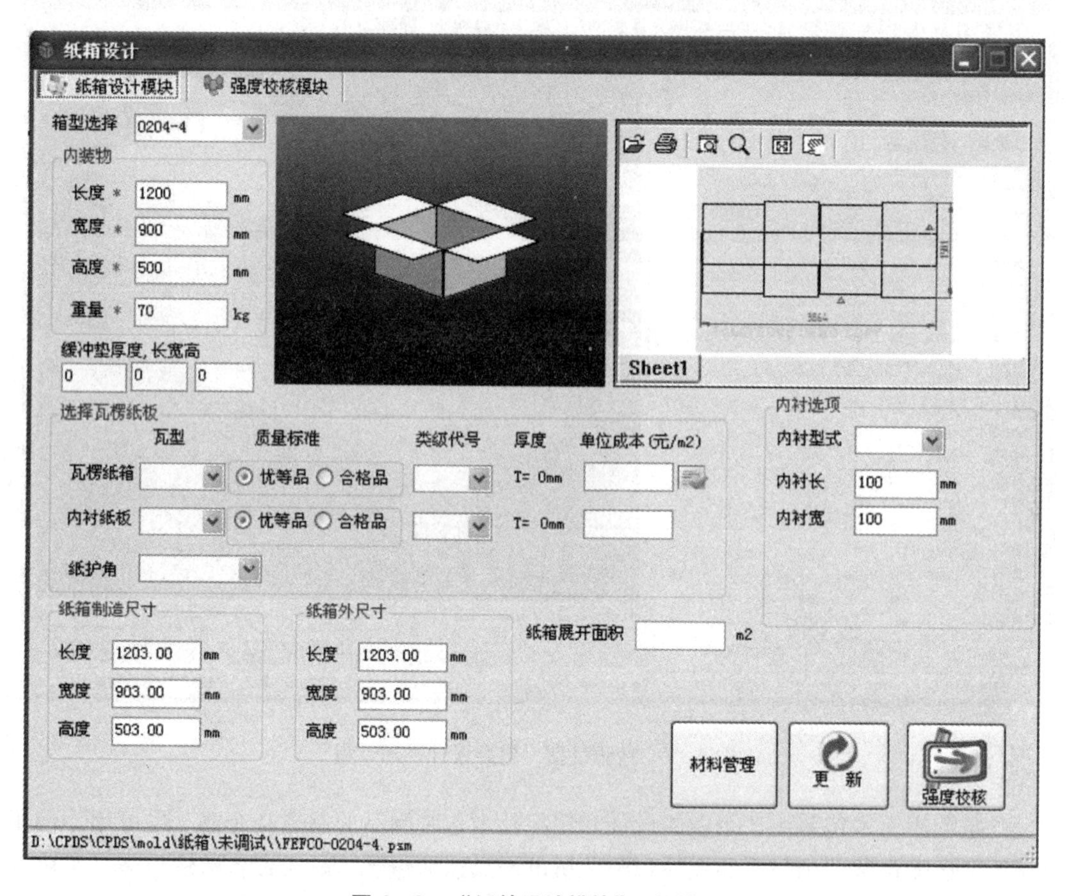

图 4－8 “纸箱设计模块”对话框

强度校核模块：自动查表得到材料的边压强度和空箱抗压强度（可根据自己需要输入），依照凯里卡特公式计算总抗压强度，根据堆码情况估算安全系数 k_s，一般安全系数 k_p 为 1～5，若物流环境恶劣的情况下，k_p 较大。若 $k_p \geq k_s$，计算通过；若 $k_p \leq k_s$，要对参数进行修改并重新计算。根据堆放时间、湿度和堆码形式等流通环境条件估算劣变系数，如图 4－9 所示。

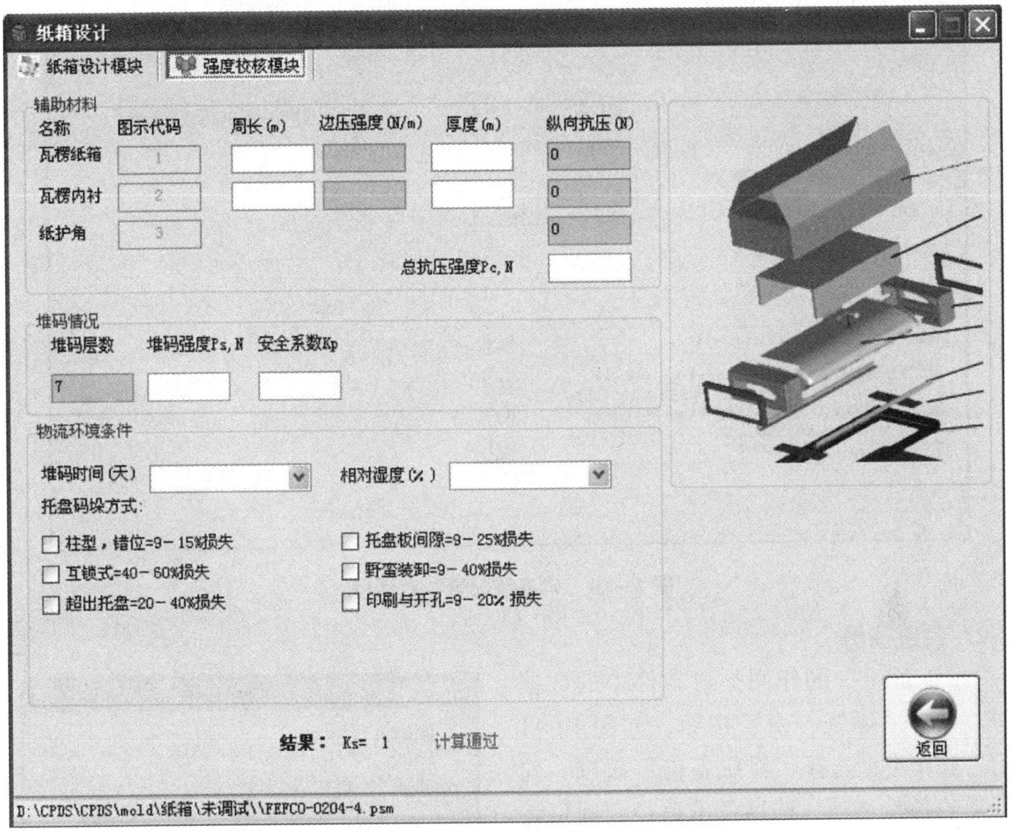

图 4-9 “强度校核模块”对话框

2. 模型导入

纸箱设计系统只通过“模型管理”即可将模型添加到包装模型库中，导入方法与木包装箱设计系统一致。

三、其他功能

1. 系统配置和系统备份

系统配置是界面显示内容。如图 4-10 所示，软件中有很多模块，选择“只显示许可的部分”选项，CPDS 软件只显示用户采购的模块，如未购买公司其他模块，即使取消选择“只显示许可的部分”框，软件中也不会显示。在给用户做演示的时候，单击“运行时隐藏 Solidedge”选项，可使 solidedge 在后台工作，直接用此软件做演示即可。选择“成本计算时计算裁切费用”计算胶合板的拼接费用。胶合板大小一般为 2.44m×1.22m，如果箱型太大的话，会超过这个尺寸，系统会自动切割，并进行拼接，拼接时接口处拼条是否计算费用，可根据此决定。网络版时要对“服务器”和“端口”进行设置并验证。“将构建名称写到变量注释”按钮，在 solidedge 建模过程中，变量表有“注释”一项，可将构建名称或编号等写在注释中，在修改变量中对照使用。下面部分为“胶合板下料优化”“木方下料优化”“装柜优化”的接口位置。操作窗口显示包括“子窗口”和“对话框”两种，建议选择“对话框”，操作比较方便。

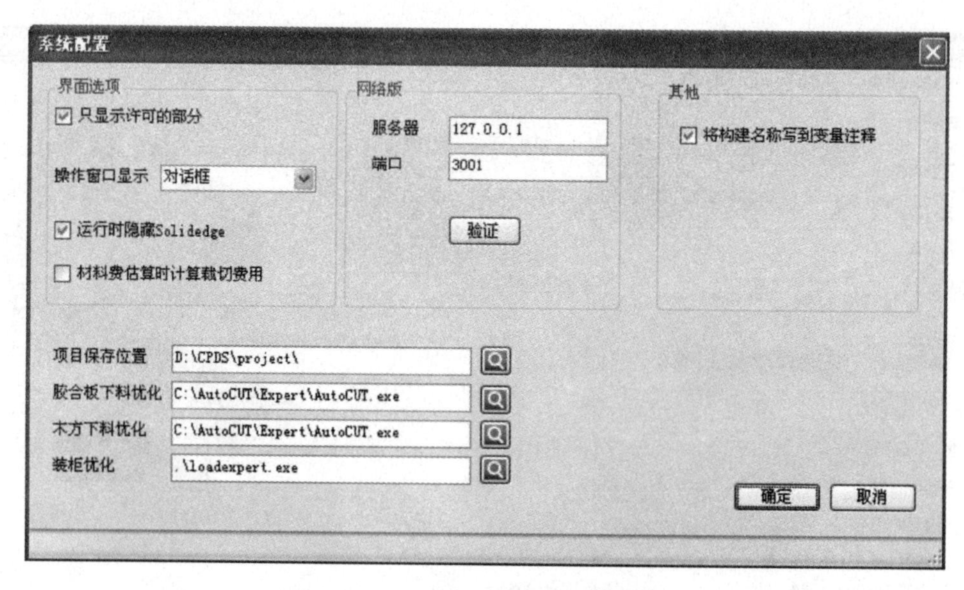

图 4－10 “系统配置”对话框

2. 系统备份

“系统备份”的作用是对软件中的数据备份。单击“系统备份”按钮，如图 4－11 所示，操作类型选择“系统备份”选项，勾选所需的备份选项，选择备份路径，即可将所需数据导出以作备份。若系统重装或数据紊乱的情况下，可选择“操作类型”中的“数据还原”选项将数据还原。

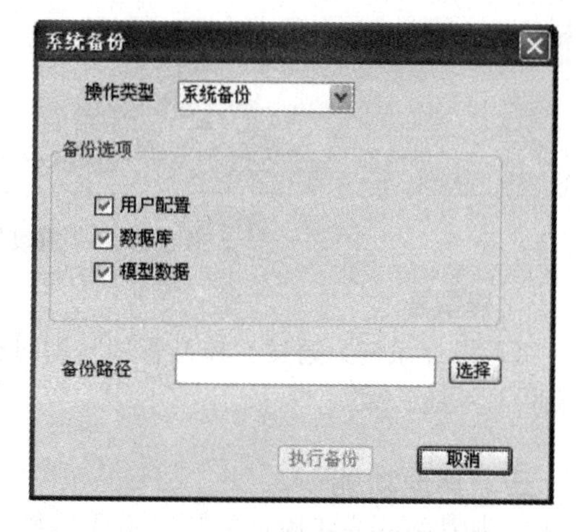

图 4－11 “系统备份”对话框

3. 打开外部

CPDS 软件可把箱型保存到系统外，单击“打开外部”按钮，选择保存路径即可。通过保存到系统外的箱型仍可用此软件打开，浏览之前的箱型信息，也可对箱型进行修改，但修改的内容保存在系统外，客户可自行修改系统外部箱型的名称。注意：只有通过 CPDS 导出的箱型，才可用软件中的“打开外部”打开；否则，不是有效路径，CPDS 不能打开。

4. 材料价格计算

CPDS 软件中有自动计算包装成本的功能，执行“工具” > “材料价格管理”命令，即打开如图 4－12 所示的对话框，材料列表中定义了各种材料的价格及“拼接材料”的选项，“拼接材料”即为每米拼接材料的费用，且只考虑单层拼接的费用。选择材料后，右侧会显示此材料对应的计费方式、规格和单价，若相关价格不想被知道可启用密码保护，单击鼠标右键整体包装设计系统图标，单击属性选项卡，查找目标 setup. ini 并打开，找到 price－protect，将此值改为 1 时，下次打开就要输入密码，进行密码保护。

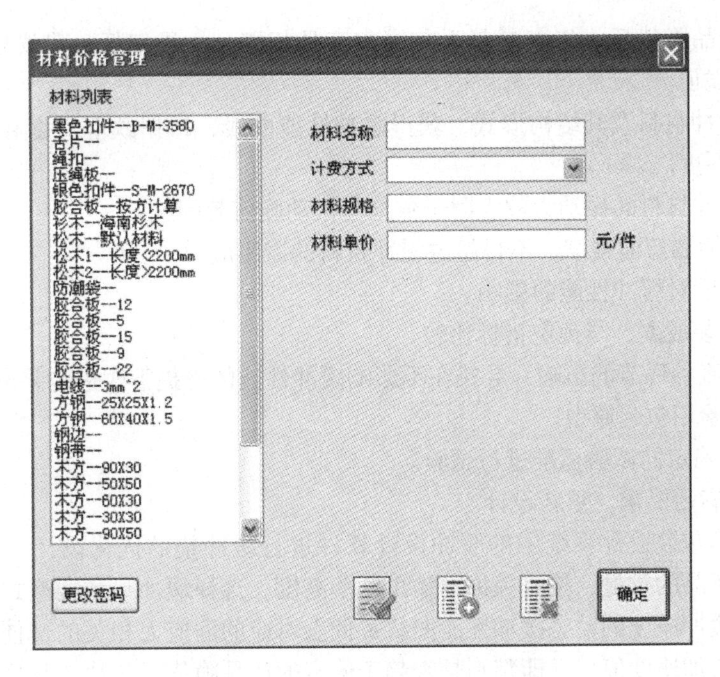

图 4－12　“材料价格管理”对话框

第三节　功能模块

整体包装设计系统提供缓冲包装设计、裁板下料优化、装柜优化、防潮包装设计、防锈包装设计等功能模块。

一、缓冲包装设计

缓冲包装也叫防震包装、易碎品包装。国际上普遍采用脆值理论进行设计计算，在保证冲击加速度不大于脆值的情况下取得最佳缓冲厚度和缓冲面积，从而保证货物的缓冲要求。

缓冲包装设计软件是整体包装设计系统的一部分，可以与瓦楞纸箱包装设计或木箱包装设计等包装容器配合使用。

缓冲包装设计方法的提出：

①1970 年，美国 MTS 公司与密歇根州立大学包装学院合作，提出缓冲包装设计的五步法。

②1986 年，美国 Lansmont 公司提出缓冲包装设计的六步法，增加一步“重新设计产品”。

③1987 年，我国参考国外研究成果，制定了 GB 8166—87《缓冲包装设计方法》。

④我国包装领域中领军人物彭国勋教授提出了缓冲包装最新设计方法，细化为 12 步：

a. 收集流通环境可能导致产品损坏的数据，主要确定跌落高度。

b. 收集产品的资料，产品外形尺寸、重量及其分布、脆值。

c. 确定产品脆值后，先判断是否与同类产品相继，如果偏低，建议修改产品设计，提高关键部位脆值。

d. 选择缓冲材料及其结构形式，获得缓冲性能曲线，根据跌落高度和缓冲材料所受应力计算缓冲厚度。

e. 校核缓冲材料的振动力放大因子数据与振动脆值等问题。

f. 校核压缩和弯曲强度，不得超过缓冲材料的需用应力。

g. 校核湿度对缓冲性能的影响。

h. 估算包装成本，与预定指标比较。

i. 确定物流各环节的影响，寻找在不影响缓冲性能的前提下改进包装设计的可能性。

j. 制作实验用包装原型。

k. 按预先确定的试验标准进行试验。

l. 如果不满足要求，重新设计。

可采用整体包装设计系统中的缓冲设计软件进行缓冲垫的优化设计。如图 4 – 13 所示，只需输入产品的重量，按有关标准输出跌落高度，选择缓冲垫结构型式与厚度，便可自动优化出该缓冲厚度的动态缓冲性能曲线最低点对应的静应力相关的最佳缓冲面积，并给出对应的冲击加速度值，立即判别是否趋于给定的产品脆值。缓冲包装设计模块可对缓冲垫型式、跌落方式、缓冲材料选择、缓冲垫重量、产品脆值和内装物尺寸进行设置。可通过缓冲面积和厚度计算冲击加速度。图 4 – 14 将缓冲垫形式用图示展示，更加直观方便，便于用户选择所需的缓冲垫。图 4 – 15 为“跌落方式”对话框，将物品跌落时遵循的标准及重量和方向的选择陈列出来。

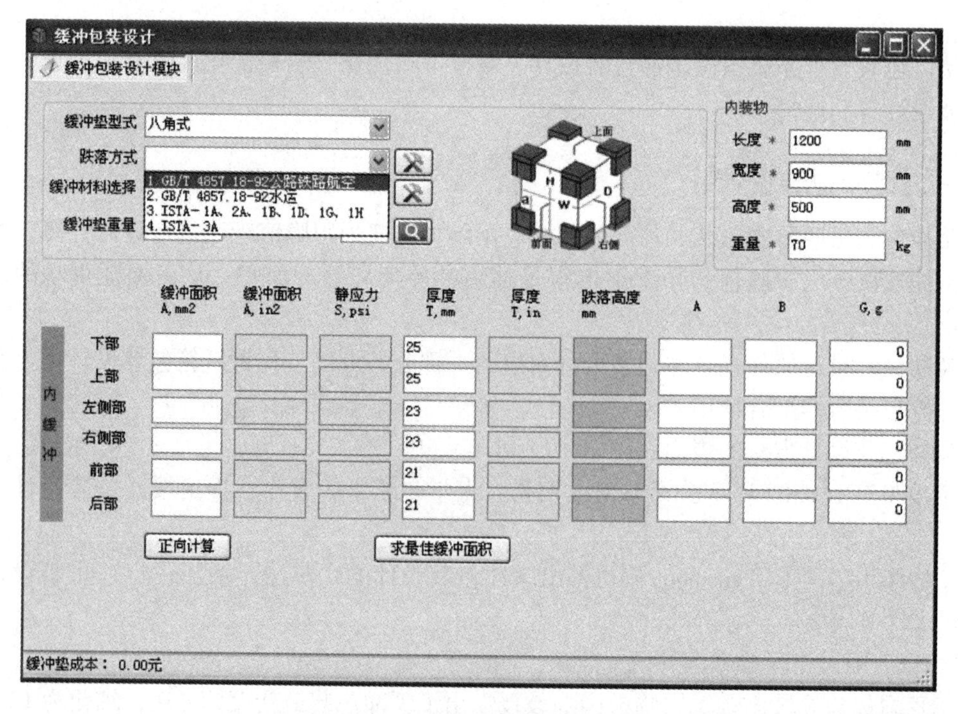

图 4 – 13 “缓冲包装设计”对话框

（a）全包裹式

（b）八角式

（c）两侧端盖式

（d）上下端盖式

（e）两侧四楞式

（f）两侧四楞式

（g）平卧三段式

（h）直立三段式

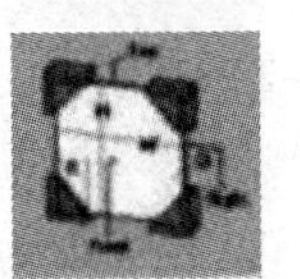
（i）四楞三角形垫式

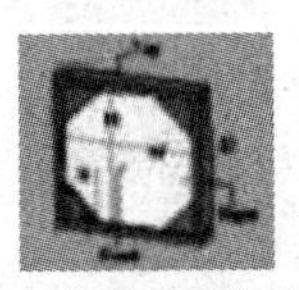
（j）四楞三角形垫裹包式

（k）四楞方形垫形式

（l）四侧八垫式

图 4－14　缓冲垫形式图示

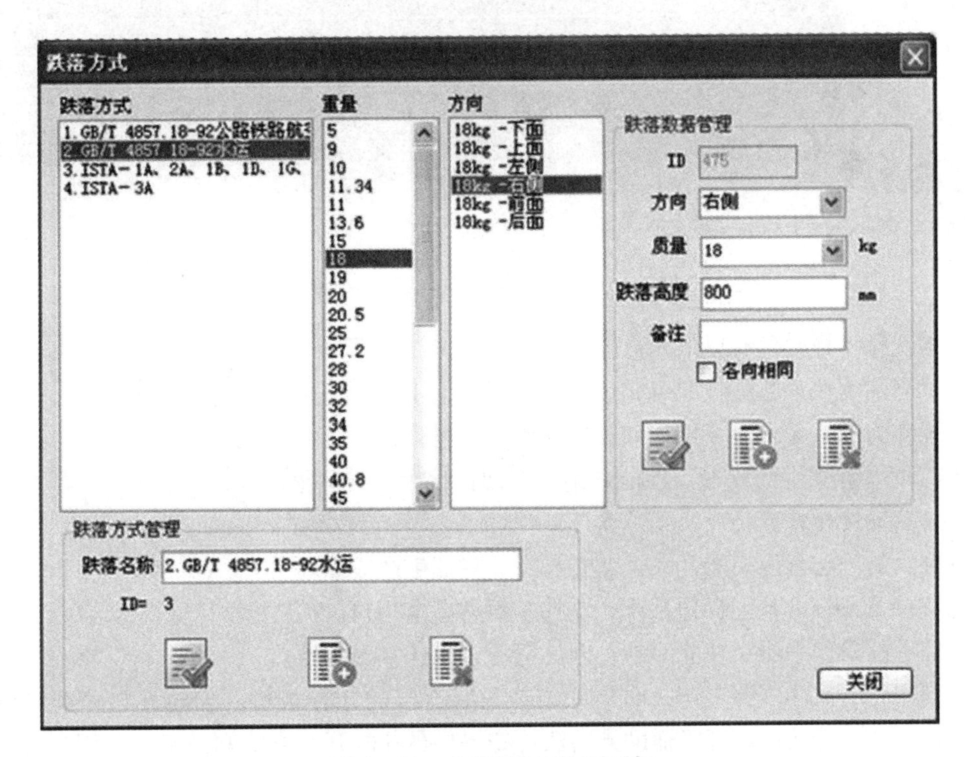

图 4－15　“跌落方式”对话框

二、裁板优化排样软件

该软件的核心技术是全自动优化计算，即能自动通过上千次、上万次的优化计算，自动计算并打印出最优化的套排方案，能切实有效地运用于工程和采购的预算。可用于对外加工报价和委托加工定额，用于生产计划的制订和开料生产的管理，用于最先进的定板定尺计算，以订购钢板。为采购预算、仓储供应和下料生产部门的核心问题提供可行性方案和解决措施。通过裁板优化可以提高出材率，减少废品，降低产品成本。适合于包装生产企业、机械行业、家具行业使用。图 4－16 为“自动开料系统”对话框。

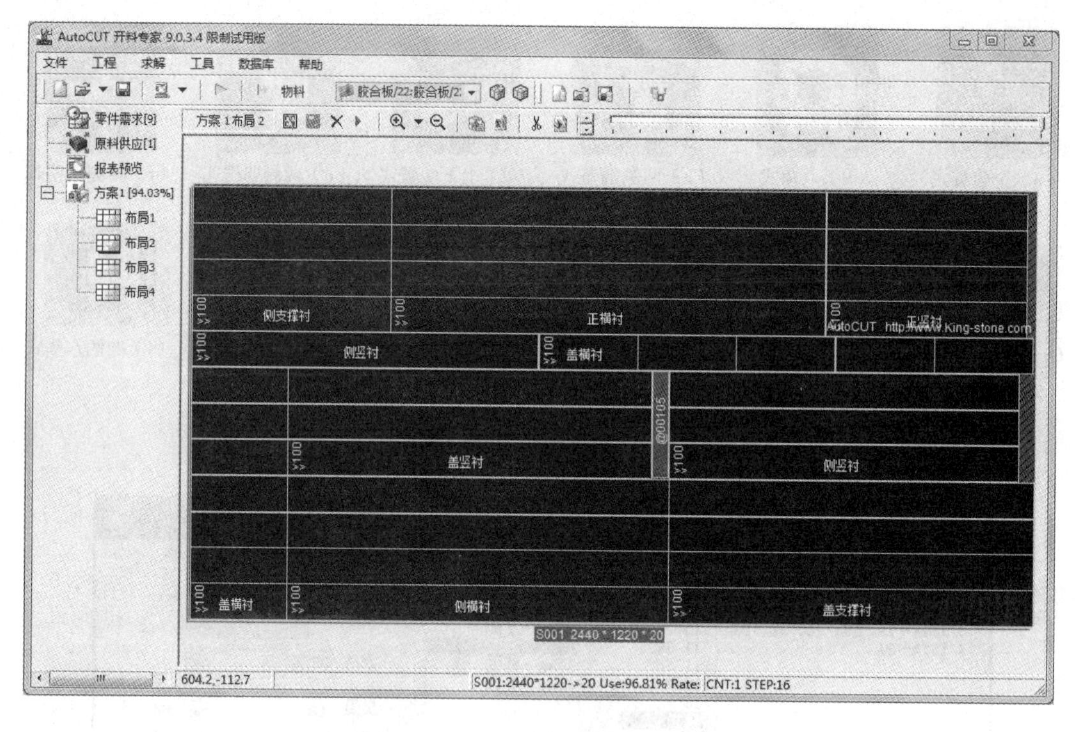

图 4-16 “自动开料系统”对话框

裁板优化排样软件有以下特点：

①运算速度快，几分钟即可完成上百个零件上千种可能排列的优化计算。

②操作简便，无须计算机基础，快速生成开料列表。

③“即时计算生产成本”功能，第一时间提供用户准确报价。

④全自动优化计算功能，无须人工干预。

⑤强大的优化套排功能，大大节省材料，降低生产成本。

⑥支持 Windows 系列操作系统，支持多语言、多用户。

⑦完善的操作手册、功能演示、网站资源，迅速掌握软件。

生产用料的尺寸多种多样，而仓库中却只有有限的几种板料。如何开料才能浪费最少？自动开料系统通过计算机辅助开料法为您提供最佳的开料方式和最高的利用率，在开料图的指示下，开料更容易，浪费也很少。胶合板下料优化、木方下料优化：能快速优化排料方案、生成材料定额；提高材料利用率，减少浪费，降低成本；集装箱或货车车厢装柜优化；生成优化排布方案；提高空间利用率、降低物流成本。

三、装柜优化

“装柜优化”可对产品在纸箱、木箱和集装箱内的摆放方式进行优化，提高空间利用率，降低运输成本。适合于包装生产企业、物流运输行业使用。图 4-17 为“装柜”对话框，由构建信息面板、显示窗口、工具栏和常规信息区组成。

软件特点：

①装柜方式多种多样，满足不同的实际应用需求。

②傻瓜型操作、方便直观，步进式显示装柜作业流程。

③自动智能计算拼柜，快速准确，优化装柜方案。

④强大的报表打印，包括装柜方案报表、装柜清单、效果图和步骤分解图。

⑤实用的图片输出，方便与客户的业务沟通交流。

⑥算法严密可靠，考虑到货物装柜的型变因素、货物摆放要求和堆叠控制。

⑦自定义货物、集装箱尺寸，解决多种货物在不同的集装箱的排布问题。

⑧自动统计装柜货物的数量、重量和金额。

⑨三维立体旋转功能，自由切换观察角度，更清晰地展现货物在集装箱内的摆放情况。

⑩指定成套的货物（例如家具），计算满一柜的最多套数和最优装柜方法。

⑪对装柜方案进行编辑，任意的在同一柜或者柜与柜之间移动货物、还可以添加或删除货物。

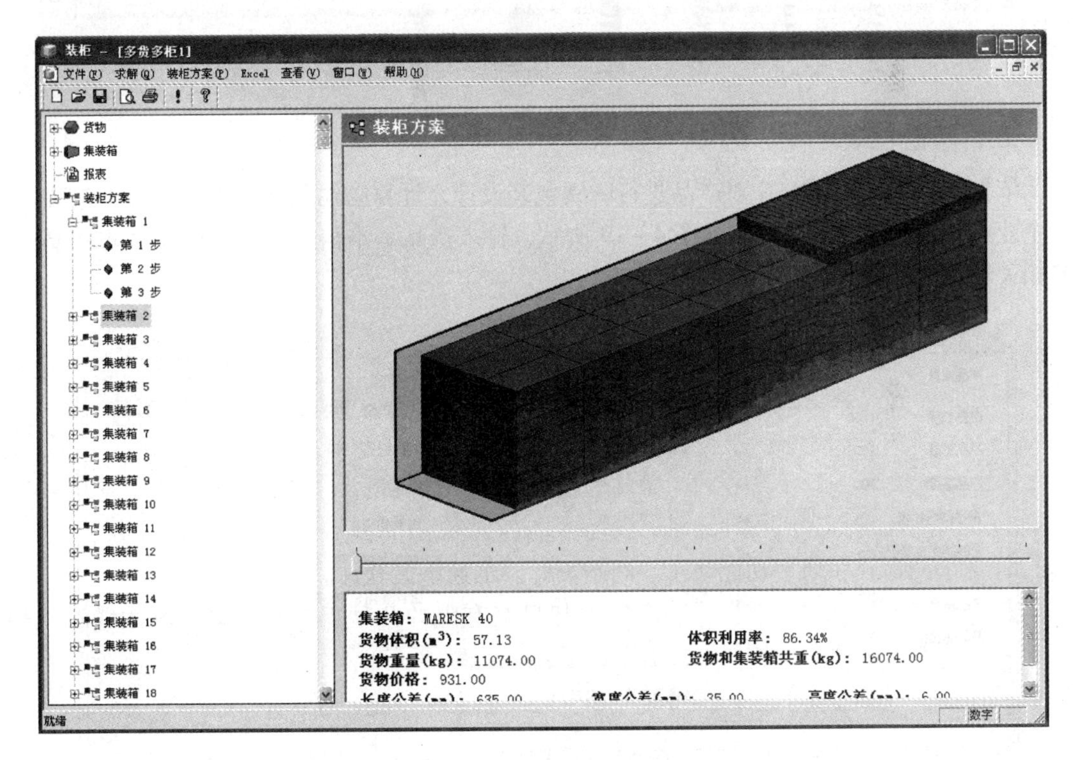

图 4－17　“装柜”对话框

四、防潮包装

依据 GB/T 5048—1999 对产品进行防潮包装设计，能够快速计算出所需干燥剂（蒙脱石、硅胶等）的重量、成本，能够快速计算防潮袋的用量和成本。适合于包装生产企业、物流运输行业使用。如图 4－18 所示，可将基础数据（如内装物尺寸、湿度、温度、储运天数等）输入对话框中，并选择干燥剂和防潮袋，对模型进行防潮包装。

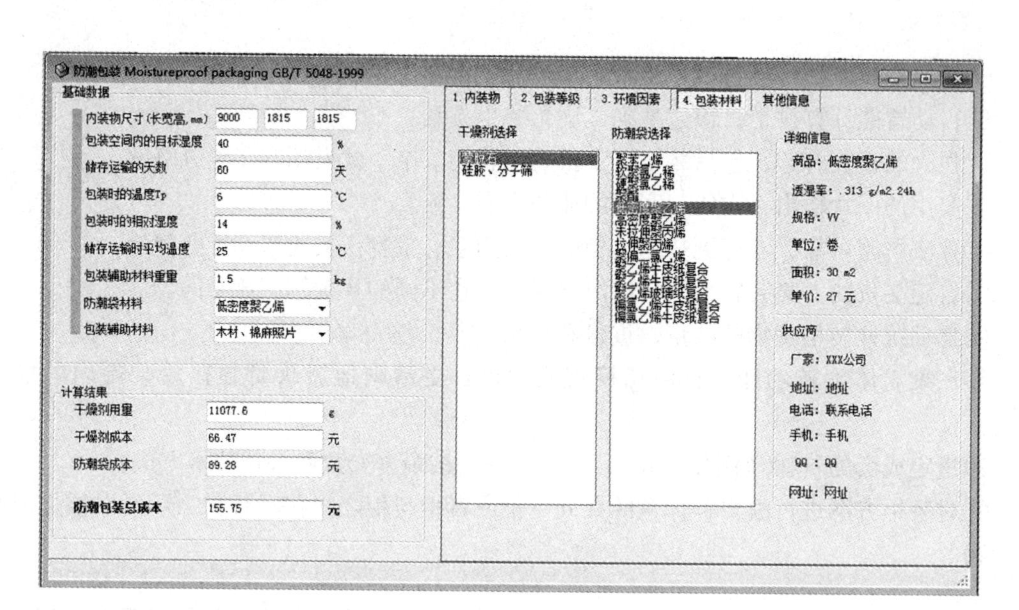

图 4－18　“防潮包装”对话框

五、防锈包装

依据 GB/T 4879—1999 对产品进行防锈包装设计，计算防锈包装成本。适合于包装生产企业、物流运输行业使用。如图 4－19 所示，输入产品基本信息之后，还要对防锈要求的相关信息进行选择。

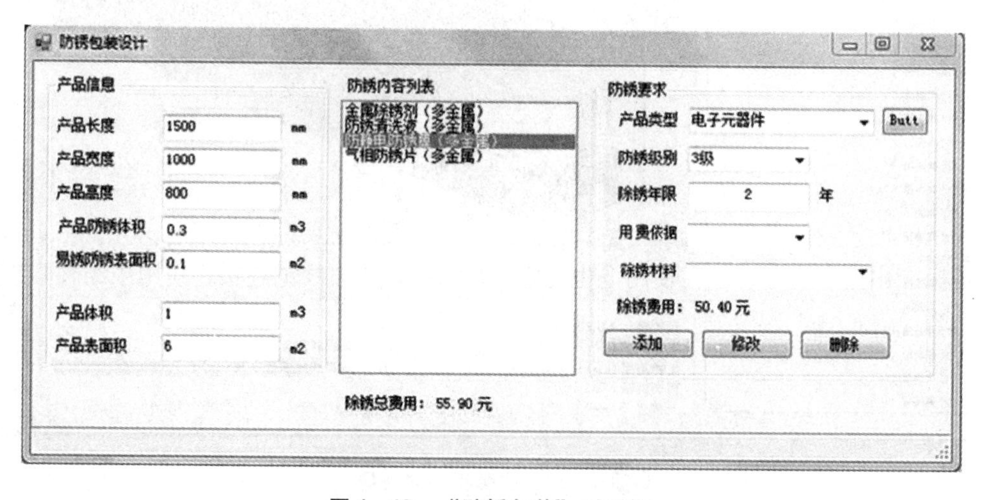

图 4－19　“防锈包装”对话框

第四节　箱型库介绍

CPDS 软件中目前开发的箱型包括木包装箱和纸箱两种。下面对这两种箱型做简单介绍。

一、木包装箱

木包装箱设计系统包括托盘、围板箱、普通木箱、快装箱、卡扣箱、框架木箱 GB/T 7284，相关图示如图 4－20 所示。

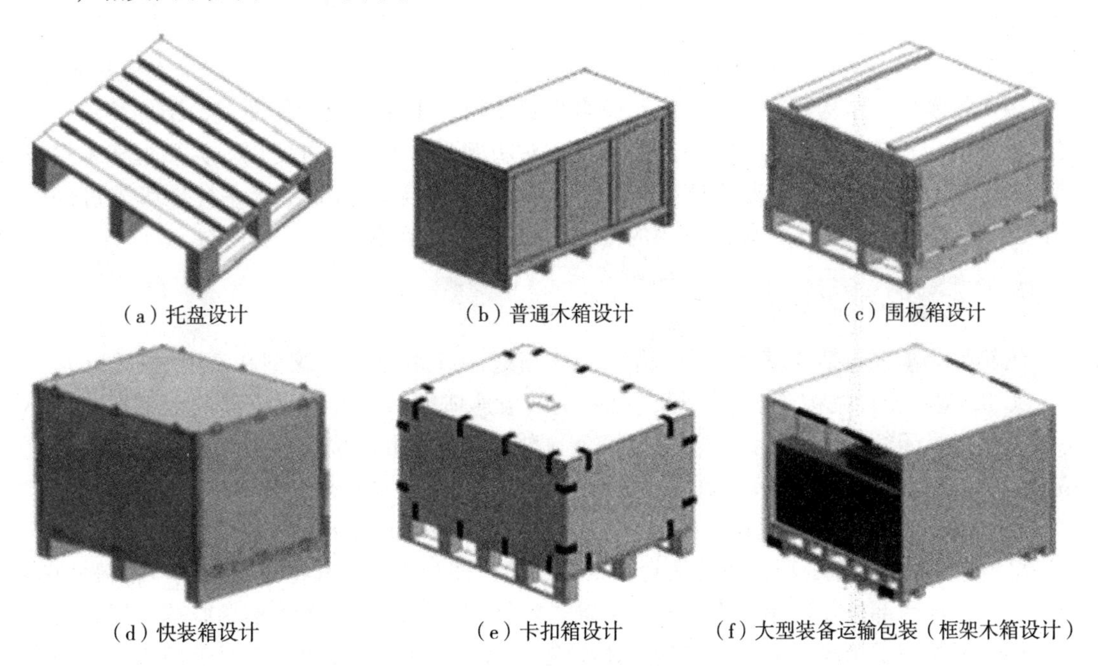

（a）托盘设计　（b）普通木箱设计　（c）围板箱设计

（d）快装箱设计　（e）卡扣箱设计　（f）大型装备运输包装（框架木箱设计）

图 4－20　木箱箱型设计

①托盘要根据用户的要求、大小、承重方式及物流环境来选择。软件中包括 D4 托盘、S2 托盘、D2 托盘、R2 托盘、PW2 托盘、SP4 托盘、SKF 托盘、中标木托盘。中标木托盘在国内趋于标准化，目前软件中有 1.2m×1m、1.1m×1.1m 两种规格。

②围板箱包括四铰链围板箱和六铰链围板箱两种，一般围板箱一层为 200mm，可根据需要选择围板箱层数，各层之间可用铰链连接，不需要任何装饰即可插到一起，围板箱在国内是标准化生产流程，但在使用上也有它的局限性，因由铰链连接，使用中结构强度不够大。

③普通木箱包括一般内框架木箱、口字形木箱、胶合板普通木箱、花格箱、H 型木箱、回字形木箱和巴马格木箱。一般内框架木箱：所有框架都在里面，外面整齐，对外观有要求的可选此箱型。口字形木箱为一般外框架木箱，里面整齐，所有结构件都在外部。胶合板普通木箱由胶合板订起，适合运送一般的包装塑料箱，不适合运送大型钢结构箱。花格箱：在 GB/T 7284 里有相关定义，软件中的花格箱是国标中的一种，适用于中小货物的运输。H 型木箱、回字形木箱和巴马格木箱使用比较少，可作参考。

④快装箱也叫钢边箱，包括 P 型快装箱、S 型快装箱和 S 重型快装箱三种。国内的生产工艺和流水线都非常成熟，箱上的铰链和舌片都是批量化生产，质量稳定且价格便宜。特点是可回收利用，舌片拆下后可将快装箱箱板拆开，下次使用时再进行组装，但是拆装次数有限制。P 型快装箱舌片的作用是将快装箱的顶板和底板与四个围板连接起来，围板间的连接通过其他构件完成；S 型快装箱舌片的作用是将四个围板连接起来，与顶、底板

的连接通过其他构件完成。

⑤卡扣箱是在国内刚兴起的一种箱型，其特点是在不对箱板造成任何损坏的条件下进行完全拆装，拆装次数虽比快装箱多，但由于胶合板的寿命有限，也不可永久性使用，据统计约 20 ~ 50 次。卡扣箱的关键部位是槽，如槽受潮或多次拆装磨损都会对其寿命有影响。

⑥框架木箱 GB/T 7284 是大型框架木箱，国标中定义了三种木箱：一是木板封闭箱，只能用木板制作，结构相对复杂；二是胶合板封闭箱，由胶合板制作而成，结构简单，使用比较广泛；三是花格箱，它是不封闭箱型，对防潮要求不高时可使用。大型框架木箱设计在 V5. 0 以后的版本开始支持日本 JIS1403—2003 和框架木箱亚洲统一标准等先进的标准，进一步降低包装成本，软件使用的范围从 20 吨增加到 60 吨。

二、纸箱

纸箱模块主要包括 02 箱型、03 箱型、04 箱型、06 箱型、07 箱型和常用展示架。

① 02 型纸箱，也称开槽型纸箱，由一块纸板连体成型，无独立分离的上下摇盖，上下摇盖可以封闭纸箱。该箱型一般通过钉合、黏合剂或胶带来接合接头。适用于中小型产品的包装，如 32 寸以下的液晶电视、电脑等电子类产品，在运输、储存时，可折叠平放。0207 箱型通常在运输条件比较差的场合下，用来包装易碎的或表面易被划伤的商品。

② 03 型为套盒型纸箱，由几页箱坯组成的箱，即罩盖型。其特点是箱体与箱盖分离，箱盖可以全部或部分盖住箱体。优点：装箱、封箱方便，商品装入后不易脱落，纸箱的整体强度比开槽型纸箱高。缺点：成型后体积大，运输、储存不方便。主要适用于大中型产品的包装，如 32 寸以上的液晶电视、太阳能热水器、冰箱、洗衣机及中型机械设备等。也有部分小型产品使用 03 箱型，如鞋盒、食品盒等。0310 箱型适合于大型产品的包装，抗压强度高，省料，密封，交错堆码强度高。

③ 04 箱型为折叠型纸箱或平底盘，也称为异型类纸箱，由一块瓦楞纸板组成，箱底板与箱体侧板或盖板间的压痕可实现折叠，无须钉合或胶合便可折叠成型；还可设计出锁口、展示窗、提手或展示架等结构，能直接看到纸箱内所装的商品，被超市广泛用于展销商品。0402 箱型顶部摇盖较长，顶部封闭。04 箱型主要用来包装中小型产品或作为附件盒使用，如电脑附件盒、鞋盒等。0402 箱型可作为电子产品散件包装的内盒。

④ 06 箱型为固定型纸箱，一般由三片瓦楞纸板制成，一片制成箱体，另两片作为箱的两端板使用，使用前需将端板与接合好的箱体通过钉合或类似工艺连接起来。0601 箱型，也叫 BLISS BOX，基本由 3 片纸板组成，具有两个端板和一个箱体，平底，顶部内摇盖较短，边板的折角是垂直的，具有加固功能。适合易碎商品、大体积重型物品包装，如家具、健身器材等。底部为整体，搬运方便。

⑤ 07 箱型为预粘自动型纸箱，包括预上胶自动封底型纸箱和自锁合平底四角盘两种结构，由单页纸板折叠或粘合成型，运输时可折叠成平板状，经简单的成型底部即能自动锁合，比较牢靠，使用时成型方便。0701 箱型顶部为基型的 0201 结构，需要胶黏剂或胶带封合。这种纸箱主要应用生产效率较高的中小型产品，如食品箱等。

⑥ 展示架是目前流行于大型超市中的瓦楞纸板结构。该展台由两个部件组成：外壳和内部插件。它可直接放置在销售点或结算台前，起到产品展示和促销的作用。

综合训练题

使用整体包装设计系统设计木包装箱结构并对其强度进行校核。

提示：（1）使用框架木箱 2 型箱；（2）内装物为一台电器设备，外形结构及尺寸如图4－21所示，外尺寸 3280mm × 1840mm × 2296mm，地脚螺钉中心距 2480mm，重量 16000kg，重心位置在长度方向距中心平面偏离 150mm，在宽度方向距中心平面偏离 100mm；（3）木箱结构设计结果参考表 4－1。

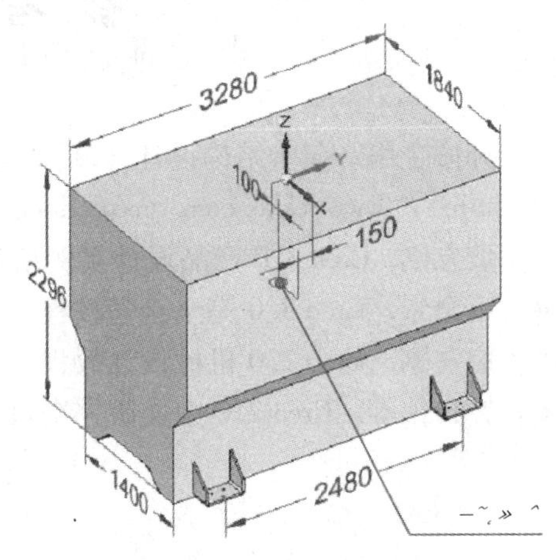

图 4－21　内装物外形图

表 4－1　框架木箱构件明细表

构件名称	长度/mm	宽度/mm	高度/mm	数量
内装物	3280	1840	2296	—
内尺寸	3330	1890	2366	—
外尺寸	3472	2032	2847	—
顶盖外板	3472	2032	15	1
横梁	1830	120	60	6
横连接梁	3330	120	30	2
侧板	3472	2756	21	2
侧立柱	2406	100	50	10
侧平撑	708	100	50	16
侧下框木	3430	100	50	2
侧上框木	3330	100	50	2
梁承	3330	90	40	2
辅助立柱	1954	100	24	10
端板	1990	2627	21	2
端立柱	2286	100	50	4
端平撑	530	100	50	12
端下框木	1990	100	50	2
端上框木	1990	100	50	2
底板	3430	1990	21	1
枕木	1890	150	120	4
端木	1890	120	120	2
滑木	3472	150	150	3
辅助滑木	3012	150	100	3

参 考 文 献

[1] 孙诚主编. 包装结构设计 [M]. 北京：中国轻工业出版社（第四版），2011.

[2] http：//www. esko. com. cn/product/artioscad/overview. html.

[3] 詹友刚. Creo 3. 0 产品设计实例精解 [M]. 北京：机械工业出版社，2014.

[4] 王全景. Creo 3. 0 完全自学教程 [M]. 北京：电子工业出版社，2014.

[5] 詹友刚. Creo 2. 0 机械设计教程 [M]. 北京：机械工业出版社，2013.

[6] 钟日铭等. Creo 2. 0 中文版完全自学手册 [M]. 北京：机械工业出版社，2013.